# 奶牛生产性能测定报告
# 解读与应用

何开兵　著

东北林业大学出版社

Northeast Forestry University Press

·哈尔滨·

**图书在版编目（CIP）数据**

奶牛生产性能测定报告解读与应用 / 何开兵著 . --
哈尔滨：东北林业大学出版社，2020.11
　ISBN 978-7-5674-2277-3

　Ⅰ . ①奶… Ⅱ . ①何… Ⅲ . ①乳牛 – 产乳性能 – 测定
Ⅳ . ① S823.9

中国版本图书馆 CIP 数据核字 (2020) 第 232214 号

责任编辑：彭　宇

封面设计：优盛文化

出版发行：东北林业大学出版社

　　　　　（哈尔滨市香坊区哈平六道街 6 号　邮编：150040）

印　　装：定州启航印刷有限公司

规　　格：170 mm×240 mm　16 开

印　　张：15.5

字　　数：233 千字

版　　次：2020 年 11 月第 1 版

印　　次：2020 年 11 月第 1 次印刷

定　　价：62.00 元

# | 前　言 |

　　奶牛生产性能测定（DHI）是当今全球奶业普遍应用的对奶牛场实施精细管理的科学管理技术体系，是世界奶业发达国家普遍用来管理和提高奶牛生产水平的一项综合技术措施，是业内人士公认的最科学有效的奶牛场管理工具，被世界公认为"牛群改良唯一有效方法"。

　　奶牛生产性能测定始于荷兰，距今已有 168 年历史，被世界各国广泛采用。我国的奶牛生产性能测定工作，在充分吸收和借鉴国外先进经验的基础上，经过二十多年的不懈努力，取得了"双优"显著成效：参测奶牛场由 2008 年的 592 个增加到 1 611 个，参测奶牛 122 万头，累计完成了 157 万头荷斯坦牛的品种登记，种公牛全部实现后裔测定选择，建立的全国奶牛 DHI 数据处理系统收录各类数据 4 000 万条。通过测定数据的应用，显著提高了奶牛生产水平，参测奶牛 305 d 产奶量从 2008 年的 7.4 t 提高到 8.8 t，乳脂率由 3.64% 提高到 3.89%，乳蛋白率由 3.19% 提高到 3.35%，体细胞数由 39.7 万 cells/mL 降到了 28.7 万 cells/mL，达到欧盟 40 万 cells/mL 以下的标准。

　　为贯彻落实国务院办公厅《关于推进奶业振兴保障乳品质量安全的意见》（国办发〔2018〕43 号）和农业农村部等九部委联合印发的《关于进一步促进奶业振兴的若干意见》（农牧发〔2018〕18 号）文件精神，新疆生产建设兵团农业农村局制定了兵团奶业振兴行动计划，明确提出：扩大奶牛生产性能测定范围，加快应用基因组选择技术，逐步覆盖所有规模牧场，通过测定牛奶成分调整饲草料配方，实现奶牛精准饲喂管理。为充分发挥奶牛生产性能测定技术在实际生产中的指导作用，作者特撰写了此书。

　　本书从奶牛生产性能测定简介、奶牛生产性能测定工作程序、奶牛生产性能测定报告解读与应用、奶牛生产性能测定监测与预警系统的建立与应用、新疆生产建设兵团奶牛生产性能测定应用技术体系的建立与应用五个方面对奶牛生产性能测定的意义、作用以及应用做了详细介绍，力争将实用性、科学性、操作性相结合，为奶牛生产性能测定工作提供技术支撑。

本书在编写和出版过程中得到"2019 年度新疆生产建设兵团第八师石河子市财政科技计划——促进科技成果转化引导计划专项：基于 DHI 数据分析改善奶牛生产性能关键技术研究与应用（2019ZH01）"项目支持。

本书在撰写过程中得到了各位同仁、老师的指导和帮助，收获了许多宝贵意见和建议，在此一并表示感谢。因作者水平有限且时间仓促，书中难免有错误与不足之处，请广大读者给予指正。

作　者

2020 年 8 月

# 目　　录

# 第一章　奶牛生产性能测定简介

## 第一节　奶牛生产性能测定的概念

奶牛生产性能测定是当今全球奶业普遍应用的对奶牛场实施精细管理的科学管理技术体系，是引领和支撑奶业转型升级的关键措施，是奶牛养殖技术提升和管理改善的有效工具，是实现分散养殖向规模养殖升级、数量扩张型向质量效益型转变的技术手段，也是传统奶牛业向现代奶牛业转型的重要标志，是世界奶业发达国家普遍用来管理和提高奶牛生产水平的一项综合技术措施，英文缩写为 DHI，即 Dairy Herd Improvement。其核心是通过对泌乳牛的产奶性能数据测定和牛群的基础资料分析，了解现有牛群和个体牛的产奶水平、乳成分、体细胞等情况，对乳房健康、奶牛营养和繁殖等相关问题起到预警作用，找出奶牛生产管理、营养和育种方面存在的问题，并针对具体问题提出切实有效的改进措施，指导牛场饲养、育种、管理和疾病防治，最大限度地发挥奶牛高产、稳产潜力，提高产奶量和生鲜乳质量，进而提高经济效益。同时，奶牛生产性能测定是奶牛育种工作的基础，是评估公牛遗传素质最重要的数据来源，是提高奶牛群管理水平和生奶质量水平的有效工具，并为乳业科学研究提供准确的数据；是业内人士公认的最科学有效的牛场管理工具，也是世界公认的"牛群改良唯一有效方法"；是衡量牛场管理水平的依据，也是实现精准饲喂的基础。

开展奶牛生产性能测定，首先需要收集奶牛系谱、胎次、产犊日期、干奶日期、淘汰日期等牛群饲养管理基础数据；其次需要每月采集一次泌乳牛的奶样，通过测定中心的检测，获得牛奶的乳成分、体细胞数等数据；最后需要将这些数据统一整理分析，形成生产性能测定报告。测定报告反映了牛群配种繁殖、生产性能、饲养管理、乳房保健及疾病防治等方面的准确信息。牛场管理人员利用生产性能测定报告，能够科学有效地对牛群加强管理，充分发挥牛群的生产潜力，进而提高经济效益。

# 第二节　国内外奶牛生产性能测定发展现状[①]

## 一、国外奶牛生产性能测定发展现状

奶牛生产性能测定因能显著提高奶牛场牛群品质及经济效益，被世界各国广泛采用。世界上奶牛业发达国家，如荷兰、美国、加拿大、瑞典、日本等，都是较早开展奶牛生产性能测定的国家。

荷兰奶牛生产性能测定工作开始于 1852 年，是世界上最早开展奶牛生产性能测定的国家。美国从 1883 年就开始对个体牛产奶量进行记录，1923 年开始测定牛奶中的乳脂率，其后随着育种及牛场生产管理的需要而逐渐开始蛋白率、体细胞数、尿素氮等指标的测定。在数据记录形式上，经历了手工记录、计算机记录和现在的网络平台记录等阶段。在数据利用上，美国 DHI 数据自 1928 年就开始用于公牛的遗传评定，在最初相当长的一段时间主要为育种及科研服务。

加拿大产奶记录计划始于 1904 年，由 DHI 代理机构对全国奶牛生产者提供全方位的服务，DHI 数据中心由以前的 11 个合并为目前的 2 个。

1953 年，美国和加拿大正式启动了"牛群遗传改良计划"，侧重于奶牛场生产服务和奶业的可持续发展，取得了巨大的经济效益和遗传进展。以美国为例，1953 年奶牛头数为 2 169.10 万头，总奶量为 5 453.2 万 t，平均单产 2 524 kg；1967 年奶牛头数下降到 1 340 万头，平均单产约 4 015 kg；2004 年奶牛头数 899 万头，总奶量达到 7 502 万 t，平均单产达到 8 512 kg，最优牛群平均产奶量达 12 382 kg；2013 年，美国奶牛存栏数为 922.1 万头，总奶量为 9 125.7 万 t，平均产奶量在 10 000 kg 以上（有机牧场除外，平

---

① 本节引自刘丑生等报道。

均单产 7 000 kg），最高一个牛场平均单产在 14 000 kg，体细胞数均在 30 万 cells/mL 以下，微生物均在 1 万 cfu/mL 以下，淘汰率在 40% 左右，并且牛奶的有效成分也不断提高。

## （一）主要国家奶牛生产性能测定情况

世界各国都积极采用 DHI 方案，参加生产性能测定的奶牛数越来越多。表 1-1 中列举了 ICAR（国际动物记录组织）公布的主要国家 DHI 的情况。

表1-1　参加奶牛生产性能测定主要国家情况

| 国别 | 奶牛数 / 头 | 测定奶牛数 / 头 | 测定牛比例 /% | 奶牛群数量 / 群 | 测定牛群数量 / 群 | 测定牛群比例 /% | 测定群平均牛头数 | 产奶量 /kg |
|---|---|---|---|---|---|---|---|---|
| 美国 | 9 221 000 | 4 378 350 | 47.48 | 46 960 | 19 030 | 40.5 | 230.0 | 9 898 |
| 加拿大 | 960 600 | 704 309 | 73.3 | 12 529 | 12 529 | 76.2 | 75.2 | 8 923 |
| 英国 | 667 005 | 491 266 | 73.7 | 4 062 | 4 130 | | 164.0 | 9 110 |
| 荷兰 | 1 393 265 | 1 393 265 | 89.7 | 15 776 | 15 776 | 85.3 | 88.3 | 8 217 |
| 瑞典 | 346 363 | 280 930 | 84.0 | 4 742 | 3 511 | 76.0 | 76.1 | 8 389 |
| 挪威 | 238 702 | 192 807 | 98.0 | 9 831 | 7 960 | 98.0 | 24.2 | 7 435 |
| 德国 | 4 267 611 | 3 681 146 | 87.8 | 79 537 | 53 154 | 66.8 | 69.3 | 7 400 |
| 法国 | | 2 509 627 | 69.0 | | 48 177 | 67.0 | 52.1 | |
| 丹麦 | 573 000 | 527 000 | 92.0 | 3 600 | 3 200 | 89.0 | 156.0 | 8 550 |
| 韩国 | 246 429 | 152 107 | 61.7 | 5 830 | 3 285 | 56.3 | 46.3 | |
| 新西兰 | 4 784 250 | 3 426 211 | 71.6 | 11 891 | 8 682 | 72.2 | 394.0 | 4 073 |

## （二）国外奶牛生产性能测定组织体系

欧洲 DHI 实验室的仪器自动化程度高、检测设备数量多、检测质量体系完善、服务及时是有目共睹的，DHI 为公牛站选育优秀公牛和奶牛场指导生产做出了很大的贡献。

荷兰 QLIP 检测公司是一家私营性质的第三方检测机构，同时开展 DHI 工作，检测指标主要有脂肪、蛋白质、乳糖、尿素氮、酮体、体细胞数等，还可以根据需求进行其他测试，如沙门氏菌、妊娠试验等。检测费用由奶农自己支付。

德国养牛业协作体系由德国养牛业综合协会（ADR）统一管理，下有产奶性能及奶质检测协会（DLQ），由德国农业监控协会（LKV）、奶质检测实验室（MQD）以及数据处理中心（VIT）构成，主要服务于有意参加动物生产性能和质量测定的企业。LKV有16家检测协会，将数据集中起来统一处理，下设奶质控制部门、中心实验室和数据处理部门。MQD主要对牛、山羊、绵羊进行生产性能测定，测定项目主要有产奶量、乳成分（脂肪和蛋白）和体细胞；对牛奶及奶制品质量进行检测，测定项目有微生物、乳成分、体细胞、冰点、抗生素、物理性状等；同时对外提供培训、技术咨询、数据处理及个性化牛群管理服务（如动物健康、乳房健康管理、繁殖力测定、牛群遗传进展、企业经济效益分析及建议）。由于测定数据可以用于育种值估计，政府给检测实验室一定的补贴。VIT是一家协会性质的组织，由生产性能测定机构、登记组织、育种组织和配种组织四类机构组成，是现代化的数据处理中心，涉及领域包括农业和畜牧业。VIT处理的数据有牲畜辨识登记信息、生产性能测定数据、展览及拍卖信息、体形外貌及乳房状况、配种及产犊数据、育种值估计等。

北美地区是开展DHI最早的地区之一，形成了完善的DHI组织体系。加拿大奶牛生产性能测定的实验室目前主要为加西集团DHI实验室和Valacta实验室，全国在DHI登记的牛群百分率达到75%，所需费用均由奶农直接支付所有的服务费用。

美国DHI组成及运转情况为奶牛场将样品提供给实验室，实验室进行检测并将数据提供给DHI记录处理中心，DHI记录处理中心的数据可以反馈回牛场用于指导生产，可以提供给咨询顾问、兽医和营养师，还可以提供给动物改良项目实验室、育种协会、AI组织和国际公牛评价服务组织，如图1-1所示。

美国奶牛DHI工作由美国奶牛种群信息协会牵头运作，有49个实验室承担DHI。测定结果由5家数据处理中心负责进行详细的数据分析，并为奶牛场提供报告。其中美国威斯康辛州DHI数据处理中心是全国最大的DHI数据处理中心，为13个DHI中心提供数据分析服务。

### （三）国外牛奶样品采集与牛群基础资料收集情况

由于欧洲国家国土面积不大，所以一般全国仅有1～2个DHI中心。分布于各奶牛主产区的奶样采样员（属于DHI实验室员工）会定期上门采样，采好的奶样通过快递运送到DHI实验室，其他如产量等数据在奶牛场通过电脑同步上传到 DHI 实验室，做到了高效率、高质量。DHI 实验室人员对奶样进行分析，根据奶牛场需求的不同，为其制成各种表格形式的牛群管理报告，帮助提升奶牛场的管理，调整日粮配方，降低成本，提高收益。

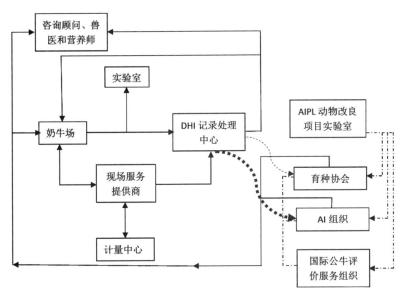

图 1-1　美国奶牛遗传改良概览图

荷兰采样实现电子信息化，采样瓶配有可重复使用的 RFID 识别标签，将所有相关的采样数据与样品瓶关联，并且通过采用全球定位系统跟踪样本，确保精确还原牛奶供应的关键数据。

为解决全天 3 次采样工作的劳动繁重性，国外早在 20 世纪 80 年代就研究制定了 1 次采样和 3 次采样（全天混合样）之间的校正系数，并不断优化，制定出了不同的采样方案。目前，在美国和加拿大 90% 以上的奶牛场使用全天 1 次或 2 次采样方案，极大地减轻了奶牛场采样工作劳动的繁重性，提高了劳动效率。

美国、加拿大、荷兰等采用先进的自动化挤奶设备及管理系统，牛群发情远程实时监控、奶牛繁殖信息化管理应用（如美国 DC305 奶牛管理软件、以色列 afifarm 系统），普遍实现了牛群资料数字化管理，由此可以证明参测奶牛场基础数据收集自动化程度高，而且有效性、可靠性、准确性很高。

ICAR 奶牛产奶测定工作组于 2015 年对世界奶牛产奶性能趋势进行了调查，调查覆盖了世界上大多数重要的 ICAR 所在的区域。调查发现国外多数产奶测定站采用的哺乳期计算方法主要是测定间隔法（TIM）和标准泌乳曲线插值法（ISLC）。43% 的产奶测定站通常选择 7 ~ 10 d 记录并计算一次产奶量，25% 的产奶测定站选择 1 ~ 3 d，19% 测定站为 4 d，13% 测定站为 5 d。最常见的牛奶记录时间间隔为 4 周，其他常见的选择分别是 5 周、8 周和 6 周。

奶样采集方法主要有 6 种，其中 34% 的采样测定机构采用最常用的一天挤奶 3 次，随机选择一次采样法（T）；21% 的采样测定机构采用比较重要的按照权重选择一次采集法（Z）；19% 的采样测定机构采用 3 次采集取平均法（E）；17% 的采样测定机构采用按 3 次泌乳权重采集法（P）；7% 的采样测定机构采用多次采样法（M）；仅有 2% 的采样测定机构采用固定一次采集法（C）。取样过程中，59% 的产奶测定站样品采集数量仅一个，30% 的产奶测定站每次挤奶都会进行一次采样，仅有 11% 的产奶测定站在所有情形下都会采集 2 个样品。

产奶记录方法主要有技术员记录、养殖户记录或两者结合 3 种。产奶测定过程中通常采用有 / 无条形码的永久可视塑料耳标、RFID 耳标、金属耳标、烙号、RFID 瘤胃标、剪耳号等方法识别待测个体，也会有测定站采用场内接收器或 freeze number 进行动物个体识别。通过农场传感器可以了解排奶速度、活动量监控（残疾）、热量、体况评分、体重、乳头位置、乳汁导电性、季度产奶量（milk yield by quarter）、反刍监控和体温等方面的内容。

### （四）DHI 认证体系

美国建立了比较完善的 DHI 认证体系。美国的 DHI 认证由质量认证服务公司（Quality Certification Services Inc.）组织实施，对参与 DHI 工作的 5 类机构进行审核认证。

1. 现场服务体系审核

对提供现场服务的公司（联盟会员），按照现场服务审核指南（程序）进行审核认证，保证了全国的奶牛遗传评估程序中所有记录（数据）的准确性和一致性。主要由现场服务供应商（field service providers）、现场技术人员（field technicians）、检测监督人员（test supervisors）组成。

2. DHI 实验室审核

DHI 实验室每两年审核一次。每月发布一次未知样的报告。

3.计量中心审核

美国十分重视计量审核和计量技师的培训。执行"计量中心和技师的审核指南",采用 ICAR 和 DHIA 核准的测量设备,包括流量计(cow meters)、量桶(weigh Jars)和计量称(scales)。计量技师培训包括以下内容:计量中心和技师审核程序(auditing procedures for meter centers & technicians,ENICES)、计量师程序(meter technicians procedures)、称量校准(calibration of scales)、便携式流量计维护与保养(care and maintenance of portable meters)、计量校准指南(快速),超过 ±3% 后计量称、流量计就要维护或停止使用。

有 38 家计量中心负责流量计的校准与认证。计量技师的认证:有 80 个技师,必须参加计量技师培训学校(MTTS)培训和考核认证,认证期 2 年,负责对流量计、计量称进行审核认证。计量技师培训考试(meter technicians training exam)有 60 多道考试题,计量技师必须通过考核,才能发证。

4.奶牛数据处理中心审核

数据处理中心咨询委员会(processing center advisory committee,PCAC)是 DHIA/QCSN 下设的机构,由奶牛数据处理中心的成员构成,PCAC 的职责是按照数据处理中心审核程序审查标准、审核数据,给审核咨询委员会提出整改意见。

5.设备的认证审核

审核批准的测量设备分为 3 类:主要包括流量计、称量瓶和计量称,这些设备需要经过计量鉴定。关于流量计,美国 DHIA 只承认 ICAR 批准的设备,只有这些工具可以用于牛群的记录程序。

**(五)国外 DHI 实验室的测定项目与功能扩展**

各国 DHI 实验室测定项目各不一样,如美国 49 个 DHI 实验室,除常规的检测乳脂、乳蛋白、乳糖、体细胞等项目外,其中有 31 个实验室开展尿素氮检测,有 11 个实验室开展牛奶样品的 ELISA 检测,大部分实验室拥有 PCR 和微生物学服务,其中尿素氮检测、ELISA 检测、PCR 和微生物学服务都是收费项目。牛奶检测包括乳脂、乳蛋白、乳糖、体细胞、尿素氮、非脂固形物、总固形物;饲料产品检测包括青贮饲料、干草、秸秆类等。病原实验室主要用于确定乳房炎病原体,从而改进牛群的健康,减少费用，每头奶牛成本大大降低，包括金色葡萄球菌、链球菌、支原体、大肠杆菌。Lancaster DHIA 包括 DHIA 实验室、微生物实验室、PCR 实验室、牛奶妊娠检测实验室、饲料实验室，其中 PCR 实验室可以开展基于 DNA 乳房炎检测，采用实时定量 PCR 技术，对 15 种乳房炎的致病菌和葡萄球菌、$\beta-$ 内酰胺酶青霉素抗性基因进行定性定量的检测。

ELISA 检测主要是利用 DHI 采来的奶样品，用于检测奶牛副结核病（M-paratuberculosis，MAP；又称牛副结核性肠炎、约翰氏病 Johne's disease）。每月要发布奶牛副结核（MAP）ELISA 检测的未知样报告，另外也可以应用 ELISA 开展牛奶妊娠检测（milk pregnancy test）。大部分妊娠损失发生在怀孕早期，在配种后 35 d，就能检测奶牛妊娠相关的糖蛋白（pregnancy associated glycoproteins，PAGS）。牛奶 ELISA 妊娠检测，要比通过直肠触诊检查（palpation）、超声波检测和血清检测等方法能更有效地确定妊娠时间。

## （六）新技术研发及应用

美国积极研发应用 DHI 相关技术，如 Wisconsin-Madison（美国威斯康辛 - 麦迪森大学）DHI 中心与 Wisconsin-Madison 大学动物科技学院联合研发 DHI 技术相关产品，开展体细胞与乳房炎动力学监测等，与 Cornell（康奈尔）大学开展了新型 DHI 标准物质的研发。其他测定中心也和当地大学等科研机构联合研发，旨在提高 DHI 工作的效率和为牛场服务的水平。

DHI 中心和实验室的推广部门不断深入牛场，调研牛场的需求及 DHI 各个工作环节需要进一步解决的问题，将问题提供给科研机构，由其进行研究，并获得能够解决实际问题的研究结果。根据奶牛场的需求，DHI 中心和研究机构研发出牛群遗传分析、乳房健康分析和繁殖管理分析等多种类型的报告，并为牛场提供特制报告。

目前国外养殖人员主要采用自动监测系统监测产奶量、奶牛活动量、乳房炎、乳成分、站立产热、采食行为、体温、体重、反刍等方面，并且认为乳房炎、站立产热、产奶量、活动量、体温、采食行为、肢体残疾、反刍、肢体健康等对自动监控系统是有效的。牛奶测定样品还需要分析妊娠、酮类、乳房炎病原体、游离脂肪酸、疾病控制、红外光谱、不饱和脂肪酸、酪蛋白比例等新的项目。当前仅有少数产奶测定站正在使用在线分析仪的结果，而多数产奶测定站则表示对在线分析仪结果不感兴趣，随着工人从事数据传输工作的意愿逐渐下降，未来则更趋向于自动化和越来越多的可利用数据。

## 二、我国奶牛生产性能测定发展现状

我国的奶牛生产性能测定工作在充分吸收和借鉴国外先进经验基础上，经过二十多年的不懈努力，取得了"双优"显著成效，即优良的生产性能和优良的种质资源，对促进奶业快速健康发展起到了举足轻重的作用。

### （一）发展概况

我国奶牛生产性能测定工作始于 1992 年，最早开始于天津中日合作奶业发展项目，首次在我国开展奶牛生产性能测定工作；1994 年在中国－加拿大奶牛育种综合育种项目的支持下，奶牛生产性能测定在全国范围内迅速展开，先后有上海、北京、西安、杭州等地参加，推广到全国 17 个省市；1999 年中国奶业协会成立"全国奶牛生产性能测定工作委员会"，专门负责组织开展全国范围内的奶牛生产性能测定工作，并出台了 DHI 的技术规范，在全国开展 DHI 工作；2005 年中国奶业协会建立了中国奶牛数据中心，专门帮助各地实验室分析处理全国奶牛生产性能测定数据；2006 年农业部畜禽良种补贴项目对全国 8 个省、直辖市的 9 万头奶牛开展生产性能测定补贴试点工作，并组织开发了《中国荷斯坦牛生产性能测定信息处理系统 CNDHI》；2007 年，国务院印发《国务院关于促进奶业持续健康发展的意见》，中国奶业协会组织制定并颁布了《中国荷斯坦牛生产性能测定技术规范》（NY/T1450—2007），并会同全国畜牧总站出版了《中国荷斯坦奶牛生产性能测定科普手册》；2008 年，农业部发布《中国奶牛群体遗传改良计划（2008—2020 年）》，并在 16 个省（市、自治区）建立了 18 个 DHI 实验室推广该项技术，并给予财政补贴，同年全国畜牧总站开始筹备全国 DHI 标准物质实验室；截至 2009 年 12 月，全国参测的牛场 1 024 个，参测奶牛 52.8 万头；2011 年，全国畜牧总站完成 DHI 标准物质实验室建设，完成 DHI 标准物质的第三方制作，实现了对全国 23 家 DHI 实验室的测定结果监管；2015 年农业部根据《中国奶牛群体遗传改良计划（2008—2020 年）》规定，为加强奶牛生产性能测定工作的组织实施，实现 2020 年奶牛生产性能测定数量达到100 万头的目标，更好地为奶牛群体遗传改良和饲养管理服务，制定了《奶牛生产性能测定工作办法》；2018 年，国务院办公厅印发了《国务院办公厅关于推进奶业振兴保障乳品质量安全的意见》（国办发〔2018〕43 号），明确指出：奶业是健康中国、强壮民族不可或缺的产业，是食品安全的代表性产业，是农业现代化的标志性产业和一二三产业协调发展的战略性产业。文件首先确立了奶业的战略定位，同时明确提出：扩大奶牛生产性能测定范围，加快应用基因组选择技术；为贯彻落实《国务院办公厅关于推进奶业振兴保障乳品质量安全的意见》（国办发〔2018〕43 号）（以下简称《国办意见》）和全国奶业振兴工作推进会议精神，经国务院同意，农业农村部等九部委联合印发了《关于进一步促进奶业振兴的若干意见》（农牧发〔2018〕18 号），明确实现奶业振兴目标的主要任务和工作措施之一：提高奶牛生产性能测定中心服务能力，扩大测定奶牛范围，逐步覆盖所有规模牧场，通过测定牛奶成分调整饲草料配方，实现奶牛精准饲喂管理；2019 年，中央一号文件再度聚焦"三农"，再次明确提出"奶业振兴行动"，这是继 2017 年后，中央一号文件再举奶业振兴旗帜。

### （二）我国奶牛生产性能测定工作取得成效

近年来，DHI 在中央及各级政府的大力支持下，通过各方的不懈努力，取得了显著的成绩：参测奶牛场由 2008 年的 592 个增加到 1 611 个，参测奶牛 122 万头，累计完成了 157 万头荷斯坦牛的品种登记，种公牛全部实现后裔测定选择，建立的全国奶牛生产性能测定数据处理系统收录各类数据 4 000 万条。通过测定数据的应用，显著提高了奶牛生产水平，参测奶牛 305 d 产奶量从 2008 年的 7.4 t 提高到 8.8 t，乳脂率由 3.64% 提高到 3.89%，体细胞数由 39.7 万 cells/mL 下降到 28.7 万 cells/mL，达到欧盟标准 40 万 cells/mL 以下。

据全国 DHI 数据统计，参测牛的生产水平和奶品质量远高于全国平均水平，平均胎次产奶量提高了 341 kg，经济效益十分可观，同时还促进了我国奶牛养殖业逐步由数量扩张型向质量效益型转变，在保证产量不降低的前提下，减少了饲养头数，降低了对环境的压力，有利于实现可持续发展，社会效益十分显著。

在看到成绩的同时，我们必须清楚地认识到，纵向与过去相比，我国 DHI 工作这几年虽然取得了一定成效，但从横向看，与奶业发达国家相比，我国的 DHI 工作仍处于起步阶段，还有很大的提升空间。我们也必须清醒地认识到，奶牛生产性能测定是一项长期、系统而又艰巨的基础性工作，不是一蹴而就的，需要各方面相互配合、共同协作，方能取得更大的成绩。

### （三）新疆生产建设兵团 DHI 简介

#### 1. 兵团奶业概况

兵团是新疆维吾尔自治区的重要组成部分，享有省级的权限，在国民经济和社会发展方面实行国家计划单列，下辖 14 个师，185 个农牧团场。

2019 年年末，兵团奶牛存栏 20.9 万头，牛奶总产 77.6 万 t。其中存栏规模 100 头以上的荷斯坦奶牛场 126 个，500 头以上规模的养殖场已达 63 个，规模化养殖水平达 75%，形成了以一师、七师、八师和十二师为重点的相对集中的奶牛优势生产区域。奶牛优势生产区域奶牛存栏占到兵团的 85%，牛奶总产量占到 93%，规模养殖场管道式机械挤奶比例达到 90%，TMR 全混合机械饲喂机普及率达到 70%。

奶牛存栏最多团场为七师一二五团，存栏 15 900 头；其次为一师五团，存栏 11 123 头；八师一四一团存栏 8 864 头，石总场存栏 8 489 头，一二一团存栏 7 118 头。奶牛最大规模养殖场为七师一二五团兵团乳业集团，牛场存栏 14 500 头。八师新疆西部牧业股份有限公司存栏 21 720 头，七师天澳牧业有限公司存栏均 23 900 头。兵团辖区奶业加工企业以天润、花园、明旺、伊利、银桥、娃哈哈、新农乳业等为主共 16 家，年处理鲜奶加工能力超 90 万 t。

兵团牛奶总产排名前六位的是：八师 34 万 t、七师 10 万 t、四师 8.8 万 t、一师 6.8 万 t、十二师 3.5 万 t、六师 3 万 t（图 1-2），6 个师合计牛奶产量占全兵团的 93%。

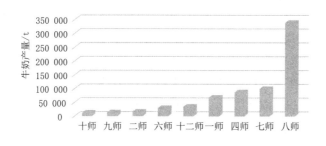

图 1-2　兵团部分师牛奶总产量

兵团现有生鲜乳收购站 201 个，全部实现机械挤奶，冷链设施配套。其中，加工企业自建奶站 81 个，养殖场自建 120 个。

据兵团奶牛生产性能测定（DHI）中心数据统计，平均乳脂肪 3.95%，平均乳蛋白 3.28%，平均体细胞数小于 30 万 cells/mL。

2. 兵团 DHI 基本情况

新疆生产建设兵团农业农村局自 2011 年开始接受农业农村部下达的奶牛生产性能测定任务，由兵团畜牧兽医工作总站承担项目任务，委托自治区乳品检测中心完成测定任务。2012 年，兵团农业农村局委托八师农业农村局申报了"兵团奶牛生产性能测定（DHI）中心建设项目"，农业农村部以"农计函〔2012〕254 号文"批复了"新疆生产建设兵团奶牛生产性能测定（DHI）中心建设项目"，由八师畜牧兽医工作站具体承担项目建设，现有实验室总面积达 460 m²，购置了 Delta combiscope 300 hp 型 DHI 仪一套、BENTLEY ChemSpec 150 型尿素氮测定仪一台、Gerber CryoStar Ⅰ型冰点仪一台、Waters 1525 液相色谱仪一台、全自动 DHI 样品瓶清洗设备一台，并且拥有 BUCHI K-360 凯氏定氮仪一台、Foss 全自动脂肪测定仪一套、Velp 纤维分析仪一套，具备开展 DHI 和牧场服务的条件和能力。同时为加大宣传和培训力度，购置了互联网＋牧场远程培训系统，借助荷斯坦大讲堂平台，提高专业技术人员专业技能，今后足不出市便能聆听全国奶牛养殖及疾病防控知名专家的讲课，提高专业技能和服务水平。兵团 DHI 中心于 2016 年 3 月通过农业农村部组织的奶牛生产性能测定实验室现场评审，具备了开展奶牛生产性能测定的条件和能力。据此，兵团农业农村局、兵团畜牧兽医工作总站委托该中心于 2016 年 4 月，逐步在八师部分规模化牛场开展奶牛生产性能测定工作，最初仅 2 个牛场 300 头牛参测。2017 年开始正式承担农业农村部给兵团下达的奶牛生产性能测定任务。

兵团 DHI 工作起步虽晚，但发展迅速，经过三年多的推广应用，2019 年参测牛场数量达 20 个，月参测奶牛 10 262 头，年参测奶牛 1.43 万头 73 289 头次，参测场平均 305 d 产奶量由参测前的不到 6 t 提高到 9.3 t；305 d 产奶量达 10 t 以上的牛场 5 个，高峰奶量由最初的 24.3 kg 提高到 36.5 kg，体细胞数持续控制在 35 万 cells/mL 以下，日产奶量也持续稳定在 27 ~ 30 kg，乳脂、乳蛋白也维持较高水平，平均产犊间隔由 460 d 缩短到 415 d。

由此可见，开展 DHI，使参测牧场奶牛生产性能得到明显改善，生产潜力得到有效提高，同时可以看出，参测牧场奶牛生产性能还有较大提升空间。

# 第三节 奶牛生产性能测定的目的和作用

## 一、奶牛生产性能测定的目的和意义

开展奶牛生产性能测定的目的和意义主要表现在以下 3 个方面。

### （一）是深入贯彻落实党中央、国务院指示精神的关键举措

生产性能测定是奶牛养殖技术提升和管理改善的有效工具，备受国家重视。《国办意见》明确指出，奶业是健康中国、强壮民族不可或缺的产业，是食品安全的代表性产业，是农业现代化的标志性产业和一二三产业协调发展的战略性产业。文件首先确立了奶业的战略定位，同时明确提出，扩大奶牛生产性能测定范围，加快应用基因组选择技术。为贯彻落实《国办意见》和全国奶业振兴工作推进会议精神，经国务院同意，农业农村部等九部委联合印发了《关于进一步促进奶业振兴的若干意见》（农牧发〔2018〕18 号），明确实现奶业振兴目标的主要任务和工作措施，其中指出，提高奶牛生产性能测定中心服务能力，扩大测定奶牛范围，逐步覆盖所有规模牧场，通过测定牛奶成分调整饲草料配方，实现奶牛精准饲喂管理。

### （二）为牛群生产分析和改进饲养管理提供依据

奶牛生产性能测定为牛场提供全面、准确、科学的生产管理数据，是牛场实现数据管理的基础。通过数据分析，发现奶牛营养、管理、育种和疾病防控存在的问题，通过优化管理，充分挖掘奶牛高产稳产潜能，提高经济效益。

### （三）作为种牛个体遗传评定和群体遗传分析的基础

为政府和育种组织评估牛群生产水平、评定青年公牛和制定育种方案提供全面、准确的数据信息。

## 二、奶牛生产性能测定的作用

### （一）是牛场科学管理的有效工具

奶牛生产性能测定报告反映了牛只及牛群繁殖效率、生产性能、饲养管理及奶牛健康等多方面的准确信息，管理人员和技术人员利用奶牛生产性能测定报告，能够科学有效地对牛群加强管理，充分发挥牛群的生产潜力，进而提高经济效益。

准确、系统的度量数据是科学化管理的前提条件，而科学管理则是有效提高奶牛生产性能的基础。随着我国奶牛养殖规模和经营模式的不断发展，数字化、科学化管理已成为一种必然趋势。开展奶牛生产性能测定，可以获得系统、全面的数据资料，通过奶牛生产性能测定数据分析，可为牛场进行数字化精细管理创造条件，进而有效促进牧场由粗放型管理模式向精细管理模式迈进。

### （二）加快奶牛遗传育种改良，提高奶牛育种水平

合理应用DHI报告进行选种选配，可以加快奶牛育种进度，充分挖掘奶牛高产稳产潜能，提高奶牛场经济效益。育种员可根据牛只历次305 d产量、胎次平均SCC、平均乳脂率、平均乳蛋白率等生产性能信息，再结合母牛体形外貌评分，找出优秀和缺陷性状，确定改良目标，根据改良目标，使用同质选配或异质选配，最后制定出适合高产牛特点的选种选配计划。

培育优秀种公牛必须首先具备优秀的母牛群，而种母牛必须是生产性能和繁殖记录完备、估计育种值水平高的个体。准确的生产性能数据必须来自DHI体系，母牛的产奶量及乳成分分析记录才被认可。此外，种公牛后裔测定就是通过公牛的女儿生产性能来估计该公牛的遗传水平。国际规定，只有通过DHI系统测定的女儿牛生产数据才有效。

DHI是牛群遗传改良的基础，是改善牛群素质、增加社会经济效益的根本措施，已成为奶牛群体遗传改良科学化、规范化的标志，也是目前国际上衡量奶牛育种水平的一种通用标准，被业内人士公认为"牛群改良唯一有效的方法"。

### （三）提高生乳质量，增强市场竞争力

生乳的质量是保证乳制品品质的第一关，只有高质量的生乳才能生产出高品质的乳制品。开展 DHI，能准确测定乳脂率、乳蛋白率等成分，这是以质定价和分级的依据。同时能检测体细胞计数和乳酮等成分，体细胞数反映了奶牛乳房的健康状况，预警乳房炎和隐性乳房炎患牛；乳酮的含量高，预警牛群存在酮病，应及时发现并隔离病牛，及时治疗，减少损失，并防止不健康牛奶进入加工和消费环节，从而提高乳品质量，保障消费者的健康，对保障乳品安全起到了关键作用。

### （四）指导牛场健康计划，保障奶牛健康

奶牛机体任何部分发生生理或病变不适都会首先以减少产奶量的形式表现出来，由于生产性能测定每月定期监测并记录奶牛个体生产性能表现，因此通过奶牛生产性能测定分析报告可了解以下情况：一是掌握奶牛产奶水平的变化，了解奶牛是否受到应激，根据产奶量和体况，适时分群，控制体况，准确把握奶牛健康状况。二是通过分析乳成分的变化，判断奶牛是否患酮病、慢性瘤胃酸中毒等代谢病。三是通过分析体细胞数的变化，及早发现乳房健康问题，可以清晰地了解牛群感染的状态，每月可以通过治愈牛只和新感染牛只来评价牧场乳房炎防控方案，同时对通过筛查长期存在高体细胞数的牛只进行病原菌检测。乳房如发现传染性病菌，应立即进行淘汰或隔离处理，这对整个乳房炎控制起着非常重要的作用，特别是为及早发现隐性乳房炎、制定防治计划提供科学依据，从而有效减少牛只淘汰，降低治疗费用。四是通过测定乳中丙酮和 $\beta$-羟丁酸含量，及时预警奶牛酮病的发生发展情况，早发现、早治疗，并及时调整和加强干奶牛和围产牛的饲养管理，降低酮病发病率。五是通过数据分析，发现问题的根源，对症处理。如新产牛体细胞数高，未必一定是乳房炎，很可能存在卵巢囊肿、子宫内膜炎等繁殖疾病风险，预示着产房卫生可能存在较大问题；如果有 10% 的牛脂蛋比小于 1∶1.12，预示着牛群存在瘤胃酸中毒，应及时治疗。生产性能测定可及时发现牛只的健康状况，及时治疗病患牛，大大提高牛群的繁殖效率和生产性能，提高牛场的经济效益。

## （五）有助于改进日粮配方，提高饲料利用效率

根据 DHI 分析报告，可清楚地了解奶牛的营养状况、奶牛体膘及饲料组成是否合理等。利用 DHI 数据分析的泌乳持续力反映了奶牛泌乳持续的能力，即奶牛在泌乳高峰后泌乳表现是否正常。乳成分含量变化能在一定程度上反映出奶牛的营养和代谢状况，进而反映饲料总干物质含量及主要营养物质供给量是否合适，可指导调配日粮。生产性能测定报告中直接反映乳脂肪率和乳蛋白率之间的关系的一个指标——脂蛋比，正常情况下，荷斯坦牛的脂蛋比应在 1.12 ～ 1.41。高出范围可能是日粮中添加了脂肪，或日粮中蛋白不足；低于范围可能是日粮中谷物类精料太多或缺乏纤维素。生产性能测定报告提供的个体牛只牛奶尿素氮水平，能准确反映出奶牛瘤胃中蛋白质代谢的有效性，可根据牛奶尿素氮的高低改进饲料配方，提高饲料蛋白利用效率，降低饲养成本。

## （六）有利于科学制定管理计划

在正常饲养的情况下，为保持和提高牛群的整体生产水平，降低饲养成本，提高经济效益，需要对牛群进行分群管理并及时淘汰生产性能低的牛只。生产性能测定报告不仅可以实时反映个体的生产表现，还便于追溯牛只的历史表现，我们可以依据牛只生产表现及所处生理阶段实现科学分群饲养管理；依据分析饲养投入及生产回报，可制定科学、合理的牛只淘汰制度；牛群生产性能信息还有助于编制各月产奶计划和相应的管理措施。

## （七）健全我国原料奶质量第三方检测体系，建立合理的原料奶定价机制

当前我国奶业市场仍未建立合理的价格形成机制，原料奶收购价格大多是乳品加工企业根据自身经营成本来确定的，经常发生任意提高原料奶收购标准、压低奶农收益的现象。由于鲜奶无法长期保存，生产后必须尽快送到加工厂进行处理，否则就会坏掉，因此无论企业给出什么样的价格，奶农只能被动接受。这种不合理的原料奶定价机制严重损害了奶农利益，影响其发展养殖的积极性。DHI 中心可以作为原料奶第三方检测机构，对区域内的原料奶质量进行准确、公正的检测，作为原料奶定价的标准，可为原料奶及乳制品质量仲裁提供检测结果。

## （八）为科研提供可靠准确的数据来源

DHI 的意义不仅局限于奶牛育种和牛场管理，DHI 内容完整、指标全面、数据准确，其测定范围之广及测定对象的个体化使数据更有代表性，是畜牧兽医方面科研课题的重要理论依据。

# 第二章 奶牛生产性能测定工作程序

## 第一节 参测牛场的前期准备

### 一、参测牛场的基本要求

#### （一）具有完善的奶牛系谱档案

奶牛系谱档案是记录奶牛系谱及其基本信息的基本资料，在生产工作中有识别个体差异、避免近亲繁殖、分析遗传多样性等积极作用。系谱是记录奶牛本身及其父母、2～3代祖先情况的资料，包括标准耳号、胎次、产犊日期、出生日期、父亲、母亲、外祖父、外祖母等信息。完整的奶牛系谱一般应该包括个体的2～3代祖先的编号、名称及生产成绩等情况。它是奶牛遗传育种信息的主要来源，可用于识别个体、制定育种计划、确定血缘关系及近交率，以及估计种群遗传参数等。

在生产中，根据奶牛系谱确定血缘关系、选留种畜，对品种改良、保种选育、制定发展规划等有重要应用意义。同时，建立完整的系谱档案，能保证育种、繁殖档案记录清晰，避免近亲繁殖，尤其是以个体选择为主的现代育种实践，必须明确个体间的亲缘关系，否则将会导致群体的近交退化和遗传多样性的丢失。

### （二）具有完好的牛只标识和繁殖记录

牛只标识应按照《中国荷斯坦奶牛牛只编号的实施办法》统一规范编号，标准耳号应由 6 位数字组成，不允许重复。繁殖记录应包括胎次、初配日期、配妊日期、与配公牛、公牛国别、产犊日期、配种次数等信息。

### （三）具有一定规模，配备规范的采样设备

参测牧场应具有一定生产规模，成母牛存栏应在 100 头以上，采用机械挤奶，配有流量计或分流装置，并具有混匀和计量功能的采样装置。采样前必须混匀，因为乳脂比重较小，一般分布在牛奶的上层，不经过搅拌采集的奶样会导致测出的乳成分偏高或偏低，最终导致生产性能测定报告不准确。

### （四）牛场领导重视，并具有相应的技术人员

牛场领导和参与 DHI 工作的员工均应对 DHI 有正确的认识，不能有应付差事的思想，有经过专业培训的取样人员、资料员和技术人员，采样规范，资料报送准确、及时，无漏报、迟报、错报现象。

## 二、参测牛场的申请

DHI 是一项利国利民的惠民政策，国家投入了大量的人力、物力和财力来做此事，现在是免费为牛场提供服务，目标是提高牛场的生产水平和经济效益。但要做好此事，必须遵循自愿的原则，牛场提出参测申请，经 DHI 中心考察符合参测牛场基本要求的，明确双方的权利和义务，签订服务协议，即可开始参测。

### （一）牛场的参测申请

牛场对 DHI 有一定认识后，向当地 DHI 中心提出申请，申请可以是口头的，也可以是书面的。DHI 中心受理后，工作人员会给牛场介绍 DHI 的作用与意义，明确双方的责任和义务，并再次征求牛场意见，确定是否参测，确定参测后，则安排专业人员适时考察牛场。

### （二）牛场的考察与审核

专业人员按照"参测牛场的基本要求"对牛场的软硬件条件进行现场审核，针对存在问题提出改进要求，限期整改，满足要求后签订服务协议。

## 三、签订服务协议

DHI 中心代表和牛场代表签订服务协议，明确双方的责任和义务，包括对牛场的取样、送样要求，对 DHI 中心的测定、报告和服务的时限和结果要求等内容。

## 四、参测牛场的人员培训

服务协议签订后，DHI 中心应安排服务人员及时到牛场对资料员、采样人员和技术人员做针对性培训，使资料员掌握资料报送内容及方法，使采样人员掌握正确的采样方法和技巧，使技术人员掌握基本的 DHI 报告解读知识。首次采样，服务人员应先示范并带领牛场采样人员一起完成采样，直至牛场采样人员能独立完成正确采样。

# 第二节　参测牛场工作程序

## 一、DHI 基础数据准备

要发挥 DHI 报告作用，最大限度地发挥奶牛高产稳产潜力，提高经济效益，必须要确保参测牛场提供的基础数据准确、规范。基础数据的准确性直接关系到指导牛场实际生产的 DHI 报告的可靠性，如果提供错误信息，则可能误导牛场而起反作用，所以参测牛场资料员务必认真对待，防止漏报、错报。

### （一）DHI 基础数据

1.初次参测牛只档案明细

参测牛场在开始参测当月，首先需认真填写"初次参测牛只档案明细"

表，将牛场所有成母牛档案按表格内容导出填写，其他阶段的牛只不需填写；且所有参测牛只终生只需填写一次，如有从其他牛场调入的成母牛，需补充填写，填写内容包括以下几项。

（1）测定场编号。这里是指牛场编号，终生不变，主要由两部分组成，即全国各省（区、市）编号 + 省（区、市）内牛场编号。

①全国各省（区、市）编号，全国统一按照行政区编码确定，由两位数码组成，见表2-1。

表2-1　省（区、市)编号及DHI中心编号表

| 省（区、市） | 编号 | DHI 中心名称 | 中心编号 |
|---|---|---|---|
| 北京 | 11 | 北京奶牛中心奶牛生产性能测定实验室 | 1101 |
| | | 北京市畜牧总站 | 1102 |
| 天津 | 12 | 天津市奶牛发展中心奶牛生产性能测定实验室 | 1201 |
| 河北 | 13 | 河北省畜牧业协会奶牛生产性能测定中心 | 1301 |
| | | 石家庄市奶牛生产性能测定中心（乐康牧医河北科技有限公司） | 1302 |
| 山西 | 14 | 山西省畜牧遗传育种中心（山西省奶牛生产性能测定管理站） | 1401 |
| 内蒙古 | 15 | 内蒙古西部良种奶牛繁育中心 | 1501 |
| | | 内蒙古优然牧业有限责任公司 DHI 实验室 | 1502 |
| | | 内蒙古赛科星家畜种业与繁育生物技术研究院有限公司 DHI 测定中心 | 1503 |
| | | 内蒙古富牧科技有限公司 | 1505 |
| 辽宁 | 21 | 沈阳乳业有限责任公司奶牛生产性能测定中心 | 2101 |
| | | 辽宁省畜牧业发展中心 DHI 中心 | 2102 |
| 吉林 | 22 | 白城市畜牧总站 DHI 测定中心 | 2201 |
| 黑龙江 | 23 | 黑龙江省畜牧总站奶牛生产性能测定中心 | 2301 |
| | | 大庆市萨尔图区新科畜牧技术服务中心 | 2302 |
| | | 黑龙江省农垦科学院畜牧兽医研究所 DHI 中心 | 2303 |
| 上海 | 31 | 上海奶牛育种中心有限公司 | 3101 |

续表

| 省（区、市） | 编号 | DHI 中心名称 | 中心编号 |
|---|---|---|---|
| 江苏 | 32 | 南京卫岗乳业有限公司检测中心 | 3201 |
| | | 江苏省奶牛生产性能测定中心 | 3202 |
| 安徽 | 34 | 安徽省畜禽遗传资源保护中心 DHI 实验室 | 3401 |
| 山东 | 37 | 山东奥克斯畜牧种业有限公司 | 3701 |
| | | 山东华田牧业科技有限责任公司 | 3702 |
| 河南 | 41 | 河南省奶牛生产性能测定有限公司 | 4101 |
| | | 洛阳市奶牛生产性能测定服务中心 | 4102 |
| 湖北 | 42 | 湖北省畜禽育种中心 | 4201 |
| 湖南 | 43 | 湖南省奶牛生产性能测定中心 | 4301 |
| 广东 | 44 | 广州市奶牛研究所有限公司奶牛生产性能检测中心 | 4401 |
| | | 广东省种畜禽质量检测中心 | 4402 |
| 广西 | 45 | 广西壮族自治区畜禽品种改良站广西奶牛 DHI 检测中心 | 4501 |
| 四川 | 51 | 新希望生态牧业有限公司 DHI 测定中心 | 5101 |
| | | 四川省畜牧总站 DHI 测定中心 | 5102 |
| 云南 | 53 | 昆明市奶牛生产性能测定中心 | 5301 |
| 重庆 | 55 | 重庆天友 DHI 测定中心 | 5501 |
| 陕西 | 61 | 陕西省畜牧技术推广总站奶牛生产性能测定中心 | 6101 |
| 甘肃 | 62 | 甘肃农垦天牧乳业有限公司 DHI 实验室 | 6201 |
| | | 中国农业科学院兰州畜牧与兽药研究所奶牛生产性能测定实验室 | 6502 |
| 宁夏 | 64 | 宁夏回族自治区畜牧工作站奶牛 DHI 测定中心 | 6401 |
| 新疆 | 65 | 新疆维吾尔自治区乳品质量监测中心 | 6501 |
| | | 新疆兵团奶牛生产性能测定中心（新疆兵团第八师畜牧兽医工作站） | 6502 |

②省（区、市）内牛场编号，一般由4个字符组成，由阿拉伯数字或由阿拉伯数字和英文字母混合组成，具唯一性，不重复。一般由各省（区、

市 ) 畜牧兽医主管部门组织各地州市畜牧兽医主管部门统一编写，报中国奶业协会数据中心备案，也可向中国奶业协会中国奶牛数据中心申请，由中国奶业协会中国奶牛数据中心协助编订。

新疆维吾尔自治区内牛场编号为 65 + 地区 / 州 / 市代码 + 地区 / 州 / 市内牛场编号组成，地区 / 州 / 市内牛场编号由各地区 / 州 / 市畜牧兽医主管部门统一编号报自治区畜牧兽医主管部门和中国奶业协会数据中心备案，新疆生产建设兵团参照自治区方案执行，地区 / 州 / 市代码见表 2-2。

表2-2 新疆各地区/州/市代码明细表

| 地区 / 州 / 市 | 代 码 | 地区 / 州 / 市 | 代 码 |
|---|---|---|---|
| 乌鲁木齐市 | A | 克拉玛依市 | J |
| 昌吉回族自治州 | B | 吐鲁番地区 | K |
| 石河子市 | C | 哈密地区 | L |
| 奎屯市 | D | 巴音郭楞蒙古自治州 | M |
| 博尔塔拉蒙古自治州 | E | 阿克苏地区 | N |
| 伊犁哈萨克自治州 | F | 克孜勒苏柯尔克孜自治州 | P |
| 塔城地区 | G | 喀什地区 | Q |
| 阿勒泰地区 | H | 和田地区 | R |

如石河子市泉旺牧业有限责任公司牛场编号为 65C110，石河子市阜瑞牧业有限责任公司编号为 65C806。

（2）标准耳号。标准耳号由 6 位数字组成，前两位为牛只出生年度的后两位数，后 4 位为场内年内牛只出生的顺序号，不足 4 位在前面用 0 补齐，如 2019 年出生的第 106 头牛编号是为 190106，场内无重复。

（3）场内管理号。场内管理号是牛场管理人员为方便管理和区分不同牛只给牛只做的编号，由任意中文或数字或字母组成，场内无重复。

（4）国别。国别包括牛只自身的国别和父母亲的国别，统一使用由 3 位大写的英文字母组成的国家编码记录。常用国家编码见表 2-3。

表2-3　常用国家编码表

| 国　家 | 编　码 | 国　家 | 编　码 |
|---|---|---|---|
| 中国 | CHN | 加拿大 | CAN |
| 美国 | USA | 澳大利亚 | AUS |
| 阿根延 | ARG | 丹麦 | DNK |
| 法国 | FRA | 荷兰 | NLD |
| 新西兰 | NZL | 挪威 | NOR |
| 波兰 | POL | 德国 | DUE |
| 日本 | JPN | 以色列 | ISR |
| 西班牙 | ESP | 英国 | UKD |
| 比利时 | BEL | 爱尔兰 | IRL |

（5）胎次。胎次指奶牛分娩的次数，包括正产和早产。一般情况下，奶牛的妊娠期为276～290 d，平均282 d，妊娠263 d以上分娩为正产，妊娠210～262 d分娩为早产，早产和正产记一个胎次；妊娠90～209 d，妊娠中断记流产，不记胎次；妊娠43～90 d，妊娠中断，见胎记流产，未见胎记复检无胎，不记胎次。

（6）上次产犊日期。上次产犊日期即上一胎次的产犊日期，二胎及以上牛填写，如胎次为2，此单元格内应填写1胎时的产犊日期，如果胎次为6，此单元格内应填写5胎时的产犊日期，而不能填写为其他胎次的产犊日期。为方便导入CNDHI软件，日期格式应为：yyyy-m-d，其他格式在导入CNDHI软件时均提示错误："日期不正确"。

（7）本次产犊日期。本次产犊日期格式要求同"上次产犊日期"。本次产犊日期和上次产犊日期不能颠倒，否则导入CNDHI软件时均提示错误："上次产犊日期不能晚于本次产犊日期"。

（8）出生日期。该牛只的出生日期，不能为空，格式要求同"上次产犊日期"。

（9）父亲。填写父亲的编号，必须填写完整的公牛编号，不能填写冻精编号。中国公牛编号和冻精编号一致，细管冻精精液标识由16位数4部分组成：从棉塞封口端到超声波封口端依次为"种公牛站代号"＋"种公牛品种代号"＋"冻精生产日期"＋"种公牛编号"，可登录中国奶牛数据中心网站查询；国外公牛编号和冻精编号完全不同，冻精细管上写的是冻精编号，需通过中国奶牛数据中心网站或其他公牛网站查询。例如，亚达－艾格威网站（http://www.agricorpchina.com/index.html）查询方法如下：

打开链接，在公牛搜索下点击高级搜索，在高级搜索栏内输入冻精编号，如 011HO33081，点搜索，见图 2-1。

（10）母亲：填写母亲编号，国内母亲的编号规则同牛只编号，需填写完整的带牛场编号的 12 位牛号，不能填写标准耳号或场内管理号。

（11）外祖父、外祖母：规则同父亲、母亲。

**PLANET**

**011HO33081**

**COOMBOONA SSIRE PLANET-IMP-ET**

SUPERSIRE X PLANET X BOLTON

**HOAUSM000H01764869 | 出生日期 8/16/2013**

HOAUSM000H01764869 即是公牛号，一般记录为 1764869。

祖父、外祖父公牛号查询方法同上。

**图 2-1　搜索国外公牛冻精编号**

**（二）特别提示**

系谱记录是奶牛生产和品种改良的一项重要的基础性工作，其准确性直接影响牛场自身群体改良计划的制定和实施，资料员必须提供真实、详细、完整的系谱资料。因为中国奶牛数据中心数据库中对系谱信息采取"只补充不修改"的原则，不能随意修改，如报送档案时未能查到某些系谱信息，可空着不填写，待查实后补充填写，严禁未经查实随意填写。

如果牛场资料员发现牛只系谱资料错误，资料员应及时标注、更改，并记录，通过当地 DHI 中心向中国奶牛数据中心发一份系谱更改声明，并提供固定格式 Excel 文件，由中国奶牛数据中心修改。

系谱资料可由牛场管理软件导出并整理成固定格式的 Excel 文件报采样送样的 DHI 中心。

## 二、采样

采样工作通常由牛场技术人员完成，由 DHI 中心对采样人员进行培训指导，规范采样。由于牛场采样人员流动性大，导致采样代表性不好的情况时有发生，也可由第三方专业的采样人员完成，所采样品代表性较好，但存在疫病防控的风险，第三方采样人员进场须严格消毒。建议加大牛场采样人员的培训、考核和监督，建立奖惩机制，调动采样人员认真工作的积极性，规范采样，确保所采样品具有代表性、可比性、完整性和准确性。

### （一）采样前准备

（1）挤奶前提前 30 min 安装并调试采样装置，检查采样装置橡胶管和密封圈是否正常，防止漏气，及时更换老化的配件，确保采样装置分流等功能正常。

（2）准备好采样瓶并检查采样瓶编号是否正确，瓶内是否添加防腐剂，将样品盘编号并按顺序排列整齐，方便取样时按顺序拿取。

（3）准备好采样记录，记录采样日期，按采样顺序记录牛号，采样必须是产后 5 d 至干奶前的所有泌乳牛，包括因患乳房炎等疾病隔离治疗需单独挤奶的病牛；采样间隔为 25 ～ 35 d，每头泌乳牛每年连续采样 10 次。

### （二）采样过程

采样人员在挤奶过程中应巡视检查采样装置的分流情况是否正常，如不分流或分流慢，应检查采样装置是否漏气或堵塞，以便调整解决。

挤奶完成奶杯自动脱落后，采样员应在采样前利用负压原理或手工方法，使分流样品充分混匀 5 ～ 8 s，然后按《中国荷斯坦牛生产性能测定技术规范》规定比例取一定体积的奶样，倒入采样瓶中，盖上瓶盖，上下翻倒摇 3 次，使防腐剂溶解并混匀。将采样瓶放入样品盘，按顺序取瓶重复上述操作，完成下头奶牛的采样。所有泌乳牛挤奶完成，完成一次采样，将样品放置 0～5℃环境冷藏保存。

每次测定需对所有泌乳牛逐头取奶样，一天 3 次挤奶一般按 4：3：3（早：中：晚）比例取样，两次挤奶按早、晚 6：4 的比例取样，均重复上述采样过程，每个样品总样量约 40 mL。

采样过程中，资料员负责按采样顺序记录牛号和对应产奶量，填写采样记录表。

### 三、产奶量等信息统计与报送

资料员完成 24 h 产奶量统计，并完成"计算数据准备"工作簿的填写，两日内发送到 DHI 实验室指定邮箱。新参测牛场第一次参测，在完成"初次参测牛只档案明细"填写基础上，仅填写"计算数据准备"工作簿中的"牛只产奶明细表"，记录牛号、胎次及 24 h 产奶量。

（1）计算数据准备。计算数据准备是一组由"牛只产奶明细表""乳成分分析结果""牧场参测头胎牛明细""牧场参测经产牛明细""牧场参测干奶牛明细""牧场参测奶只转舍明细"和"牧场参测淘汰牛明细" 7 个 Excel 工作表组成的 Excel 工作簿。

（2）牛只产奶明细表。牛只产奶明细表需填写"耳号"和与之对应的"胎次"和"日产奶量"信息。"耳号"可以是标准耳号，也可以是场内管理号，但必须统一，如果填场内管理号，所有牛只都填写场内管理号，不允许标准耳号和场内管理号混写。这是因为：一方面增加数据处理人员工作量；另一方面如果按标准耳号导入 CNDHI 软件时，将提示场内管理号牛只错误："该牛只还没有在档案中注册"，反之亦然。耳号顺序可以与采样顺序一致，也可以不一致，直接从泌乳牛奶量统计表汇总填写，各场可根据牛场实际自行确定；如果牛场安装了牛号自动识别并自动统计奶量，直接从软件中导入所有泌乳牛号及奶量信息，较为简单实用。"胎次"信息一定要填写正确，不能漏报产犊信息，否则导入 CNDHI 软件时将提示错误："需要确定胎次"，甚至导致泌乳天数异常；"日产奶"是指采样日 24 h 的总产奶量，非单班奶量统计，精确到 0.1 kg。

（3）乳成分分析结果。此表的"耳号"和"胎次"信息由牛场填写，要求耳号顺序与采样顺序相同。"牛只产奶明细表"中记录的"耳号"顺序与采样顺序一致的，此表可不填写。乳脂率、乳蛋白等指标用红色标注，由 DHI 中心填写，测定数据必须与牛号对应。

（4）牧场参测头胎牛明细。该表仅记录和填写上次采样到本次采样间新产的头胎牛信息，要求信息尽可能记录详细，如为初次参测牛场，此表不填。"初配日期"指本胎次第一次配种的日期，而非本次产犊后发情的第一次配种日期，否则在导入 CNDHI 软件时将提示如下错误："初配日期不能晚于产犊日期"；"配妊日期"指本胎次的发情配种后经妊娠诊断确定妊娠的最后一次配种日期，非本次产犊后发情配种经妊娠诊断确定妊娠的最后一次配种日期，否则在导入 CNDHI 软件时会提示错误："配妊日期不能晚于产犊日期"；"与配公牛"必须填写公牛号而非冻精编号，国产冻精号与公牛编号一致，进口冻精需资料员提前查询公牛编号并记录，查询方法见"初次参测牛只档案明细"中父亲编号说明；"产犊日期"和"出生日期"必须填写，不能为空，格式要求同"初次参测牛只档案明细"；"父亲""母亲"填写要求同"初次参测牛只档案明细"。

（5）牧场参测经产牛明细。填写要求同"牧场参测头胎牛明细"。

（6）牧场参测干奶牛明细。记录上次采样至本次采样间新干奶的干奶牛信息。

（7）牧场参测牛只转舍明细。记录上次采样至本次采样间参测牛中有转舍经历的牛只信息，未测牛只转舍，如犊牛、青年牛等转舍不需填写。

（8）牧场参测淘汰牛明细。记录上次采样至本次采样间新淘汰的参测牛只，未参测牛只淘汰，如犊牛、青年牛等淘汰不需填写。

## 四、样品保存与运输

为防止奶样腐败变质，在每份样品中需加入适量的防腐剂，建议使用低毒无污染的防腐剂，如布罗波尔。布罗波尔常见的有颗粒和粉状两种，颗粒用专用压取器添加，50 mL 压取 1 粒；粉状常以饱和溶液形式添加，添加量以不超过样品量（质量分数）的 1% 为宜，否则会影响检测结果的准确性。奶样需冷藏保存，禁止冷冻。没有冷藏条件的，应及时送达 DHI 实验室。通常情况下，在 15℃ 的环境下可保持 4 d，在 2 ~ 7℃ 冷藏条件下可保持一周。

采样结束后，样品应尽快安全送达 DHI 实验室，运输途中需加强防护，夏季冷藏，防阳光直晒，冬季防冻，且不能过度振荡和摇晃。

# 第三节 DHI 实验室测定程序

## 一、测定设备

实验室应配备乳成分及体细胞综合测定仪、恒温水浴箱、冷藏柜、采样瓶、样品架等仪器及辅助设备。

## 二、测定原理

乳成分检测原理为傅立叶红外变换技术，检测范围、准确性要求见表2-4。

表2-4 乳成分检测范围及准确性要求

| 成 分 | 范 围 | 重复性 | 准确性 | 单体牛数据准确性 |
|---|---|---|---|---|
| 脂肪 /% | 0～15 | $CV < 0.5$ | $CV < 1.0$ | $CV < 1.5$ |
| 蛋白 /% | 0～10 | $CV < 0.5$ | $CV < 1.0$ | $CV < 1.5$ |
| 乳糖 /% | 0～10 | $CV < 0.5$ | $CV < 1.0$ | $CV < 1.5$ |
| 总固 /% | 0～20 | $CV < 0.5$ | $CV < 1.0$ | $CV < 1.5$ |
| 尿素氮 /(mg·dL$^{-1}$) | 10～100 | $S_d < 1.5$ | $S_d < 3$ | $S_d < 4$ |

体细胞检测原理是荧光染色流式细胞仪计数，检测范围、准确性要求见表2-5。

表2-5 体细胞检测范围和准确性要求

| 体细胞数检测范围 | 准确性 | 重复性 | | |
|---|---|---|---|---|
| 0～10$^7$ cells/mL | $CV < 10\%$ （相对于显微镜直接读数） | $< 10^5$ cells/mL $< 6\%$ | (0.1～0.5)×10$^6$ cells/mL $< 4\%$ | (0.5～2)×10$^6$ cells/mL $< 3\%$ |

## 三、样品的接收

DHI 实验室在接收样品时，应检查采样日期、样品有无损坏、采样记录表编号与样品架（筐）是否一致等，合格的予以接收、登记并做唯一性标识。如有样品腐坏、打翻现象超过 10% 的，DHI 实验室将通知重新采样。

## 四、测定内容

主要测定日产奶量、乳脂肪、乳蛋白质、乳糖、全乳固体、体细胞数、尿素氮、丙酮和 $\beta$– 羟丁酸等。

## 五、测定程序

提前一天检查仪器试剂是否充足、有效，按要求制备足量的试剂摇匀备用；检查实验室环境条件是否满足要求，做好实验室环境控制；检查仪器设备及辅助设施功能是否正常，确保仪器设备及辅助设施正常运转；制作质控样、检测并做记录，同一样品两次测定结果乳脂率和乳蛋白率测定值与标准值差小于等于 ±0.05% 为正常，体细胞数与标准值差小于等于 ±10% 体细胞平均值为合格。

开机，按操作规程完成仪器设备的清洗和调零，核查仪器设备的重复性、均质效能和残留，正常后取质控样 1 ~ 2 个，按测样程序检测 2 ~ 3 次，结果满足质控样要求，则开始样品检测，测样顺序按照采样日期先后顺序检测，检测完成，再取 1 ~ 2 个质控样按测样程序检测 2 ~ 3 次，结果满足质控样要求，本次检测结果有效；如果质控样结果异常，检查仪器设备并查找异常的原因，修复仪器，再用质控样核查设备情况，直至正常，确认仪器正常后重新开始检测，重复上述操作。质控样结果异常的，说明本次检测结果可疑，建议牛场重新取样检测。

检测过程中，检测人员应及时对异常数据进行审核，如乳脂率、乳蛋白率体细胞数小于 1 万 cells/mL 或大于 10.4 万 cells/mL 的，必要时重新检测。

## 六、质量控制

除检测前后用质控样核查设备外，每月使用全国畜牧总站 DHI 标准物质校准设备一次，每隔 10 d 用 DHI 标准物质对设备核查一次，确保乳成分结果准确可靠；1 ~ 2 个月用体细胞标准样对体细胞仪进行校准和核查，确保体细胞结果准确可靠；一个季度制作一次尿素氮标准曲线，使用尿素氮测定仪对尿素氮结果进行校准，确保尿素氮结果准确可靠。具体操作详见乳成分及体细胞综合测定仪操作规程。

## 七、设备的维护保养

在完成检测工作基础上，定期对仪器设备进行维护保养，使用护理液定期对设备进行周护理、月护理，按设备说明定期更换管路及配件，确保仪器设备功能正常，检测结果准确可靠。

# 第四节　数据处理和报告制作程序

（1）数据处理人员应及时将牛场报送的"初次参测牛只档案明细"表进行审核，指导资料员对牛只档案明细进行补充完善，审核无误后，导入CNDHI软件，对牛场和牛只信息进行注册登记，对提示错误信息再次反馈牛场，指导牛场针对错误提示，补充完善，再追加注册。

（2）牛场和牛只信息注册完成后，数据处理人员将检测数据和牛场报送数据整合汇总，完成"计算数据准备"工作簿中7个Excel工作表的填写，并对数据和相关信息进行审核，导入CNDHI软件，如有错误提示，补充完善后重新导入，分析计算后汇总输出，形成由"月平均指标跟踪表"等20个Excel工作表组成的DHI报告。

（3）针对DHI报告专业性较强、牛场技术人员理解利用率较低的情况，作者在南京丰顿奶牛生产性能测定专家解读报告的基础上，与郑州奇飞特电子科技有限公司合作，联合开发了奶牛生产性能测定（DHI）报告分析解读及预警系统，获批国家版权局颁发软件著作权证书，将DHI报告导入该系统，制作奶牛生产性能测定（DHI）分析解读及预警报告，在原分析解读报告的基础上进一步丰富了相关信息，并增加了异常预警功能，对全群的总体生产情况、各阶段牛只比例和生产情况、头胎牛和经产牛生产情况等多方面做统计分析，使管理和技术人员清晰了解牛群生产情况以及与目标值的差距，并从中分析和查找问题所在，针对性解决问题。

（4）数据处理人员将奶牛生产性能测定（DHI）分析解读及预警报告和DHI报告一并发送给牛场服务人员、牛场有关管理和技术人员，指导牛场生产管理。通常牛场资料员能及时报送繁殖相关信息时，从采样到报告反馈一般在3～7d完成。

# 第五节　牛场服务程序

## 一、解读报告

奶牛生产性能测定（DHI）分析解读及预警报告和DHI报告是信息反馈的主要形式，牛场服务人员和管理及技术人员可根据这些报告和数据全面了解牛群的饲养管理状况。报告是对牛场饲养管理状况的量化，是科学化管理的依据，这是管理者凭借饲养管理经验而无法得到的，它指导牛场的管理模式由传统的经验管理向现代的数据管理转变。根据报告量化的各种信息，牛场管理者能够对牛群的实际情况做出客观、准确、科学的判断，发现问题，及时改进，提高奶牛生产性能。

## 二、问题诊断

奶牛生产性能测定的关键是从报告和数据中发现问题，并及时让问题得到快速、高效、准确的解决。牛场服务人员和管理及技术人员可以根据测定报告所显示的信息，与正常范围数据进行比较分析，找出问题，针对牛场实际情况，做出相应的问题诊断，分析异常现象（如牛群平均泌乳天数、平均体细胞数较高等），找出导致问题发生的原因。问题诊断是以文字形式反馈给牛场，奶牛生产性能测定（DHI）分析解读及预警报告是问题诊断的有效形式。管理者依据报告，不仅能以数字的形式直观地了解牛场的现状，还可以结合问题诊断提出解决实际问题的建议。

## 三、技术指导

一般情况下，因为受到空间、时间以及技术力量的限制，即使报告反馈了相关问题的解决方案，很多牛场还是不能正确理解和应用报告，未将改进措施落到实处。根据这种情况，奶牛生产性能测定中心应不定期对牛场技术人员进行技术培训，提高技术人员解读报告的能力，并指定相关专家或专业技术人员到牛场做技术指导，通过与管理人员交流，结合实地考察情况及数据报告，给牛场提出符合实际的指导性建议，解决牛场存在的疑难问题。

# 第三章 奶牛生产性能测定报告解读与应用

## 第一节 报告解读的原则与方法

DHI 报告解读是 DHI 环节中最重要的部分，关系到数据的正确分析与利用，且 DHI 报告只有在正确分析和利用的基础上，才能充分发挥 DHI 的作用。报告解读一般遵循先群体后个体的原则，方法如下。

（1）统计分析牛群的产奶量、乳脂率、乳蛋白率、脂蛋比、体细胞数、尿素氮、平均泌乳天数和泌乳高峰日等信息，查阅各指标是否达到预定目标值，对牛群的总体情况有大概的了解。

（2）统计泌乳前期、高峰期、中期和后期各阶段牛只比例、胎次、泌乳天数、产奶量、乳脂率、乳蛋白率、体细胞和 305 d 预计产奶量等信息，了解各阶段牛只生产情况；再统计头胎牛和经产牛各泌乳阶段牛只比例、胎次、泌乳天数、产奶量、乳脂率、乳蛋白率、体细胞和 305 d 预计产奶量等信息，从中分析问题、发现问题。

（3）统计分析 1 胎、2 胎和 3 胎及以上牛只比例、产奶量乳脂率、乳蛋白率、体细胞和 305 d 预计产奶量等信息，核对胎次比例是否正常，305 d 产奶量是否达到理想目标值，从中分析问题、发现问题。

（4）统计分析 1 胎、2 胎和 3 胎及以上牛只泌乳高峰日和高峰奶量情况，核对高峰日、高峰奶及峰值比是否达到遗传潜力的高峰奶量，从中分析问题、发现问题。

（5）统计分析各泌乳阶段、各胎次牛群的产奶量和泌乳持续力，核对各阶段、各胎次泌乳持续力是否达到理想目标值，分析查找影响泌乳持续力的各种因素。

（6）统计分析各泌乳天数时间段的牛只数量，分析查找牛群繁殖管理存在的问题。

（7）根据全群泌乳曲线，分析查找牛群营养和饲养管理存在的问题。

（8）统计分析各段产奶量牛只数量、占比、胎次、平均泌乳天数和305 d奶量，了解牛群的总体情况，分析查找影响牛群总体产奶量原因。

（9）统计分析产奶量下降过快牛只比例及牛只明细，通过胎次、泌乳天数和体细胞数分析、奶牛健康检查情况以及饲养管理情况，分析查找产奶量下降过快的原因。

（10）统计分析泌乳天数大于450 d牛只比例及牛只明细，通过胎次、泌乳天数、产奶量、体细胞数分析和繁殖功能检查，分析查找繁殖管理存在的问题。

（11）统计分析体细胞数50万cells/mL牛只比例，本月新增50万cells/mL牛只比例和牛只明细，连续两个月、三个月50万cells/mL牛只比例和牛只明细，通过分析泌乳天数、产奶量和体细胞数，分析查找体细胞数高的原因。

（12）统计分析不同泌乳阶段脂蛋比、脂蛋比异常比例及脂蛋比异常牛只明细，核对脂蛋比是否正常，脂蛋比异常的牛只比例是否超预警值，通过分析泌乳天数、乳脂率和乳蛋白率，分析查找脂蛋比异常的原因。

（13）统计分析乳脂率低于2.5%的牛只比例和牛只明细，核对异常值是否超预警值，分析泌乳天数、乳脂率和泌乳牛日粮，分析查找乳脂率低的原因。

（14）统计分析乳脂率高于5.0%（泌乳天数小于70 d）的牛只比例和牛只明细，核对异常值是否超预警值，分析泌乳天数、乳脂率和泌乳牛日粮，分析查找乳脂率高的原因。

（15）统计分析各泌乳阶段牛奶尿素氮含量及牛奶尿素氮异常的牛只明细，核对牛奶尿素氮异常值是否超预警值，对比分析泌乳天数、牛奶尿素氮、乳脂率和乳蛋白率，分析查找牛奶尿素氮异常的原因。

（16）分析群体泌乳曲线、月平均指标跟踪表、关键参数变化预警表、牛群管理报告和综合测定结果表中的关键控制点：平均泌乳天数、平均日产奶量、高峰奶、高峰日、持续力、体细胞数、乳成分和尿素氮，分析查找育种繁殖、饲养管理和疾病控制方面存在的问题。针对育种繁殖，实施目标值管理，饲养管理实施偏差管理，疾病控制实施特异值管理。

# 第二节　报告解读基本理论

## 一、泌乳曲线

泌乳曲线是在坐标系上描绘奶牛从产犊到干奶,产奶量随时间规律性变化的曲线,是反映奶牛泌乳情况既直观又方便的形式,也是对牛群管理水平的反映。在正常情况下,奶牛产奶量在泌乳开始前几周快速上升,一般产后6～12周达泌乳高峰;产奶量低的,泌乳高峰一般产后40～60 d出现,持续时间短;高产奶牛泌乳高峰一般产后60～90 d出现,持续3～4周后开始下降;头胎牛泌乳高峰较经产牛出现晚,通常90～120 d出现,维持时间较经产牛时间长,且高峰过后下降较经产牛平缓。正常情况下,泌乳高峰过后产奶量每天下降0.07 kg,逐月缓慢下降,饲养管理很好的牛群下降速度会慢一些,直至干奶;如果某阶段产奶量下降幅度过大,则表明该阶段奶牛的饲养出现问题。通过观察群体、不同胎次及个体牛只泌乳曲线的变化,可以发现各胎次奶牛营养和饲养管理存在的问题,及时总结经验教训,有利于及时查找原因,为下一步的调整营养和改进饲养管理提供及时的决策依据。典型的荷斯坦母牛泌乳曲线和泌乳持续力测定见图3-1。

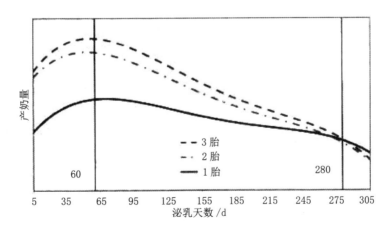

图3-1　典型的荷斯坦母牛泌乳曲线和泌乳持续力测定

通过泌乳曲线分析泌乳高峰日是提前、正常还是延后，可以发现奶牛营养和饲养管理存在的问题。如果泌乳高峰提前出现，一般预示奶牛出现产后能量负平衡严重，无法维持泌乳量的持续上升，未达预期高峰即不再上升，维持一段时间后开始缓慢下降，使泌乳高峰提前出现。可以通过使用优质牧草、在精料补充料添加过瘤胃脂肪等方法增加泌乳早期日粮能量浓度，并使干物质采食量最大化，提高泌乳高峰奶量。

通过泌乳曲线对比不同胎次泌乳高峰，可以发现不同胎次营养和管理存在的问题。不同胎次的泌乳高峰奶的分析，一般以第 1 胎次的泌乳高峰奶为基数，分析第 2 胎、第 3 胎、第 4 四胎等的泌乳高峰值。第 2 胎到第 5 胎的高峰奶应分别为第 1 胎的 1.37、1.511、1.575 和 1.589 倍。

通过对泌乳曲线的分析，可以直观地发现生产中存在的问题，从问题着手，找到解决的途径以期改进，这就是管理出效益的真谛。

在了解泌乳曲线基础上，还需要了解奶牛在全泌乳期，产奶量、乳脂率、乳蛋白、干物质采食量与体况（或体重）的变化规律，这也是正确解读报告的基础，解读 DHI 报告需要综合考虑影响奶牛生产性能的各种因素。大量数据显示，泌乳、采食、体况及乳脂和乳蛋白曲线呈规律性变化，见图 3-2。

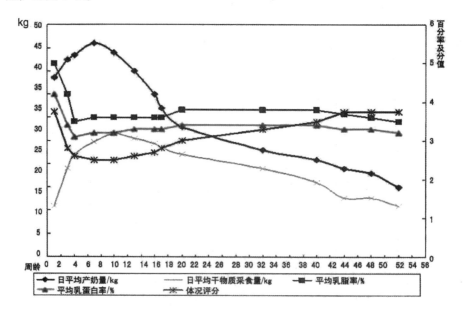

图 3-2　泌乳、采食、体况及乳脂和乳蛋白曲线

大量数据显示：奶牛泌乳高峰期一般出现在产后的 60 ~ 90 d，但是干物质采食高峰较泌乳高峰迟，一般产后 78 ~ 98 d 达采食高峰，这一时期奶牛的能量摄入满足不了产奶的需求，奶牛能量代谢呈现负平衡，奶牛动员体组织，以满足产奶的营养需要，故奶牛体况下降、体重减轻，高产奶牛更是如此。这就是我们所说的高产奶牛在泌乳早期常存在较为严重的能量负平衡，导致奶牛经历较长时间的能量负平衡的原因。干物质采食量达到高峰以后下降的速度较平稳，泌乳后期，随着产奶量的下降，干物质采食量也逐步降低，应注意调整日粮结构，降低营养浓度，防止过肥。

（1）体况评分（BCS）的变化规律及理想体况评分。体况评分是衡量奶牛体组织脂肪储存状况及监控奶牛能量平衡的一种方法，体况评分与奶牛的健康、繁殖和生产性能密切相关，被称为奶牛营养状况是否适度的"指示器"，能够及时判断奶牛的健康状况和饲养管理水平。奶牛在不同的饲养阶段采食量、产奶量、体况会有明显的差异，因此在合适的时期应该有合适的体况，不同体况对牛只生产性能和健康有重要影响。实践证明，通过奶牛体况评分并观察各阶段奶牛的体况变化，可以预见奶牛的某些疾病、产奶性能和繁殖性能的发挥。为了发现饲养管理中存在的问题，掌握奶牛的营养和饲养管理情况，应及时对各阶段泌乳牛进行体况评分，根据体况评分来合理分群并调整饲养管理方案，从而提高奶牛的生产性能，增加牧场经济效益。BCS 每增加 1 分，表明奶牛的体重增加 55 ~ 61 kg，相当于体脂肪增加 12%。

围产期理想的 BCS 为 3.25 ~ 3.5 分，头胎牛目标值 3.5 分、经产牛目标值 3.25 分最佳，分娩时难产比例最低、产后疾病发病率最低，最有利于产后子宫恢复、发情排卵和受孕，首次参配受胎率相对最高，产后 110 d 怀胎率最高，产后 150 d 平均产奶量最高，综合收益最高。

奶牛的体况评分标准见图 3-3。

BCS 小于 3.0 分，表明奶牛缺乏足够的体能储备来支持泌乳负担，在泌乳早期和泌乳盛期将经受更为严重的机体能量负平衡，导致泌乳高峰提前出现，高峰奶量低，泌乳高峰持续时间短，影响产奶量、乳脂率和乳蛋白率，甚至影响繁殖和健康；BCS 大于 3.5 分，表明胎儿过大、过重，产道沉积了大量的脂肪而变得狭窄，很容易引起难产、产道拉伤、胎衣不下和子宫炎等疾病，疾病影响了牛的起卧和食欲，增加了酮病和真胃变位的风险，产后 60 d 死淘率较高，增加产后疾病发病率，还会降低受孕率和影响产奶量。

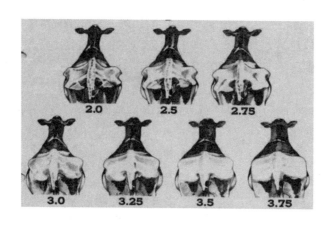

图 3-3　奶牛体况评分标准

　　泌乳前期理想的 BCS 是 2.75 ~ 3.25 分，目标值 3.0 分。奶牛产后食欲差，消化机能低下，能量摄入不足，日粮摄入的营养不足以抵消较高的产奶量所付出的能量，须动用体脂来满足产奶的需要，表现为泌乳早期奶牛体重明显下降。在正常情况下，奶牛分娩后 60 d 内体况评分约下降 0.5 ~ 1.0 分，至分娩后 90 ~ 100 d 奶牛体况降至最低点，但 BCS 不应小于 2.5 分，体重减轻不应超过 50 kg，否则将导致泌乳高峰无法达理想目标值，还会缩短奶牛的泌乳高峰持续时间，同时会严重影响奶牛的繁殖效率。泌乳前期体况差的奶牛，体内能量储备不足，高峰奶量低，高峰奶决定整个泌乳期产量，高峰奶增加 1 kg，整个泌乳期增加 225 kg，同时导致乳蛋白率偏低，分娩后发情和受孕期延迟，抵抗力下降，发病率增高。建议对这部分体况差的奶牛单独分群饲养，确保所有营养物质合理均衡配给，保证干物质摄入量和充足、清洁的饮水；BCS 大于 3.5 分，影响繁殖率，易发生酮病、脂肪肝等疾病，应调整日粮配比，控制体况。常用转群的方式控制体况：BCS 大于等于 3.5 分，产奶量小于 27 kg，转中产；BCS 大于等于 3.75 分，不考虑产奶量，直接转中产。

　　泌乳中期干物质采食量已达最高峰，有多余的能量可供储存，体重开始增加。泌乳中期应该是怀孕牛，理想 BCS 为 3.0 ~ 3.25 分，BCS 小于 3.0 分且产奶正常者，可能日粮能量较低，特别是泌乳早期供能不足，或者日粮的能量较低，也有可能是还未恢复泌乳早期下降的体况，对于此类个体消瘦的牛，应减慢精料减少的幅度；BCS 大于 3.25 分是由于产奶量低或者饲喂高能日粮时间过长，应及时调群，控制体况，防止过肥，对于产奶量低于 18 kg 的，应及时转低产群，控制体况。

泌乳后期理想的 BCS 是 3.25 ~ 3.5 分，泌乳后期是奶牛获得理想体况的最佳时机，在泌乳的同时可以使之增加膘情，饲料效率最高，奶牛利用饲料增重的效率为 61.6%，而干奶期间，增重效率仅为 48.3%。建议泌乳后期在饲养标准基础上，头胎牛的营养水平增加 30% ~ 40%，2 胎及以上奶牛增加 20%，这样做是较为经济的，在泌乳的同时保证干奶前 30 d 时，奶牛的体况评分不低于 3.25 分。在泌乳后期开始时，如体况 BCS 小于 3.0 分，说明长期营养不良或患病，需要查明原因并采取相应措施；如 BCS 大于 3.5 分，说明日粮中精料过多，容易导致干奶期及产犊时奶牛体况过肥，难产率高，产犊后食欲差，体重减轻快，酮病、脂肪肝等发病率高，受孕率低，应及时调整日粮配方，控制体况，防止过肥。

这个阶段，特别是临近干奶的最后 1 个月，是较为重要的 1 个月，必须保证低产牛的体况评分实现 3.25 分。如果此时的体况评分低于 3.25 分，进入干奶阶段后，由于低产阶段奶牛的体况问题，会严重限制奶牛的干奶阶段实现 3.5 分的目标。

干奶期理想的 BCS 是 3.25 ~ 3.5 分，目标值 3.5 分。对于干奶期奶牛，其体内胎儿处在快速成长期，奶牛需要贮存能量以用于下一泌乳期，该时间段是奶牛摄取营养的关键时期。在进入干奶阶段时，BCS 小于 3.25 分，意味着奶牛摄入的能量不足，应提高能量供给；BCS 大于 3.5 分，意味着奶牛得到的能量过高，应减少能量摄入；应保持整个干奶期体况稳定在 3.25 ~ 3.5 分，超过 3.5 分的肥牛，可保持体况，不能减肥。

在实际的生产过程中，要结合牛场本身实际情况以及奶牛的生理时期和泌乳阶段的体况评分来调整饲养管理水平，提高奶牛的生产性能。

（2）乳脂率、乳蛋白率的变化规律。与产奶量的变化规律相反，泌乳早期乳脂率、乳蛋白率较高，逐渐降低，3 周时降至最低，随后逐步升高，18 ~ 20 周达最高点，之后保持基本稳定至干奶。

## 二、日产奶量

日产奶量是指泌乳牛测定日当天 24 h 的总产奶量，日产奶量反映了泌乳牛当前实际产奶水平，单位为 kg。

成母牛日均产奶量：测定日所有泌乳牛 24 h 总产奶量 / 成母牛数量，反映了牛场的牛群结构和质量，单位为 kg。

测定日产奶量是精确衡量每头牛产奶能力的指标。通过计量每头牛的产奶量，区分高产牛与低产牛，进行分群饲养，即按照产奶量的高低给予不同的营养需要。这样，不仅可以避免因饲养水平高于产奶需要而造成的浪费和可能导致的疾病，还可避免因饲养水平低于产奶需要而造成的低产，从而给牛场带来更大的经济效益。

当泌乳牛的饲养水平低于产奶需要时，直接的影响就是产奶量下降，间接的影响就是体况下降，不易受孕，抵抗力下降，发病率升高。若饲养水平高于产奶需要时，直接的影响就是增加生产成本，间接的影响就是牛只膘情过肥，同样会引起繁殖问题，如胎儿过大造成难产、难于受孕而引起空怀天数增加等。

1. 测定日产奶量的应用。

（1）反映牛只当月产奶量高低，可评价上一阶段的管理水平。

（2）按照产奶水平，结合胎次、泌乳阶段、膘情等进行分群管理。

（3）为合理配制日粮提供依据。

（4）测定日平均产奶量及产奶头数可用于衡量牛场盈利水平。

（5）可将305 d预计产奶量与实际产奶量综合分析，用于本月及长期的预算。

2. 提高产奶量的方法

（1）合理配方。让奶牛瘤胃产生更多的丙酸。奶牛体内的糖元基本是靠糖异生供给，在一定的基础上让牛产生更多的丙酸，经过糖异生产生更多的葡萄糖，提高产奶量，如添加压片玉米。

（2）充足清洁的饮水。牛奶中87%为水，可见水是经济效益最高的原料。通过提供清洁饮水、日粮中添加适量的食盐，可以促进奶牛喝水，产生更多牛奶。

（3）改善舒适度。增加躺卧时间，可达到提高产奶量、减少蹄病、提高发情率、提高干物质采食和反刍的目的。泌乳牛平均躺卧时间每天不少于12 h，平均40 kg以上的高产牛每天躺卧时间都要维持在14 h以上。因为当奶牛躺卧的时候，流经乳房的血液量会增加25%，分泌1 kg牛奶，需要380 L血液流经乳房；多躺卧1 h休息时间，则多产1.7 kg牛奶，并可减少蹄病，提高发情率。

（4）提高繁殖率。产犊才会有奶，在产后21 d阶段基本上就应保持日粮能量和蛋白质平衡，控制日粮中非蛋白氮和瘤胃降解蛋白的量，这是在为发情和受胎做准备。因为日粮能量和蛋白质不平衡，非蛋白氮和瘤胃降解蛋白含量过高，或者日粮可消化碳水化合物缺乏时，蛋白质的降解速度超过微生物利用氨、肽和氨基酸合成自身蛋白质的速度，过量的氨在瘤胃中积累，过量的氨将被瘤胃壁吸收，经肝脏转化为尿素，会导致血液和牛奶尿素氮浓度的升高，进而对卵泡成熟、受精和胚胎发育等一系列与繁殖有关的生理活动产生损害作用，从而导致繁殖率降低。通常来讲，瘤胃可降解蛋白占粗蛋白总量的 60% ~ 65%，瘤胃非可降解蛋白占 35% ~ 40%，可溶性蛋白质占可降解蛋白的 50%。

（5）减少疾病。所有疾病的发生都事出有因，有客观和主观两个方面，如产后疾病、蹄病、消化道疾病和乳房炎、子宫炎等，这些疾病都会导致产奶量下降，问题在于想不想去解决这些问题，以及如何去解决这些问题。

## 三、乳脂率、乳蛋白率和脂蛋比

乳脂率、乳蛋白率和脂蛋比能反映奶牛营养和健康状况，乳脂率低（乳脂率小于 2.5% 或脂蛋比小于 1.12），反映奶牛瘤胃功能不佳、代谢紊乱、饲料组成或物理性状等有问题；如果产后 100 d 乳蛋白率小于 3.0%，可能是干奶牛日粮差，产犊时膘情差，泌乳早期碳水化合物缺乏，饲料蛋白含量低等原因；脂蛋比大于 1.5，牛群可能存在酮病，应加强监控。

乳脂率是指泌乳牛测定日牛奶脂肪的含量，单位为 %。一般情况下，荷斯坦奶牛乳脂率为 3.6% ~ 4.5%。

乳脂偏低的原因：乳脂率的高低主要取决于瘤胃分解纤维产生乙酸的量，乙酸代谢最终转化成乳脂，所以出现乳脂率偏低的情况时重点要考虑奶牛摄入粗纤维的总量和纤维消化率。其偏低原因及解决方案见表 3-1。

表3-1　乳脂率偏低原因及解决方案

| 序　号 | | 原　因 | 解决方案 |
|---|---|---|---|
| 1 | | 低质量粗饲料，粗纤维含量不够 | 增加优质青贮和干草 |
| 2 | 配方原因 | 日粮总脂超过 7%，添加了过多的脂肪粉；或低于 3%，脂肪含量不够 | 调整脂肪含量 |
| 3 | | 精料总量过高，蛋白含量高 | 增淀粉、酵母、减蛋白饲料 |
| 4 | | 泌乳高峰期，能量供应不足 | 增淀粉 |
| 5 | | TMR 误差，包括制作和投料误差 | 提高 TMR 精准度 |
| 6 | 执行力 | TMR 搅拌不均匀 | 调整搅拌时间 |
| 7 | | TMR 拌搅过细，颗粒筛上层比例偏低 | 调整搅拌时间和添加顺序 |

续表

| 序　号 | | 原　　因 | 解决方案 |
|---|---|---|---|
| 8 | | 热应激期间，采食量下降 | 防暑降温，提高日粮浓度 |
| 9 | 其他 | 牧场有大量鸟，采食了一部分精料 | 驱赶鸟 |
| 10 | | 采食道有风沙 | 采取挡风措施 |

按照以上原因逐一排查，按照解决方案调整，调整后跟踪乳指标和产量是否有变化，奶牛养殖过程中不怕有问题，就怕找不到原因，上述原因基本覆盖了所有产生乳脂低的因素，基本都是可以预见的，在热应激、高产来临之前做好配方调整，青贮更换窖池之前做好过渡，国产苜蓿、进口苜蓿之间以及各不同批次苜蓿之间更换，都应做好过渡，核心问题仍然是执行力。

乳脂率高（乳脂率大于 5.0% 或脂蛋比大于 1.5），表明奶牛大量动用体脂，造成乳脂率偏高，多发生在产后 60 d 内，临床可能表现为酮病。

乳蛋白率是指泌乳牛测定日牛奶中蛋白质的含量，单位为 %。一般情况下，荷斯坦奶牛乳蛋白率为 2.9% ~ 3.6%。

乳蛋白率偏低，主要受瘤胃微生物蛋白产量（MCP）影响，表明奶牛日粮中非结构性碳水化合物不足或蛋白质 / 过瘤胃蛋白缺乏。其原因解决方案见表 3-2。

表3-2　乳蛋白偏低原因及解决方案

| 序　号 | | 原　　因 | 解决方案 |
|---|---|---|---|
| 1 | | 淀粉不够，能量欠缺，微生物无法合成更多的微生物蛋白 | 增淀粉 |
| 2 | 配方原因 | 脂肪过量，抑制微生物活性，降低微生物合成蛋白的能力 | 降脂肪 |
| 3 | | 能蛋失衡，日粮提供的粗蛋白不能满足需要 | 平衡能蛋 |
| 4 | | 氨基酸不平衡 | 添加过瘤胃氨基酸 |
| 5 | | 粗饲料质量不佳 | 饲喂优质粗饲料 |
| 6 | 执行力 | TMR 误差，包括制作和投料误差 | 提高 TMR 精准度 |
| 7 | | TMR 搅拌不均匀 | 调整搅拌时间 |

脂蛋比是乳脂率与乳蛋白率的比值，正常情况下荷斯坦牛脂蛋比应为 1.12 ~ 1.41。这一数据可用于检查个体牛只、不同饲喂组别和不同泌乳阶段牛只的健康状况。高产牛的脂蛋比偏小，特别是处于泌乳 30 ~ 60 d 的牛只。例如，3% 的乳脂和 2.9% 的蛋白比值仅为 1.03。高脂低蛋白会引起比值过高，

可能是日粮中添加了脂肪，或日粮中蛋白和非降解蛋白不足；低比值则相反，可能是日粮中有太多的谷物精料，或者日粮中缺乏有效纤维素。

脂蛋比小于 1.12，反映瘤胃功能异常，精料比例大也有关系。

脂蛋比大于 1.41，反映日粮蛋白不足或瘤胃降解蛋白不足，或蛋白质不平衡、品质差；能量不足，干物质采食量不足，不能满足瘤胃微生物合成蛋白质的需要。

产后 100 d 内脂蛋比大于 1.41，可能是干奶期日粮不合理，膘情差。

脂蛋白差是乳脂率与乳蛋白率的差值。许多动物营养专家应用脂蛋白差来发现瘤胃和日粮的问题，发现在正常情况下，乳脂率比乳蛋白率高 0.4% ~ 0.6%，如果小于 0.4%，则表示日粮和饲养管理可能存在问题，奶牛可能存在酸中毒；如果小于 0.4% 的比例超过 10%，则表明牛群存在瘤胃酸中毒的风险。如果按真蛋白判定，由于真蛋白比粗蛋白低 0.2%，所以乳脂率和真蛋白率差值小于 0.6% 时，同样表明奶牛存在酸中毒的可能。

## 四、泌乳天数和平均泌乳天数

泌乳天数指测定牛只本胎次从产犊到采样日的实际天数，即采样日期 – 产犊日期。

平均泌乳天数是指当月参加 DHI 牛只泌乳天数的平均值，反映了牛群的繁殖状况。全年均衡配种的情况下，平均泌乳天数应为 150 ~ 170 d。平均泌乳天数变化较大时，表明牛群繁殖管理和产后护理存在较大问题；平均泌乳天数过长，说明产犊间隔长，影响下一胎次的正常泌乳。若用本胎次泌乳后期的低产奶量换取下一胎次泌乳前期的高产奶量，则存在较大的奶损失。具体见图 3-4。

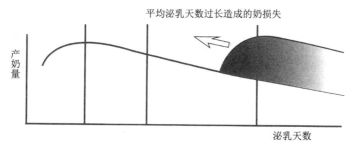

图 3-4　平均泌乳天数过长造成奶损失示意图

平均泌乳天数每减少 10 d，每头牛每天平均可增加产奶量 0.5 ~ 0.5 kg。平均泌乳天数降低，奶牛产奶量增加，从而牧场全群的饲喂效率提高。

泌乳期过长的奶损失 = 泌乳牛头数 ×0.07×（实际平均泌乳天数 – 理想平均泌乳天数）×365。

泌乳期越长，奶损失越大。

## 五、体细胞数与体细胞分

体细胞数（SCC）指泌乳牛测定日牛奶中体细胞的数量，主要来源有两个：一是来自乳腺组织脱落的上皮细胞，也称腺细胞；二是来自与各类炎症、病毒进行抵抗过程中死亡的白细胞。白细胞包括巨噬细胞、淋巴细胞和嗜中性细胞。正常乳中含有巨噬细胞，其作用是清除乳腺中的细菌和细胞碎片。淋巴细胞在抵抗感染的机制中起主要作用，此时要占体细胞总数的 90% 以上。正常情况下，健康奶牛的乳汁中体细胞数低于 20 万 cells/mL；若乳腺感染严重或牛体其他部位有炎症，如子宫炎、蹄叶炎等，体细胞数均会高于 50 万 cells/mL。

体细胞数反映了牛奶产量、质量以及牛只的健康状况，也是奶牛乳房健康水平的重要标志。

乳房炎是奶牛最常见的疾病之一，测定牛奶体细胞是判断乳房炎轻重的有效手段，特别是能预示隐性乳房炎。奶牛一旦患有乳房炎，产奶量、奶的质量都会有相应的变化。患乳房炎的奶牛其乳腺组织的泌乳能力下降，达不到遗传潜力的泌乳高峰，并对干奶牛的治疗花费较大。如果能有效地避免乳房炎，就可实现较高的泌乳高峰，从而获得巨大的经济回报。

患乳房炎的奶牛所分泌的牛奶与正常牛奶的主要区别是干物质含量明显减少，各种乳成分的含量比例发生较大变化。比如，乳房炎很严重，将导致血乳。所以，牛奶体细胞数与产奶量成反比关系，高体细胞数牛奶中脂肪、蛋白、乳糖等成分都将发生变化，见表 3-3。

表3-3　理想的体细胞数

| 体细胞数 | 胎次 | | |
|---|---|---|---|
| | 1 胎 | 2 胎 | 3 胎及以上 |
| 理想的体细胞数 /（万 cells·mL⁻¹） | < 15 | < 25 | < 30 |

体细胞分是体细胞数的自然对数,分值为 0~9 分,体细胞数越高,对应的体细胞分数值越大。

体细胞数与体细胞分对照表见表 3-4。

表3-4 体细胞数与体细胞分对照表

| 体细胞数 /(万 cells·mL⁻¹) | 体细胞数中间值 /(万 cells·mL⁻¹) | 体细胞分 |
|---|---|---|
| 1.8~3.4 | 2.5 | 1 |
| 3.5~6.8 | 5.0 | 2 |
| 6.9~13.6 | 10.0 | 3 |
| 13.7~27.3 | 20.0 | 4 |
| 27.4~54.6 | 40.0 | 5 |
| 54.7~109.2 | 80.0 | 6 |
| 1 09.3~2 18.5 | 1 60.0 | 7 |
| 2 18.6~4 27.1 | 3 20.0 | 8 |
| >427.1 | 6 40.0 | 9 |

体细胞数高低是奶牛乳房健康的重要标志之一,也是牛场保健管理水平的标志,反映牛群的乳房健康状况。体细胞数越高,奶损失越大(表 3-5)。降低体细胞数能更好地管控规模化奶牛场乳房炎。

表3-5 体细胞数与奶损失关系表

| 体细胞数 /(万 cells·mL⁻¹) | 1 胎奶损失 /(kg·泌乳周期) | 2 胎及以上奶损失 /(kg·泌乳周期) |
|---|---|---|
| <15 | 0 | 0 |
| 15~30 | 180 | 360 |
| 30~50 | 270 | 550 |
| 50~100 | 360 | 720 |
| >100 | 454 | 900 |

正常情况下，体细胞数在泌乳早期较低，随泌乳期的增加逐渐上升。

泌乳早期体细胞数偏高，预示干奶牛治疗、临产及产后环境、生产管理和产后护理等方面存在较大问题，改善后则体细胞数就会明显降低。

泌乳中期体细胞数高，可能是乳头药浴无效、挤奶设备需维护、环境卫生差、饲喂时间不当等原因所致，应进行隐性乳腺炎检测（CMT），以便及早治疗和预防。

泌乳后期体细胞数高与过度挤奶对乳房组织造成较大伤害有关，对胎龄大、产奶量低、乳房炎严重的牛只，则应及早干奶、及早治疗。

如果连续几个月体细胞数超过 50 万 cells/mL 的牛只都很多，则应考虑挤奶过程中乳房炎传播的可能，需要优化挤奶程序，定期维护挤奶设备，加强挤奶前后药浴工作等。

采取措施后各胎次牛只的体细胞数如果都在下降，则说明治疗是正确的；如连续两次体细胞数都持续很高，说明奶牛有可能是感染隐性乳房炎（如葡萄球菌或链球菌等）。若挤奶方法不当，会导致隐性乳房炎相互传染，一般治愈时间较长；体细胞数忽高忽低，则多为环境性乳腺炎，一般与牛舍、牛只体躯及挤奶员卫生问题有关。这种情况治愈时间较短，且容易治愈。

降低体细胞数的方法有以下几个。

（1）挤奶系统的检测：挤奶系统不规律的清洁和维护是牧场出现感染案例的头号问题源。应确保奶衬每挤奶 1 000 ~ 1 200 次就进行更换，确保真空设置和脉动不会损伤乳头，并且确保设备清洗的各环节在适宜的温度下进行。

（2）乳头药浴：众所周知，乳头药浴液作为挤奶前后的乳头消毒剂是奶牛场预防乳房炎的措施之一，药浴液分前药浴液和后药浴液，前药浴的作用是利用碘消毒剂快速杀灭附着于乳房外表面的病原菌，主要目的是预防环境型乳房炎，一般挤奶流程要求挤奶前药浴液作用时间至少为 30 s，方可起到有效的杀菌作用；后药浴液的作用是既要脱杯后快速杀灭乳头末端细菌，防止细菌趁机通过张开的乳头孔进入乳腺，还要持续一段时间的杀菌作用，在乳头孔闭合前，保护乳头不被细菌侵入，持久杀灭附着于乳房外表面的病原菌，防止传染型乳房炎的传播。如果药浴液在挤奶间歇也能保护乳头免受细菌污染，将能更有效地预防乳房炎的发生。选择优质的产品以及正确的药浴方法至关重要。

药浴液在乳头上干燥后，遇到潮湿的环境，如卧床上的粪尿或运动场的水泽等，会再溶于水，成为液体，并能再次释放游离碘，保护处于污染环境的乳头不被细菌侵袭。

（3）干奶疗法：推荐使用"地毯式"干奶治疗＋乳头封闭剂，也就是使用抗生素针对所有干奶牛进行乳区灌注治疗，"地毯式"干奶治疗可有效降低主要和次要病原微生物的感染概率，帮助奶牛提升乳房健康，降低临床乳房炎发病率，同时降低体细胞数。具体操作如下。

第一，如果有条件，建议在奶牛临近干奶时饲喂低能量浓度的饲料，帮助奶牛逐步降低奶产量，这样干奶比较安全。

第二，对于大部分牧场来说，建议选择一次性干奶，即挤完最后一次奶直接给奶牛注入干奶药，剩下的就是观察干奶牛。

第三，在干奶时一定要像平时挤奶一样做准备工作，乳头擦拭和卫生消毒是必不可少的，乳头药浴必须做。酒精消毒乳头，双远侧乳头优先消毒，目的是避免如果先消毒近侧的乳头，有可能在消远侧时衣服或手会碰到近的乳头。

第四，消完毒后注入干奶药时，方向刚好相反。从靠近身体的乳区开始，向乳区内注入质量合格的干奶药，然后再给远侧的乳区注药，保证消毒效果不受到操作的影响。

第五，干奶药注入之后，使用酒精再次消毒乳头，再使用乳头内封闭剂，很好地把乳区封闭上。

第六，干奶后，在乳房炎较为严重的牛场，建议给奶牛注射乳房炎疫苗，主要针对大肠杆菌和克雷伯氏菌强力毒株。注射这些疫苗，保护期6个月左右，即使牛产后或干奶过程中得了大肠杆菌乳房炎，一般也不会因为感染强力毒株而发生特别严重的乳房炎致死。

第七，给干奶牛提供一个好的生活环境，保持卫生、干燥。

（4）临床乳房炎奶牛的治疗：通过牛奶病原菌的培养分离和鉴定，确定特定的病原体，并制定更好的应对策略，同时尽可能地减少抗生素的用量，使用最低剂量但仍有效即可，可以提高奶牛乳房炎的治愈率。

（5）产后子宫炎的防治：奶牛产后子宫炎症在临床上以产后21 d为界限，主要分为子宫炎和子宫内膜炎。

经过正常产后护理后，一般没有明显的临床症状，产后21 d以后可以通过检查子宫颈及怀孕子宫角复旧情况、子宫颈口分泌物脓性情况判断其严重程度。防制措施如下。

①加强饲养管理。奶牛围产期的生理代谢特点导致奶牛极易出现能量负平衡、低血钙、内分泌变化和免疫功能抑制等问题，而低血钙和能量负平衡都会加剧免疫力继续下降，增加奶牛患病的可能性。

低血钙会造成产后子宫平滑肌收缩无力，导致子宫恢复缓慢，最终引起胎衣不下和子宫炎发病率增加。

第一，选择优质饲料。在做好日粮配方设计的同时，加强日粮制作与饲喂现场管控，做到设计的配方、制作的日粮和吃到牛肚子里的日粮"三配方统一"，减少奶牛挑食，通过在围产期日粮中添加阴离子盐，控制钾等强阳离子的摄入，改善胎衣不下和子宫感染情况。

第二，做好奶牛体况管控工作。在干奶期、围产产前和产后 60 d 要进行体况评分，干奶牛体况评分控制在 3.0 ~ 3.5 分。产前牛体况评分大于等于 3.75 和小于等于 2.75 的牛只进行药物干预，减少产后疾病的发生。

第三，头胎和经产牛分群饲养。围产牛舍的饲养密度尽量控制在 85% 以下，提供新鲜清洁的饮水，奶牛卧床垫料充足并保持干燥，每天三次对卧床进行疏松、平整和消毒工作，同时减少一切不必要的应激行动，给这个阶段的奶牛提供最舒适的条件。

第四，控制好围产天数。避免太长或太短，控制出生体重大于 43 kg 犊牛比例在 15% 以下，根据季节、奶牛早产情况实时调整调围产天数，初产过渡天数控制在 2 周左右，对于改善奶牛泌乳性能、维持奶牛健康和提高奶牛繁殖性能的综合效果最佳。

②加强制度流程管理。

第一，产房的接产流程。选择合适的时机进行接产，提倡自然分娩，减少助产比例，注意接产全程消毒操作，避免出现感染；全过程都要用润滑剂，在进行助产后要进行产道检查，如有产道拉伤情况，要及时处理。要及时进行产后灌服，对早产、难产、腐胎、死胎、多胎奶牛在奶牛后躯进行标记，便于兽医重点产后护理。

第二，兽医的产后护理流程。兽医要严格按照流程进行产后护理操作，对所有新产牛进行体温、食欲、眼神、阴门等观察，胎衣不下奶牛为重点关注对象；对判定为子宫炎的牛只，可进行直肠按压促进子宫内液体的排出，同时进行抗生素治疗，产后子宫炎以全身治疗为主，使用 5% 盐酸头孢噻呋 25 mL+ 氟尼辛葡甲胺 25 mL 肌注，每天 1 次，连用 3 ~ 5 d；发热奶牛要同时采用输液支持疗法。对于产后 5 ~ 7 d 检测时仅有少量脓性分泌物的奶牛，暂不处理，产后 14 d 时再次检查确定是否需要治疗。

第三，繁育的产后检查流程。每周 2 次对所有产后 24～26 d 奶牛进行按摩排脓，促进宫缩，脓性分泌物判定为 1 分和 2 分奶牛只需子宫用药 1 次 20 mL 长效土霉素，之后不再进行检查；3 分牛只子宫用药 2 次，4 分牛只子宫投药 3 次，每次间隔 4 d。3 分牛只用药第 2 次时观察黏液变化，如果黏液透亮就停药，若 4 分、3 分变为 1 分，用药 1 次就不再检查，如果第 2 次检查时 4 分变为 3 分，进行第 3 次投药后再次检查，直到好转。

对连续用药 4 次仍然不见好转或间断性反复发作的奶牛，设置禁配。1 分、2 分奶牛的子宫内膜炎可能仅通过按摩排脓即能治愈，3 分和 4 分奶牛子宫内膜炎在按摩排脓的基础上用药，能提高治疗效果，缩短治疗周期。

③加强绩效考核管理。

第一，饲喂人员考核要与犊牛出生重情况挂钩。考核出生重大于 43 kg 的比例，密切关注奶牛采食情况和围产天数，及时调整，减少难产，确保其处于合理可控范围。

第二，接产人员考核要与母牛产后子宫炎情况挂钩。由兽医揭发，根据接产数量和质量对接产人员实行绩效考核，如果新产牛未发生产后子宫炎，给予的接产绩效要提高，激励大家树立随时消毒、适时助产的意识，减少产后子宫炎的发生。

第三，兽医与繁殖人员考核要与成母牛 21 d 妊娠率情况挂钩。产后护理级按要求、按流程操作，及时揭发产后子宫炎进行干预，避免其进一步恶化，后期转为 3 分及以上奶牛子宫内膜炎，提高成母牛 21 d 妊娠率。

对于产后子宫炎和子宫内膜炎，原则是早发现、早检查、早治疗，提高治愈率，提高受胎率，把产后子宫炎发病率控制在预期的 15% 以内，使母牛子宫尽早恢复健康水平，及早发情，及早配种。

（6）淘汰反复发病的奶牛：建议淘汰感染 3 次以上乳房炎的奶牛。这些反复患病的奶牛可能会造成更多问题，而且治疗回报的性价比非常低。

采取措施后，需及时跟踪，察看效果。通过 DHI 数据体细胞数的变化，可以清晰地了解牛群感染的状态，每月可以通过治愈牛只和新感染牛只来评价牧场乳房炎防控方案，同时通过筛查长期存在高体细胞数的牛只进行病原菌检测，乳房发现传染性病菌进行淘汰或隔离处理，对整个乳房炎控制起着非常重要的作用。

## 六、高峰奶、高峰日及峰值比

奶牛获取高产方法，一种是在泌乳早期达到非常高的高峰产量，而后逐渐减少其日产奶量水平至干奶。

### （一）高峰奶

高峰奶是指泌乳牛本胎次测定中最高的日产奶量，单位为 kg。高峰奶量决定胎次产奶量：高峰奶高，则胎次产奶量高；高峰奶低，则胎次产奶量也低。高峰奶量低的牛只奶损失示意图见图3-5。

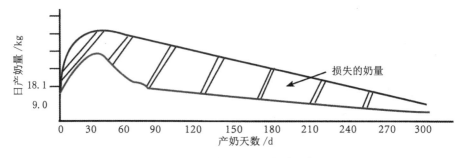

图 3-5　高峰奶较低牛只奶损失示意图

高峰奶每增加1 kg胎次奶量可增加200 ~ 300 kg，头胎牛的平均高峰奶一般比泌乳期的平均日产奶量高3.2 ~ 6.4 kg，2胎牛和2胎以上的牛的高峰奶一般比泌乳期的平均日产奶量高6.8 ~ 13.6 kg。奶牛达到峰值奶量后，在后期大多数泌乳期每月奶量会平均下降10% ~ 15%。

### （二）高峰日

高峰日是指在泌乳奶牛本胎次的测定中，奶量最高时的泌乳天数，单位为 d。荷斯坦牛一般高峰日出现在产后6 ~ 12周，低产奶牛高峰日出现较早，而高产奶牛高峰日出现较晚。在一定范围内，高峰日出现得越迟，高峰期维持的时间越长，且下降的速度越慢，反之相反。高峰日太早或太晚奶牛都不能达到理想的高峰奶，高峰日出现太晚，高峰奶不会很高很明显，较为平缓，会有潜在的奶损失，奶损失见图3-6，即奶损失 =$S1-S2$。

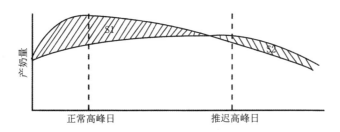

图3-6 高峰日延后造成奶损失示意图

各胎次高峰奶、高峰日正常推荐值见表3-6。

表3-6 各胎次高峰奶、高峰日和正常推荐值

| 推荐值 | 1胎 | 2胎 | 2胎以上 |
| --- | --- | --- | --- |
| 高峰奶推荐值/kg | ≥37.5 | ≥47.5 | ≥50 |
| 高峰日推荐值/d | 70~120 | 60~90 | 60~90 |

## （三）峰值比

峰值比（peak rations）指头胎牛与2胎牛和3胎及以上牛的高峰奶量的比值，以及2胎牛与3胎及以上牛的高峰奶量的比值，可作为高峰奶量的监测依据。

1. 头胎峰值比

头胎牛与2胎牛理想的峰值比是77%~78%，与3胎及以上牛理想的峰值比为74%~75%，如果低于低限值，建议考虑以下4个方面的因素：①青年牛产犊时是否达到预期的体尺标准和体重，产犊时体高应大于1.30 m，体重550~600 kg；②青年牛产犊转群时身体是否健康；③可能使用了劣质冻精；④头胎牛的营养和饲养管理存在问题。

如果高于高限值，经产牛没有达到遗传潜力的高峰奶量，建议考虑以下3个方面的因素：①奶牛产犊时体况是否合适。②奶牛产后是否发生胎衣不下、产后瘫痪、酮症、子宫炎、真胃移位等代谢性疾病，造成体况损失过多，限制奶牛达到高峰的能力。③日粮是否合理，能量是否充足。新产牛日粮旨在提供高水平的营养，在支持泌乳的同时，维持足够的中性洗涤纤维（NDF），以促进瘤胃纤维和淀粉微生物之间的过渡。因此，在这些日粮中，粗饲料比例通常较高，建议选择优质豆科牧草作为粗饲料的主要来源。

2.2 胎峰值比

2 胎牛与 3 胎及以上牛的理想的峰值比为 96% ~ 97%，如果低于 96%，说明 2 胎牛生产性能未充分发挥，未达遗传潜力的高峰奶量，应检查营养和饲养管理是否存在问题；如果高于 97%，预示 3 胎及以上泌乳牛未达预期高峰即不再上升，生产性能未充分发挥，营养和饲养管理存在较大问题，应加以改正。

高峰奶低的原因分析方法见图 3-7。

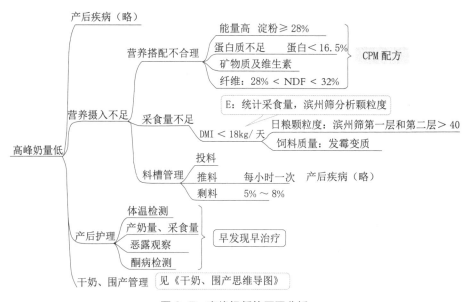

图 3-7　高峰奶低的原因分析

研究表明，在泌乳早期到泌乳高峰这段时间，瘤胃的充盈度是采食量增加的主要限制因素。围产期和泌乳早期奶牛养殖的主要目标就是追求干物质采食量的最大化，围产期经产牛干物质采食量不低于 13.6 kg，青年牛干物质采食量不低于 11.4 kg，产后 21 d 干物质采食量（DMI）头胎牛达 17 kg，经产牛达 19 kg，以保证能量蛋白的充足摄入。如果高峰奶量低、高峰日延后，可以从以下几个方面查找原因。

（1）体况评分。奶牛产后在干物质采食量最大化之前，如果没有足够的体脂贮备来提高早期奶量，要使牛的产奶量在理想的时间达到理想的峰值是不可能的。影响高峰奶和高峰日主要是围产期和泌乳前期的体况，应加强调控，使奶牛处于理想体况，有足够的体脂贮备使奶牛在理想时期上泌乳高峰。

（2）育成牛饲养。育成牛饲养管理的好坏，在产奶之后表现得很明显，包括新生犊牛期的疾病，也会影响其能否到达的峰值水平，育成牛应发育良好，13～15月龄体高（耆甲高）大于等于 1.27 m，胸围大于等于 1.68 m，体重达成年母牛体重的 55% 以上，应大于等于 360 kg，分娩时体重达成年母牛体重的 85% 以上，应大于等于 550 kg，且体况评分应达理想体况，防止过肥。

青年牛理想的 BCS 是 3.0～3.25 分，目标值 3.0 分。

如果青年牛 BCS 小于 3.0 分，意味着奶牛的日增重低于 0.8 kg，同时青年牛的身高、胸围、体重都与自身的月龄不符，这可能会在今后出现繁殖方面的问题。

BCS 大于 3.25 分，说明青年牛青春期体内脂肪沉淀较多，如果乳池内脂肪沉淀过高，将造成这些奶牛终生产奶量低。

妊娠 180～210 d 的头胎青年牛 BCS 目标分值：BCS 大于等于 3.25 分，这个阶段的头胎牛，BCS 是否达到 3.25 分，直接决定了头胎牛进入围产阶段的体况评分，也决定了进入泌乳阶段后的高峰产奶量。

妊娠 211～260 d 大胎青年牛 BCS 目标分值：3.25～3.5 分，这一目标与经产泌乳牛阶段的低产、干奶阶段一样重要，直接决定了奶牛的围产阶段的体况评分，也决定了泌乳牛是否可以实现泌乳日 60～90 d 的泌乳高峰的高产奶量，以及泌乳高峰的持续时间。

（3）围产期的营养与管护。日粮能量、蛋白、钙、磷、镁、硫和氯化钠的不平衡会降低高峰奶；日粮中蛋白、铁、铜、钴、硒的缺乏，或者奶牛寄生虫病，会引发贫血症，降低高峰奶量；泌乳后期或干奶期奶牛过肥会减少下一胎次产后的采食量，增加代谢病的发病率，尤其是酮症。

干物质采食量是奶牛是否能成功度过围产期的关键因素，在产犊前后应该进行监控。围产期奶牛管护正确与否，将影响其峰值奶量的高低，所有的奶牛应在干净的环境中产犊，减少应激，正确护理，均衡营养，避免产道拉伤和子宫的感染，提高免疫力，及早恢复奶牛健康。

减少应激：尽量减少奶牛产犊前的调群。产房卫生和消毒至关重要，同时应尽快转移犊牛，难产后执行疼痛控制。理想情况是在预产期前 3 周转入围产牛舍，产健康犊牛的比例最高，150 d 平均产奶量最高，发病率最低，死淘率最低，对于改善奶牛泌乳性能、降低产后疾病发病率和提高繁殖性能的综合效益最佳。在合适的时候转到产房进行分娩产犊，理想情况下是在产犊前 24 h 将牛转至产房，实践操作起来更容易的是在产程第二阶段开始时转牛，即可以看到阴门外有比较黏稠浓厚的液体分泌，此时转牛最佳。

尽量减少不必要的人工干预。但是，以下几种情况需要人工干预和助产。

第一种情况：第一产程过长，超过 8 h，牛群表现为大牛不安、焦虑，有临产症状，但是没有努责。子宫扭转也可能会导致这样的情况，应注意鉴别检查并及时矫正和治疗。

第二种情况：总结为"2 蹄 2 小时"规则，即在阴门观察到尿囊和 2 个牛蹄后，2 h 内犊牛没有排出，可以认为 2 h 过长，需要进行检查。

第三种情况：母牛努责剧烈，但 30 min 后没有更多进展，需要进行检查。

第四种情况：开始能观察大牛努责频繁，突然停止努责，甚至停止30 min 以上，也是提醒我们需要尽快进行检查。

其他情况：犊牛胎势不正常，如一条后肢弯曲、头部向后弯曲等异常的胎位和胎势，也要进行积极的人工干预。

另外，犊牛舌部肿胀露出阴门外，提醒我们需要检查；犊牛被胎粪染成黄色或黄棕色，说明犊牛在大牛体内应激较大，要立刻检查；母牛过度疲劳或外部环境高温、高湿有热应激情况发生，也要积极进行检查；母牛的肛门 /阴道大量出血要尽快处理。

人工干预也是细微平衡的舍取过程，过早干预可减少死胎，但风险会增加，包括产道损伤、子宫炎发病、繁殖性能下降等。

产后牛因应激大，食欲减退，体质弱，抵抗力差，营养严重缺乏，这往往是各种疾病侵入的最佳时机，易导致产乳热、厌食、产后瘫痪、子宫内膜炎、酮病等疾病。所以，做好奶牛产后的保健特别重要，不仅可以使奶牛的体质尽早恢复，抵抗力增加，减少和预防产后各种疾病发生，还可使产奶高峰期更快地到来，保证奶牛后期正常的生产性能。

营养是关键：泌乳早期的营养将影响泌乳峰值的达到，因为产犊后奶牛食欲差，新产牛日粮旨在提供高水平的营养，在支持泌乳的同时，要维持足够的中性洗涤纤维（NDF），以促进瘤胃纤维和淀粉微生物之间的过渡。因此，在这些日粮中，粗饲料比例通常较高，使奶牛日粮能量大于等于 1.4 MJ/kg，粗蛋白大于等于 14%，淀粉含量大于等于 18%，酸性洗涤纤维（ADF）控制在 25% ~ 27%，NDF 控制在 40% ~ 45%，这一阶段应最大限度地调动新产牛的干物质采食量。

建议在奶牛围产前期、后期使用过瘤胃胆碱、微生物制剂和足量的维生素和微量元素，减少应激，调节瘤胃健康，提高新产牛干物质采食量，降低真胃移位的发病率，减少酮病的发生，同时配合适量的阴离子盐，可以刺激奶牛体内钙循环速度的加快，使产前 21 d 奶牛钙的吸收机制处于较活跃的状态，从而提高血钙的浓度，避免产后低血钙的发生，降低产后瘫痪发病率。需要注意的是，使用阴离子盐，需要定期监测奶牛尿液 pH 值，并根据 pH 值确定阴离子盐的使用数量，使奶牛泌乳性能表现得更好，高峰奶量更高。在满足营养的同时，应注意供给充足清洁的饮水，冬季寒冷地区需要供给充足清洁的温水，严禁供给冰渣水。

初产过渡天数控制在 2 周左右对改善奶牛泌乳性能、维持奶牛健康和提高奶牛繁殖性能的综合效果最佳。产前 3 周围产前期日粮应保障饲料原料优质、营养均衡和混合均匀，在不增加奶牛体况评分的情况下，满足其对蛋白质、维生素和矿物质的需求。因为体况偏肥的奶牛更易出现产后代谢紊乱问题。此外，该阶段可以添加阴离子盐，以使日粮的阳离子和阴离子之差（DCAD）为负值。其中，DCAD 值主要与氯和硫阴离子与钠和钾阳离子的含量有关。通过监测奶牛尿液 pH 值，可以反映日粮 DCAD 值是否适宜。同时，需要确保阴离子盐日粮的适口性，不能因此降低奶牛的采食量以及造成体况损失。围产前期奶牛的躺卧空间要充足，因此监测该阶段的饲养密度至关重要。饲养密度过大，会给敏感的奶牛带来额外的应激。除此之外，减少转群以及热应激采取风扇和喷淋降温措施，也能缓解奶牛的应激。

产后 3 周的前几天，奶牛的代谢关键是调控血钙水平。牧场应该了解奶牛是否处于亚临床低血钙（SCH）状况，相关的研究建议经产牛产后可以口服钙制剂，如 Bovikalc，可以在奶牛生产当天和第 2 天各投一粒。如果奶牛的血钙水平控制得当，可以避免很多其他的问题。为了更好地了解牛群的 SCH 状况，可以联系产品公司代表或兽医进行血钙普查。采集新产牛的血液样品，检测血钙水平，以制定经济可行的控制方案。通过提供优质的粗饲料和保障随时采食，以促进新产牛的干物质采食量，从而缓解能量负平衡程度。若操作可行，新产牛需要单独成群。饲养密度也很关键，不能增加奶牛的采食竞争。此外，将患病的新产牛转移至病牛圈不是理想的操作方案。因为这样的奶牛的免疫系统可能已经受到损害，在病牛圈会更易受到感染。新产牛单独成群，也便于密切监控。在牧场，新产牛每天至少需要观察 2 次。

从前部观察奶牛的耳朵、眼睛、鼻分泌物和精神状态，从后部观察奶牛子宫分泌物、乳房和瘤胃充盈度、粪便的黏稠度和肢蹄健康状况。记录治疗信息，用于跟踪评估治疗效果情况。与牧场的兽医协商，制定一个适宜牧场执行的围产期奶牛管理方案；日粮供给方面则要关注搅拌均匀、减少挑食、推料等。同时，控制体况使 BCS 为 3.0 ~ 3.5 分。

控制体况，防止体重下降过快：所有的泌乳牛在产后体重都会下降，瘦牛在产犊前后会有较好的干物质采食量，太瘦的牛（BCS 小于 2.75 分）可能会有蹄病问题，肥胖的牛则处于一个更严重的炎症状态。切记不能让奶牛在围产阶段出现体况明显下降的现象，前 30 d 正常的体重下降范围应该是 BCS 小于 0.75 分或 41 kg（1 分 ≈ 55 kg 脂肪或蛋白）。如果泌乳前 60 d 体况下降大于 1 分，首次配种受胎率将下降 50%。围产后期、泌乳早期体况评分下降过多或低于 2.75 分的奶牛会增加无卵期延长的风险。

另外，围产期要注意合适的饲养密度（80%）、奶牛舒适度、健康的蹄部等方面。

（4）日粮过渡。奶牛是反刍家畜，日粮改变应循序渐进，瘤胃细菌繁育需要 6 ~ 10 d，但瘤胃乳头需要适应几周时间，所以围产前期日粮过渡为新产牛日粮时，以及从新产牛日粮过渡为高产日粮时，1 ~ 2 周的调整期是很必要的，以使瘤胃中的微生物数量调整而适应新的日粮；新产过渡天数控制在 2 周左右，对于改善奶牛泌乳性能、降低发病率、提高产后 110 d 怀孕率、维持奶牛健康和提高奶牛繁殖性能，效果明显，综合效益最佳。

（5）泌乳高峰期营养与管理。泌乳高峰期日粮产奶净能 6.99 ~ 7.36 MJ/kg，蛋白质控制在 17% ~ 18%，淀粉控制在 26% ~ 28%，NDF 控制在 28% ~ 32%，ADF 控制在 17.5% ~ 20%。

（6）干奶期的营养与管理。干奶牛的管理直接影响到奶牛健康和下一个泌乳期的性能，虽然干奶期牛只投入、没产出，但不能被忽视，干奶期是校正牛的膘情的最后机会，同时瘤胃可以修复因泌乳期高精料日粮引起的损伤，乳房可以修复由于上次泌乳所受的损伤。保证下次泌乳有健康乳房的安全方法，是给乳房灌注高质量长效干奶牛乳房炎药物。

干奶期主要任务有以下几个。

①保证干奶时间：保证奶牛 7 ~ 8 周的干奶期，最短不少于 45 d，最长不超过 75 d，平均 60 d 为宜，根据牛的体况确定干奶期长短，保障胎儿的正常发育，促进乳腺组织和瘤胃功能得到良好修复，使奶牛积累充足营养，保

持较好体况，避免产后出现代谢病，为下个泌乳期的高产奠定良好的基础。

②乳房炎控制：干奶期是乳房炎预防和治疗最佳时期，在干奶期间，慢性乳房炎的治愈率比在泌乳期间的治愈率要高得多。

③注意日粮的营养特点，控制营养代谢病：补充足够的维生素和微量元素及矿物质，添加有机微量元素效果更佳。

④解决干物质摄入量降低和营养需求增加的矛盾：均衡营养，减少应激，并使干物质采食量最大化，提高奶牛瘤胃充盈度。

⑤减少热应激：如果出现干奶期热应激，会导致犊牛出生重下降、被动免疫转移失败的几率升高、母牛和犊牛的免疫功能较差。另外，还会导致饲料转化率下降，泌乳期间奶产量下降，头胎牛首胎次奶产量下降。

干奶牛饲养的诀窍就是提供完美的日粮和舒适的环境条件，以满足它们的需求，特别是降低奶牛患亚临床低血钙症的概率。应做好以下几方面工作。

第一，正确干奶，坚持检查乳房变化和药浴。控制乳房炎的有效措施是正确干奶，方法如下：从最后一次挤奶开始，彻底清洁乳区并保持干燥；用70%的酒精棉球擦洗 10 ~ 15 s，让酒精挥发干。在消毒时，离饲养员最近的乳房应该最后擦，这样当饲养员消毒较远距离乳房时，可以避免乳房接触衣袖。然后，从最近的乳房开始灌注干奶期药物，逐渐向较远的灌注，灌注时仅插入注射管的尖端，按照以上程序处理所有干奶牛；每个乳区使用一次性注射治疗。

第二，加强卧床护理工作，保证干奶牛的舒适度。

第三，干奶期的饲养密度不超过85%，转群时成批转入。

第四，青年牛预产期前 60 d 也要进入干奶期管理，单独分群。

第五，干奶牛日粮：干奶牛日粮通常分为干奶前期日粮和围产前期日粮两种，干奶前期奶牛的日粮粗蛋白（CP）需要较低，日粮的 CP 百分比含量为 12.5%，而围产前期奶牛的日粮 CP 百分比含量需要达到 14.5%，且干奶前期日粮钙含量对其影响低于围产前期。

需要注意的是，干奶期日粮需要根据奶牛的体重、膘情、采食量、原料的营养指标和气候等给牛只提供合理的能量和营养水平（表3-7）。

表3-7 国内干奶牛日粮推荐营养标准

| 项 目 | 干奶前期 | 围产前期 |
| --- | --- | --- |
| 干物质采食量 | 2% 体重（12～13 kg） | 1.8% 体重（11～12 kg） |
| 产奶净能 /（MJ·kg$^{-1}$） | 5.52～5.86 | 5.96～6.01 |
| 粗蛋白 /% | 12～13 | 13.5～14.5 |
| 降解蛋白 /% | 30～38 | 30～38 |
| 非降解蛋白 /% | 25 | 32 |
| ADF/% | 30 | 24 |
| NDF/% | 36 | 36 |
| NFC/% | 26 | 26 |
| 钙 /% | 0.45～0.55 | 0.45～0.55 |
| 磷 /% | 0.30～0.32 | 0.30～0.32 |
| 镁 /% | 0.16 | 0.2 |
| 钾 /% | 0.65 | 0.65 |
| VA/（IU·d$^{-1}$） | 80 500 | 96 250 |
| VD3/（IU·d$^{-1}$） | 19 250 | 21 870 |
| VE/（IU·d$^{-1}$） | 480 | 800 |
| 生物素 /（mg·d$^{-1}$） | 20 | 20 |
| 活菌或酵母 | | 围产期考虑添加 |
| 过瘤胃胆碱及 B 族 | | 围产期考虑添加 |
| 过瘤胃烟酸 | | 围产期考虑添加 |
| 有机微量 | | 围产期考虑添加 |
| 瘤胃素（植物精油） | | 围产期考虑添加 |

注：% 均指日粮中干物质的百分含量。

　　日粮配方中要重点考虑蛋白、维生素和矿物质的供给，避免能量摄入过多或营养不平衡。特殊情况下，如膘情过胖、应激过大和食欲下降过快，围产期考虑补充少量酵母、瘤胃素、过瘤胃胆碱等。在怀孕青年牛与经产干奶牛混养的情况下，提供足够的日粮蛋白（代谢蛋白）、维生素和矿物添加剂，使用干净无污染的预铡至 3 ~ 5 cm 的干草，控制能量摄入量，减少混合不均和挑食的发生。最后，要尽量减少外来因素对干奶牛的应激，比如原料或日粮变化过大、饲养密度大于85%、频繁调群（如怀孕青年牛产前30 d 直接转入围产前期群）、畜舍环境不佳、地面不平、热应激、每天超过10 ~ 12 h 的光照等各种不当的操作。

（7）乳房炎。如果奶牛产后发生乳房炎，将不能达到遗传潜力允许的泌乳高峰。有效的干奶牛治疗甚至花费较大，但如果能使奶牛避免乳房炎而达到较高的高峰奶量，牧场将获得很大的经济回报。围产期护理和产房环境卫生影响泌乳早期的乳房炎发病率，干奶期不适当的营养将导致奶牛抵抗力下降，因此干奶期的日粮配方和营养也影响乳房炎的发病率。

（8）产后疾病并发症。如果奶牛产后受到应激，将不能达到理想的泌乳高峰，并发症起因于不当的干奶牛营养、不洁的产犊环境及太多的干预自然的产犊过程。降低所有的应激能提高高峰奶量。

（9）挤奶不完全。劣质的设备安装和维护或较差的挤奶程序将降低高峰奶量。

（10）遗传。遗传对高峰奶量影响很大。

## 七、泌乳持续力

奶牛获取高产的另一种方法是具有较高的泌乳持续力。可能没有很高的高峰产奶量，但在整个泌乳期间可以保持较长时期的稳定水平。

泌乳持续力是奶牛维持产奶量的能力，是本次产奶量与上次产奶量的比值，单位为 %；是反映个体牛只泌乳持续能力的一个指标，也是衡量牛奶产量变化速率的指标。泌乳高峰和泌乳持续力结合在一起形成了泌乳曲线的形状及一个胎次的产奶量。产奶量上升阶段持续力大于100，下降阶段小于100。泌乳持续力随着胎次和泌乳阶段而变化，一般头胎牛产奶量下降的幅度比二胎以上的要小。

泌乳持续力 =［1-（相邻上次测奶量 – 测定日奶量）×（30 d/ 两次测定日间隔）］/ 相邻上次测奶量 ×100%。

图 3-8 显示了高峰过后两个不同持续力的泌乳曲线。在图中，上曲线代表了 2 胎荷斯坦泌乳牛平均产量。下曲线有同样的峰值，但峰值后下降快，持续力低。统计结果显示，下曲线的泌乳量在一个泌乳期内（305 d）比上曲线少 439 kg。

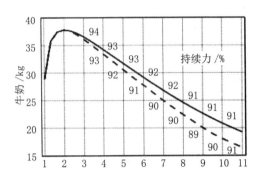

图 3-8　高峰过后两个不同持续力的泌乳曲线

表 3-8 显示了 4 种最常见泌乳牛各泌乳组的平均泌乳持续力。

表3-8　常见泌乳牛泌乳持续力汇总表

| 泌乳天数 /d | 持续力 /% | | | | | | | | | | | |
| | 荷斯坦胎次 | | | 爱尔夏胎次 | | | 瑞士褐牛胎次 | | | 娟姗胎次 | | |
| | 1 | 2 | 3+ | 1 | 2 | 3+ | 1 | 2 | 3+ | 1 | 2 | 3+ |
| --- | --- | --- | --- | --- | --- | --- | --- | --- | --- | --- | --- | --- |
| 66 ～ 95 | 98 | 94 | 94 | 97 | 93 | 93 | 97 | 93 | 94 | 96 | 94 | 94 |
| 96 ～ 125 | 97 | 93 | 93 | 96 | 92 | 91 | 97 | 94 | 93 | 96 | 93 | 93 |
| 126 ～ 155 | 96 | 93 | 92 | 96 | 92 | 90 | 97 | 94 | 93 | 95 | 93 | 93 |
| 156 ～ 185 | 96 | 92 | 92 | 95 | 91 | 90 | 97 | 94 | 93 | 95 | 93 | 92 |
| 186 ～ 215 | 96 | 92 | 91 | 95 | 91 | 89 | 97 | 94 | 93 | 95 | 93 | 92 |
| 216 ～ 245 | 96 | 91 | 91 | 95 | 90 | 89 | 97 | 94 | 93 | 95 | 93 | 92 |
| 246 ～ 275 | 95 | 91 | 90 | 95 | 89 | 89 | 97 | 94 | 93 | 95 | 93 | 92 |
| 276 ～ 305 | 95 | 91 | 90 | 95 | 88 | 89 | 96 | 94 | 93 | 96 | 93 | 91 |

注：数据直接来源于 PrairieDRPC 数据库。

可以看出，每个相同奶牛品种在泌乳天数 66 d 后，每个泌乳组的泌乳持续力是比较稳定的，因此泌乳持续力具有一定的参考价值。以上表中数值代表泌乳天数在 66 ～ 305 d 泌乳持续力平均值。

需要注意的是，对于所有奶牛品种，泌乳持续力在下一胎次会有所下降，泌乳持续力会随着奶量上升而下降。

表 3-9 显示了各品种 305 d 不同产奶量 66 ～ 305 d 的平均泌乳持续力情况。

表3-9 各品种不同产奶量平均持续力

| 305 d 奶量 /kg | 持续力 /% | | | | | | | | | | | |
| --- | --- | --- | --- | --- | --- | --- | --- | --- | --- | --- | --- | --- |
| | 荷斯坦胎次 | | | 爱尔夏胎次 | | | 瑞士褐牛胎次 | | | 娟姗胎次 | | |
| | 1 | 2 | 3+ | 1 | 2 | 3+ | 1 | 2 | 3+ | 1 | 2 | 3+ |
| 4 000 ~ 4 999 | 97 | 94 | 93 | 94 | 92 | 91 | 96 | 93 | 92 | 96 | — | — |
| 5 000 ~ 5 999 | 96 | 92 | 92 | 96 | 93 | 92 | 97 | 94 | 93 | 96 | 94 | 93 |
| 6 000 ~ 6 999 | 96 | 93 | 92 | 96 | 93 | 92 | 96 | 94 | 94 | 96 | 94 | 94 |
| 7 000 ~ 7 999 | 96 | 93 | 92 | 96 | 93 | 92 | 97 | 95 | 94 | — | 94 | 94 |
| 8 000 ~ 8 999 | 96 | 93 | 93 | 96 | 93 | 93 | 96 | 95 | 94 | — | 95 | 94 |
| 9 000 ~ 9 999 | 97 | 94 | 93 | — | 93 | 93 | — | — | 95 | — | — | 96 |
| 10 000 ~ 10 999 | 97 | 94 | 93 | — | — | 93 | — | — | 95 | — | — | — |

注：数据直接来源于 PrairieDRPC 数据库；无数据部分是因为缺少足够的数据记录，无法计算出一个可靠值。

影响泌乳持续力有两大因素，分别是营养和遗传。

泌乳持续力高，预示着前一阶段的生产性能表现不充分，前一阶段的日粮不平衡或采食量较低，应补足前一阶段的营养不良及提高采食量，加强前一阶段的营养和饲养管理；泌乳持续力低，表明目前日粮配方可能没有满足奶牛产奶需要，或者乳房受感染、挤奶程序、挤奶设备等其他方面存在的问题。具体见表 3-10。

表3-10 正常的泌乳持续力

| 胎次 | 泌乳期 | | |
| --- | --- | --- | --- |
| | 0 ~ 65 d | 66 ~ 200 d | > 200 d |
| 1 胎 | 106% | 96% | 92% |
| 2 胎及以上 | 106% | 92% | 86% |

在泌乳期任何阶段，个体泌乳持续力受环境、繁育或健康等一系列相关因素影响。

（1）因发情、感染、管理变化、日粮或天气变化等应激原因导致采食量降低。

（2）调群或新转入奶牛导致牛群社会关系发生变化。

（3）代谢和消化紊乱，包括酸中毒和肝脓肿。

（4）乳房炎。奶牛患隐性乳腺炎后产奶量大约下降15%，发展为临床型乳腺炎后产奶量大约下降40%，经济损失非常严重。

个体或群组泌乳高峰和持续力持续较低，通常是营养问题导致的。在泌乳早期，奶牛通常会利用体脂储备来发挥它们的遗传潜力。产奶高峰期的日粮应保证能为奶牛泌乳、后期体脂的储备和妊娠提供足够的营养。体况较差的奶牛饲喂不能满足以上需求的日粮，奶牛的生产将受到营养因素的限制，结果将导致产奶量急剧下降，泌乳持续力也跟着下降。

如泌乳持续力高于正常值，反应泌乳高峰未达到遗传潜力的高峰奶量，表明泌乳早期日粮不平衡或采食量较低，都会导致它们无法达到泌乳高峰，但随着泌乳期的延长，奶牛食欲逐渐恢复，采食量自然增加，产奶量也会逐步恢复。

高峰日较早，持续力较高，预示着牛群营养充分、管理良好；相反，如果高峰日延后，持续力显著低于正常值，则预示着产犊时奶牛体况不良或泌乳早期日粮能量不足。高峰日、泌乳持续力与生产之间的关系见表3-11。

表3-11　高峰日、泌乳持续力与生产之间的关系

| 高峰日/d | 持续力/% | 预示牛群状况 | 解决措施 |
|---|---|---|---|
| ≤60 | ≥90 | 奶牛体况及营养等正常 | 维持现状 |
| | <90 | 奶牛有足够的体膘使之达到产奶高峰，但产奶高峰后营养不足，无法支持应有的产奶水平 | 适当调整饲料配方 |
| 60<且≤90 | ≥90 | 奶牛体况、营养等正常 | 维持现状 |
| | <90 | 产奶高峰前，该奶牛体况及营养均正常，但产奶高峰后奶牛受到应激，奶量急剧下降 | 是否瘤胃酸中毒；日粮配方是否合理；干物质采食量及能量是否充足等 |
| >90 | ≥90 | 不适应干奶日粮、采食量差导致高峰日延后，峰值日后营养合理 | 注意干奶牛日粮结构，干奶期、围产期干物质采食量不足 |
| | <90 | 不适应干奶日粮、采食量差导致峰值日延后，峰值日后营养不合理 | 养好干奶牛，干奶期、围产期干物质采食量不足，调整日粮结构，均衡干奶、围产及各泌乳期营养 |

## 八、牛奶尿素氮

牛奶尿素氮（MUN）是指泌乳牛测定日牛奶中尿素氮的含量，单位为

mg/dL，牛奶尿素氮是衡量奶牛蛋白质代谢的关键指标。

尿素氮有益于提高生产管理效益，最终达到减少饲料蛋白质的浪费，确定日粮蛋白质的缺乏状态，提高受胎率，提高乳中蛋白质的含量的目的。

在养牛成本中，饲料成本约占60%，而蛋白原料是饲料原料中最贵的一种。因此，测定牛奶尿素氮能反映奶牛瘤胃中蛋白代谢的有效性，反映日粮能蛋平衡情况，可以用来评价奶牛群的营养状况，具有以下优势。

第一，平衡日粮营养，提高饲料蛋白质利用效率，减少资源浪费，减少氮排放并降低饲料成本。

第二，牛奶尿素氮过高会降低奶牛的繁殖率，过低会影响乳品质和产奶量。

第三，保证饲料蛋白的有效利用，发挥产奶潜能。

第四，利用牛奶尿素氮的测定值可以选择物美价廉的蛋白质饲料，保持能量和蛋白质平衡。

一般而言，牛奶尿素氮含量过高直接反映饲料中粗蛋白含量过高、瘤胃降解蛋白过高，没有有效利用，可引发奶牛的繁殖性能降低、饲料成本增大、影响生产性能的发挥等一系列问题。

研究表明，牛奶尿素氮过高与繁殖率低下有很大的关系。据报道，夏季产犊母牛在产后第一次配种前30 d的尿素氮大于16 mg/dL时，其不孕率是冬季产犊且尿素氮值低的母牛的10倍以上。

对尿素氮指标评定群体平均值意义大于个体值。测定尿素氮是奶牛日粮评估的有效手段之一，在美国荷斯坦奶牛的尿素氮平均值为12.8 mg/dL，我国一般认为应该介于10 ~ 18 mg/dL之间。奶牛产后35 d内尿素氮值受脂肪代谢的影响远大于受日粮的影响，因此这一时期测定尿素氮值不做参考与评估。另有研究人员发现，晚上采集样品要比早上采集的样品的测定结果高，当奶牛日产奶量达到38.6 kg时，尿素氮的测定结果会随着产奶量的升高而升高。日粮层面尿素氮的高低主要受日粮中粗蛋白水平及非结构性碳水化合物（主要是淀粉）的含量影响。

对于产奶50 ~ 100 d的奶牛，测定尿素氮的意义在于评估是否影响受胎率。对于产奶101 ~ 200 d的牛群，测定尿素氮主要目的是评估日粮蛋白质的摄入量是否影响产奶量。对于200 d以上的泌乳牛，重点关注泌乳后期日粮蛋白质是否存在浪费。

尿素氮水平受粗蛋白、瘤胃降解蛋白和可溶性蛋白总吸收程度和非结构性碳水化合物（可溶性碳水化合物）数量及类型的影响。

高尿素氮值意味着蛋白利用率低，这更多的是能蛋不平衡的结果，会影响到受胎率、饲养成本、生产效率和环境；低尿素氮表示蛋白质吸收率较低，高尿素氮表示总蛋白吸收率较高，可能是几种不同营养物质供给的不平衡的结果。

报告列出了尿素氮大于 18 mg/dL 和尿素氮小于 10 mg/dL 牛只的产奶量、乳脂率、乳蛋白、乳糖、总固体、体细胞数、牛奶尿素氮、泌乳天数和持续力等测定信息，当尿素氮异常的牛只比例超过 10% 时，表明日粮结构可能存在问题，应结合表 3-12 进行分析评估并采取相应措施予以控制。

表3-12　尿素氮与乳蛋白率对应关系

| 乳蛋白率 | 尿素氮 | | |
| --- | --- | --- | --- |
| | < 10 mg/dL | 10 ~ 18 mg/dL | > 18 mg/dL |
| < 3.0% | 日粮蛋白质和能量均缺乏 | 日粮蛋白质平衡，能量缺乏 | 日粮蛋白质过剩，能量缺乏 |
| ≥ 3.0% | 日粮蛋白质缺乏，能量平衡或稍过剩 | 日粮蛋白质和能量均平衡 | 日粮蛋白质过剩，能量平衡或稍缺乏 |

不同的日粮类型，由于粗饲料的种类和质量差异较大，使用的精料补充料的质量和用量也不尽相同，中国农业大学李胜利、曹志军科研团队研究成果见表 3-13。

表3-13　不同日粮类型适宜尿素氮推荐表

| 日粮类型 | 适宜尿素氮 / (mg·dL$^{-1}$) |
| --- | --- |
| 精料 + 玉米秸秆 + 玉米黄贮 | 14 ~ 18 |
| 精料 + 全株玉米青贮 + 苜蓿 | 12 ~ 16 |

影响尿素氮水平的其他因素：

第一，奶牛饲养先要探讨优化瘤胃微生物的合成。

第二，奶牛发生瘤胃酸中毒时，瘤胃微生物将氨转化成微生物蛋白的能力下降，导致氨不能被转化，尿素氮水平进而升高。

第三，三次挤奶比两次挤奶尿素氮水平略高，高产牛平均尿素氮略高于中低产牛。

第四，对于高产奶牛，过瘤胃蛋白应占日粮粗蛋白含量的 35% ~ 40%，以满足产奶高峰的需要。

第五，夏季尿素氮含量略高于其他季节。

第六，新开窖全株玉米青贮的淀粉含量的变化也会导致牛奶中尿素氮变化。

第七，实际生产中影响尿素氮值的因素很多，应定期连续参加 DHI，连续监控尿素氮的变化，并通过牛奶理化指标和牛只健康进行综合判断。

## 九、胎次

胎次是母牛已产犊的次数，用于计算 305 d 预计产奶量。为使牛群能逐年更新，保持群体的稳产高产，合理的牛群胎次比例尤为重要，正常的牛群各胎次比例为 1 胎牛 30%，2 胎牛 20%，3 胎及以上 50%，牛群平均胎次为 3 ~ 3.5 胎，因为正常情况下，泌乳牛生产需达到 2.5 胎以上才能为牛场带来经济效益，且荷斯坦奶牛 3 ~ 5 胎达产奶高峰。科学合理的牛群结构是实现奶牛养殖高效益的一个重要因素，不仅能够确保产奶潜力与持续力，还能够充分发挥遗传的最大潜力，不断地优化牛群结构，提高生产性能，提升牛群的生产水平，因此奶牛养殖场必须科学地规划本场的牛群结构，实现利润最大化。

在提高单产的同时，应注意提高奶牛利用年限，因为单产优势并不意味着终身效益优势，奶牛使用年限是反映奶牛终身产量和经济价值的重要指标，牛群的平均胎次是反映奶牛使用年限的重要指标，奶牛养殖场应采取有效措施，减少死淘率，延长使用年限和生产胎次，提高终身产奶量。

影响奶牛经济利用年限的因素有以下几个。

### （一）后备牛饲养与转群月龄（犊牛培育、后备牛饲养）

后备牛每增加一个月转群，就需要多增加相应的后备牛数量，从而增加生物资产投入。通过犊牛期精心的饲养管理以及后备牛时期的饲养战略，保证奶牛在 13 ~ 15 月龄能够参配、怀孕，保证 24 月龄能够产犊，这是提高奶牛经济利用年限的最重要的一环。

### （二）产后配准天数（提高参配率、21 天 PR 值）

奶牛产后力求 100 d 能够怀孕，具体过程中要求产后 90 d 参配率不低于 70% ~ 80%，优质牧场产后 90 d 参配率达 80%。21 d 怀孕率不低于 20%，管理好的牧场经产牛 21 d 怀孕率可以达到 25% ~ 28%，青年牛在 35% 以上。

所以，提高产后参配率和怀孕率是提高奶牛利用年限的最有效的手段。

提高参配率必须从发情观察做起，蜡笔涂抹、每天查槽都是有效的方法。提高参配率还要及时孕检，以往要等到两个月或者 45 d 手检，现在可以利用便于识别的快速孕检方法，如 B 超检测 20 ～ 30 d 的怀孕率，没有怀孕马上做同期发情，继续配种，不能等，这是科学技术带给行业的进步。

### （三）疾病因素（繁殖疾病、蹄病、代谢病等）

繁殖疾病造成奶牛不能怀孕，蹄病、酮病、乳房炎等对繁殖也都有影响。整个奶牛的疾病和保健体系也是对奶牛的利用年限影响很重要的方面。

### （四）牛舒适度

奶牛的舒适度不需要太多投入，且提高奶牛舒适度往往可以达到事半功倍的效果。一定要注重奶牛舒适度，让奶牛在舒服的环境中生长发育，站着采食，卧着反刍，愉快地接受挤奶。

### （五）应激

应激是指环境对奶牛造成的影响超过其生理调节能力，导致负面结果，从而导致奶牛生理及行为发生变化，降低了机体的适应性。温度太高或太低、湿度大、环境潮湿、通风差、噪声、电刺激、牛舍不舒适、拥挤、拖拉、日粮变化、酸中毒、疼痛、产犊、高产、调群等，都能产生应激，应激会对奶牛的产量和淘汰产生很多影响。

### （六）来自育种方面的贡献

在特殊的季节，当然随着生物技术的不断进步，现在对奶牛长寿性的研究不断深入。很多育种公司尤其是国外育种公司，在公牛育种值的指数中都增加了长寿性，通过对长寿奶牛的基因和不同公牛品系的女儿的后代的经济使用年限、胎次、长寿性进行分析和后裔测定，如利用挪威红牛与荷斯坦杂交，提高后代的抗病力和终身产奶量，证明寿命的遗传力很强。

高产、长寿、抗病是未来奶牛育种的目标。

减少奶牛淘汰率，延长牛群利用年限的方法：补充过瘤胃 B 族维生素的特殊混合物，已被证明是一种通过改善过渡期奶牛的健康和繁殖来延长奶牛利用年限的营养方法。即产犊前后数周，给奶牛添加过瘤胃 B 族维生素和过瘤胃胆碱的特殊混合物。结果表明：亚临床酮病下降了 63%，泌乳 120 d、150 d 和 190 d 时，奶牛受孕率明显提高，开始泌乳的前 190 d，奶牛的淘汰率下降了 33%，开始泌乳的前 60 d，奶牛的临床乳房炎下降了 60% 以上。

## 十、305 d 产奶量

泌乳天数不足 305 d 的，则为 305 d 预计产奶量；如果达到或者超过 305 d 的，为 305 d 产奶量。单位为 kg。

305 d 产奶量是根据理想设计而计算的产奶量。理想状态下，每牛年产 1 胎，干乳期 60 d，实际挤奶时间就是 305 d，这时的综合效益最好。由此可以统计每头牛每一泌乳期中的 305 d 泌乳量。此指标亦可反映奶牛生产性能和健康状况，是牛场分群、选择和淘汰牛只等管理决定的重要依据。

305 d 估计产奶量 = 本胎次所有泌乳日总奶量 × 估计系数。

估计系数查询见表 3-14。

表3-14　估计系数查询表

| 泌乳天数 /d | 1 胎 | 2 胎及以上 | 泌乳天数 /d | 1 胎 | 2 胎及以上 |
|---|---|---|---|---|---|
| 30 | 8.32 | 7.42 | 170 | 1.58 | 1.48 |
| 40 | 6.24 | 5.57 | 180 | 1.51 | 1.41 |
| 50 | 4.99 | 4.47 | 190 | 1.44 | 1.35 |
| 60 | 4.16 | 3.74 | 200 | 1.33 | 1.30 |
| 70 | 3.58 | 3.23 | 210 | 1.32 | 1.26 |
| 80 | 3.15 | 2.85 | 220 | 1.27 | 1.22 |
| 90 | 2.82 | 2.56 | 230 | 1.23 | 1.18 |
| 100 | 2.55 | 2.32 | 240 | 1.19 | 1.14 |
| 110 | 2.34 | 2.13 | 250 | 1.15 | 1.11 |
| 120 | 2.16 | 1.98 | 260 | 1.12 | 1.09 |
| 130 | 2.01 | 1.85 | 270 | 1.08 | 1.06 |
| 140 | 1.88 | 1.73 | 280 | 1.06 | 1.04 |
| 150 | 1.77 | 1.64 | 290 | 1.03 | 1.03 |
| 160 | 1.67 | 1.55 | 300 | 1.01 | 1.01 |

35 d 的估计系数 =8.32−（8.32−6.24）/10×（35−30），其他末尾非 0 天数的估计系数同 35 d 估计系数计算方法。

通常情况，只有连续测定 3 次以上的牛只才估算 305 d 预计产奶量，且越接近 305 d，估计值越接近真实值，故要求牛场应连续测定，每年测定次数不少于 10 次。

## 十一、同期校正

同期校正：是以某一个月的泌乳天数和产奶量为基础值，按泌乳天数对其它月份的产奶量进行校正。

计算公式：同期校正 = 基础月的日产奶量 −（校正月的泌乳天数 − 基础月的泌乳天数）×0.07。

一般情况，将年度第一个参测月作为基础月对其他月份进行校正，这样就得到了该月校正到基础月同期的产奶量理论值，如果该理论值大于该月实际日奶量，说明牛群生产水平在向好的方面发展，反之则说明生产水平在下降。

## 十二、校正奶

校正奶：由个体校正奶和群体校正奶组成。

个体校正奶：是将测定日实际产奶量校正到 3 胎、泌乳天数为 150 d、乳脂率为 3.5% 的奶量。在同等条件下，提供了不同胎次、泌乳阶段及不同乳脂率的泌乳牛，在同一标准下进行比较。

个体校正奶 =［（0.432× 日产奶）+ 16.23×（日产奶 × 乳脂率）]+［（泌乳天数 −150）×0.002 9× 日产奶］× 胎次校正系数。

胎次校正系数查询见表 3−15。

表3−15　胎次校正系数查询表

| 胎次 | 系　数 | 胎次 | 系　数 |
|------|--------|------|--------|
| 1 | 1.064 | 5 | 0.93 |
| 2 | 1.00 | 6 | 0.95 |
| 3 | 0.958 | 7 | 0.98 |
| 4 | 0.935 | 7+ | 0.98 |

群体校正奶：将测定日群体实际产奶量校正到 3 胎、泌乳天数为 150 d、乳脂率为 3.5% 的奶量。

群体校正奶 =［（0.432× 群体平均日产奶）+（16.23×（群体平均日产奶 × 群体平均乳脂率）]+［（群体平均泌乳天数 –150）×0.002 9× 群体平均日产奶］× 平均胎次校正系数。

## 十三、群内级别指数

群内级别指数（WHI）是用牛只个体校正奶除以群体平均校正奶得到的，它是牛只生产性能的相互比较，反映牛只生产潜能的高低。WHI 是一个相对值，正常值为 90% ~ 110%，WHI 值的高低可以反映出该牛只在群体中的相对表现。

因为校正奶已经把个体牛测定日生产性能校正到同一水平，因此通过 WHI 值的大小可以判断牛只个体在群体当中的表现水平。WHI 大于 100% 表明该牛只超过群体平均生产水平；反之，WHI 小于 100% 表明低于群体生产水平。WHI 越大表明个体牛只在群内生产性能越好。

群体平均 WHI 永远是 100%，理想的不同胎次 WHI 应该为 90% ~ 110%。如果某一胎次或某一泌乳阶段 WHI 小于 90%，说明该胎次或该泌乳阶段的奶牛同其他胎次或其他泌乳阶段的牛比较在生产管理当中存在问题。当然由于 WHI 是一个相对值且平均数是 100%，某一胎次低必然存在其他胎次高，泌乳阶段也是这样。

## 十四、成年当量

成年当量是指各胎次产量校正到第 5 胎时的 305 d 天产奶量。一般在第 5 胎时，母牛的身体各部位发育成熟，生产性能达到最高峰。利用成年当量可以比较不同胎次的母牛在整个泌乳期间生产性能的高低。

## 十五、奶损失

奶损失：乳房炎、胎次比例失调等各种原因导致产奶没有达到预期目标而造成的牛奶损失，单位为 kg。常见的奶损失如下。

（1）乳房炎奶损失。因乳房受病原菌感染诱发乳房炎等原因造成的牛奶损失，损失见表 3–16。

表3-16　体细胞数与奶损失对照表

| 体细胞分 | SCC/（万 cells·mL$^{-1}$） | 体细胞中间值 /（万 cells·mL$^{-1}$） | 1 胎奶损失 /kg | 2 胎及以上奶损失 /kg |
|---|---|---|---|---|
| 1 | 1.8 ～ 3.4 | 2.5 | 0 | 0 |
| 2 | 3.5 ～ 7.0 | 5.0 | 0 | 0 |
| 3 | 7.1 ～ 14.1 | 10.0 | 90 | 180 |
| 4 | 14.2 ～ 28.2 | 20.0 | 180 | 360 |
| 5 | 28.3 ～ 56.5 | 40.0 | 270 | 540 |
| 6 | 56.6 ～ 113.1 | 80.0 | 360 | 720 |
| 7 | 113.2 ～ 226.2 | 160.0 | 450 | 900 |
| 8 | 226.3 ～ 452.5 | 320.0 | 540 | 1 080 |
| 9 | ＞ 452.6 | 640.0 | 630 | 1 260 |

（2）胎次比例失调奶损失。因胎次比例未达理想胎次比例而造成的牛奶损失。

理想牛群年产奶量 = 牛群头数 ×（1 胎 305 d 平均产奶量 ×30%+2 胎 305 d 平均产奶量 ×20%+3 胎及以上 305 d 平均产奶量 ×50%）。

实际牛群年产奶量 = 牛群头数 ×（1 胎 305 d 平均产奶量 ×1 胎实际比例 +2 胎 305 d 平均产奶量 ×2 胎实际比例 +3 胎及以上 305 d 平均产奶量 ×3 胎及以上实际比例）。

奶损失 = 理想牛群年产奶量 – 实际牛群年产奶量。

如果奶损失大于 0，则存在胎次比例失调奶损失。

（3）高峰日丢失奶损失。因高峰日延后造成的牛奶损失。

高峰日丢失奶损失 = 牛群头数 × 理想高峰日 ×（实际高峰日 – 理想高峰日）×0.07+ 牛群头数 ×（实际高峰日 – 理想高峰日）2 × 0.07/2。

（4）泌乳期过长奶损失。由于泌乳期过长，造成由泌乳后期的低产奶量代替泌乳早期的高产奶量的牛奶损失。

泌乳期过长奶损失 = 泌乳牛头数 ×0.07×（实际平均泌乳天数 – 理想平均泌乳天数）×365。

此损失为牛场一年的损失。

（5）产犊间隔过长奶损失。由于产犊间隔过长，而导致少产母犊牛造成的损失，单位为元。

产犊间隔过长奶损失 = 泌乳群头数 ×（产犊成活率 /2）×［（实际产犊间隔 – 理想产犊间隔）/ 理想产犊间隔］× 母犊牛价格。

（6）干奶牛比例失调奶损失。

理想泌乳周期产奶量 =305 d 产奶量平均 × 理想非干奶比例（85%）× 牛群头数。

注：85% 由 60（干奶期）/365 或 2/12 计算。

实际泌乳周期产奶量 =305 d 平均产奶量 × 实际非干奶比例 × 牛群头数。

干奶比例失调奶损失 = 理想泌乳周期产奶量 – 实际泌乳周期产奶量。

（7）淘汰牛年龄过小奶损失 = 淘汰牛平均成年当量 × 淘汰牛平均胎次 × 淘汰牛头数。

# 第三节　报告解读应用

奶牛生产性能测定被奶牛养殖者们形象地称为奶牛体检，DHI 报告即奶牛的体检报告。奶牛生产性能测定重在建立健全完整的生产性能记录，关键在于对报告的解读、理解和应用。

奶牛生产性能测定的关键是要把好数据的源头，准确的数据源头和完整的记录，才能指导科学量化、细化管理。在牛场管理中必须重视数据的管理，在精准度量的基础上，认真总结、分析，达到逐步提高的目的。

根据 DHI 报告量化的数据信息，利用上面提到的理论，对牛群的实际情况做出客观、准确的判断，发现问题，及时改进，提高生产性能，达到提高经济效益的目的。

报告解读还应把握一个原则，即从群体到个体的原则，切忌过度解读，在此只是讲解解读的方法，尽可能解读得详细全面，但未必都是牛场存在的问题，大家应根据牛场实际解读应用。

## 一、DHI 分析解读及预警报告解读

DHI 分析解读及预警报告格式及内容如下。

新疆生产建设兵团奶牛生产性能测试中心

# 奶牛生产性能测定
# 分析解读及预警报告

牧场编号：

牧场名称：

采样日期：2019-08-23

## 新疆生产建设兵团奶牛生产性能测定中心

## （一）本次测定结果

本次测定结果加权平均值见表3-17。

**表3-17 测定结果加权平均值**

| 项目 | 产奶量/kg | 乳脂率/% | 蛋白率/% | 脂蛋比 | SCC/（万cells·mL⁻¹） | 尿素氮/（mg·dL⁻¹） | 平均泌乳天数/d | 高峰日/d |
|------|-----------|----------|----------|--------|------------|------------|------------|----------|
| 实测值 | 32.8 | 4.12 | 3.05 | 1.36 | 21.18 | 13 | 219 ↑ | 72 |
| 参考值 | ≥25 | 3.4～4.3 | 2.9～3.4 | 1.12～1.41 | <40 | 12～16 | 150～170 | 60～90 |

注：测定奶牛数 764 头。

## （二）牛群产奶情况统计

全群牛产奶情况统计见表 3-18 至表 3-21。

**表3-18 全群牛产奶情况统计**

（胎次参考值：3.0～3.5）

| 泌乳天数分类/d | 牛头数/头 | 百分比/% | 胎次 | 泌乳天数/d | 产奶量/kg | 乳脂率/% | 乳蛋白率/% | SCC/(万cells·mL⁻¹) | SCS | 校正奶/kg | 305 d预计产奶量/kg |
|------|------|------|------|------|------|------|------|------|------|------|------|
| ≤60 | 132 | 17.28 | 3.0 | 33 | 38.4 | 4.14 | 2.93 | 20.8 | 2.48 | 28.4 | — |
| 61～120 | 104 | 13.61 | 1.9 | 94 | 36.6 | 3.90 | 2.9 | 20.0 | 2.48 | 33.5 | 8 588.5 |
| 121～200 | 171 | 22.38 | 2.0 | 158 | 33.2 | 4.14 | 3.07 | 18.6 | 2.43 | 37.5 | 9 216.91 |
| ≥201 | 357 | 46.73 | 2.7 | 352 | 29.4 | 4.28 | 3.27 | 24.9 | 3.01 | 48.8 | 10 602.95 |
| 合计 | 764 | 100 | 2.5 ↓ | 219 | 32.8 | 4.17 | 3.12 | 22.1 | 2.71 | 40.7 | 10 179.83 |

表3-19　头胎牛产奶情况统计

| 泌乳天数分类/d | 牛头数/头 | 百分比/% | 泌乳天数/d | 产奶量/kg | 乳脂率/% | 乳蛋白率/% | SCC/(万cells·mL⁻¹) | SCS | 校正奶/kg | 305 d 预计产奶量/kg |
|---|---|---|---|---|---|---|---|---|---|---|
| ≤60 | 20 | 11.83 | 36.3 | 32.3 | 4.17 | 2.85 | 17.9 | 2.40 | 26.7 | — |
| 61～120 | 48 | 28.40 | 90.9 | 33.8 | 3.84 | 2.82 | 16.8 | 2.29 | 31.6 | 7 710.82 |
| 121～200 | 68 | 40.24 | 142.6 | 30.4 | 4.06 | 2.91 | 11.4 | 2.49 | 34.3 | 8 764.19 |
| ≥201 | 33 | 19.53 | 443 | 25.4 | 4.34 | 3.36 | 10.2 | 2.61 | 52.3 | 9 428.81 |
| 合计 | 169 | 100 | 174 | 30.6 | 4.07 | 2.97 | 13.5 | 2.44 | 36.2 | 8 865.03 |

表3-20　经产牛产奶情况统计

| 泌乳天数分类/d | 牛头数/头 | 百分比/% | 泌乳天数/d | 产奶量/kg | 乳脂率/% | 乳脂率/% | SCC/(万cells·mL⁻¹) | SCS | 校正奶/kg | 305 d 预计产奶量/kg |
|---|---|---|---|---|---|---|---|---|---|---|
| ≤60 | 112 | 18.82 | 32 | 39.5 | 4.14 | 2.95 | 21.3 | 2.49 | 28.7 | — |
| 61～120 | 56 | 9.41 | 98 | 39.0 | 3.96 | 2.98 | 22.7 | 2.64 | 35.1 | 9 466.18 |
| 121～200 | 103 | 17.31 | 168 | 35.1 | 4.20 | 3.17 | 23.4 | 2.39 | 39.7 | 9 591.81 |
| ≥201 | 324 | 54.45 | 343 | 29.8 | 4.27 | 3.26 | 26.4 | 3.05 | 48.4 | 1 0721.48 |
| 合计 | 595 | 100 | 231 | 33.4 | 4.20 | 3.16 | 24.6 | 2.79 | 42.0 | 1 0501.82 |

表3-21　胎次分类情况统计

| 胎次 | 牛头数/头 | 百分比/% 实测值 | 百分比/% 目标值 | 泌乳天数/d | 产奶量/kg | 乳脂率/% | 乳蛋白率/% | SCC/(万cells·mL⁻¹) | 校正奶/kg | 305 d 预计产奶量/kg 实测值 | 305 d 预计产奶量/kg 目标值 |
|---|---|---|---|---|---|---|---|---|---|---|---|
| 1 | 169 | 22.12 ↓ | 30 | 174 | 30.6 | 4.07 | 2.97 | 13.5 | 36.2 | 8865.03 ↓ | 9 580 |
| 2 | 223 | 29.19 | 20 | 197 | 34.4 | 4.10 | 3.17 | 23.2 | 41.0 | 10589.12 ↓ | 10 711 |
| ≥3 | 372 | 48.69 ↓ | 50 | 251 | 32.8 | 4.27 | 3.15 | 25.4 | 42.5 | 10448.29 ↓ | 10 504 |
| 合计 | 764 | 100.00 | — | 219 | 32.8 | 4.17 | 3.12 | 22.1 | 40.7 | 10179.83 | — |

## （三）高峰日、高峰奶及泌乳持续力统计

高峰日、高峰奶及泌乳持续力统计见表3-22、表3-23。

表3-22　高峰日、高峰奶情况统计

| 胎次 | 牛头数 | 高峰日 | | 高峰奶/kg | | 峰值比 | | |
|---|---|---|---|---|---|---|---|---|
| | | 实际值 | 目标值 | 实际值 | 目标值 | 实际值 | | 目标值 |
| 1 | 169 | 86 | 70～120 | 34.6↓ | ≥37 | 1:2 | 83.57↑ | 77～78 |
| | | | | | | 1:3+ | 79.91↑ | 74～75 |
| 2 | 223 | 69 | 60～90 | 41.4↓ | ≥47.5 | 2:3+ | 95.61↓ | 96～97 |
| ≥2 | 595 | 68 | — | 42.6 | — | 1:2+ | 81.2↑ | 75～80 |
| ≥3 | 372 | 67 | 60～90 | 43.3↓ | ≥50 | — | | — |
| 合计 | 764 | 72 | — | 40.8 | | | | |

表3-23　泌乳持续力情况统计

| 泌乳天数 胎次 | 1～99 d | | | 100～200 d | | | >200 d | | | 全群 | |
|---|---|---|---|---|---|---|---|---|---|---|---|
| | 奶量/kg | 持续力/% | | 奶量/kg | 持续力/% | | 奶量/kg | 持续力/% | | 奶量/kg | 持续力/% |
| | | 实测 | 目标 | | 实测 | 目标 | | 实测 | 目标 | | |
| 1 | 33.9 | 124 | 98 | 30.6 | 96 | 96.0 | 25.4 | 100.3 | 95 | 30.6 | 103.1 |
| 2 | 39.3 | 104.7 | 94 | 35.6 | 98.1 | 92 | 30.1 | 101.4 | 91 | 34.4 | 100.5 |
| ≥3 | 40 | 117.1 | 94 | 35.8 | 99.2 | 91 | 29.7 | 100.5 | 90 | 32.8 | 100.3 |
| 合计 | 38.1 | 116.1 | — | 33.7 | 97.7 | — | 29.4 | 100.7 | — | 32.8 | 101.0 |

荷斯坦牛一般高峰日出现在产后 60～90 d。高峰日太早或太晚奶牛都不能达到理想的高峰奶，会有潜在的奶损失，要检查下列情况：产犊时体况、干奶牛日粮、产犊管理、干奶牛日粮向泌乳奶牛日粮过渡的时间、泌乳早期日粮是否合理等。

高峰奶指泌乳牛本胎次测定中，最高的日产奶量，单位为 kg。高峰奶每增加 1 kg 胎次奶量可增加 200～300 kg。

影响高峰奶的因素包括：体况评分、育成牛饲养、产期的管护、泌乳早期营养、遗传、乳房炎、产后病疾并发症、挤奶不完全、干奶牛管理。

泌乳持续力高，预示着前一阶段的生产性能表现不充分，前一阶段的日粮不平衡或采食量较低，应补足前一阶段的营养不良及提高采食量，加强前一阶段的营养和饲养管理；泌乳持续力低，表明目前日粮配方可能没有满足奶牛产

奶需要，或者乳房受感染，挤奶程序、挤奶设备等其他方面存在问题。

### （四）牛群繁殖状况

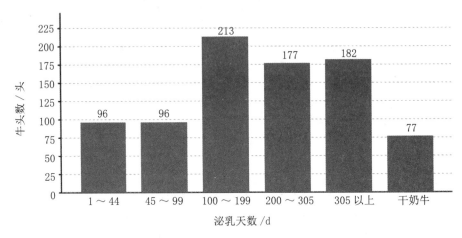

图 3-9　牛群泌乳天数分布图

本月泌乳天数 219 d，其中 180 头牛只泌乳天数超过 305 d。如果牛群为全年均衡产犊，那么牛群平均的泌乳天数应该处于 150 ～ 170 d，这一指标可显示牛群繁殖性能及产犊间隔。

牛场管理者可以根据该项指标来检测牛群繁殖状况，再查找影响繁殖的因素。如果测定报告获得的数据高于正常的平均泌乳天数，则表明牛群的繁殖状况存在问题，导致产犊间隔延长，将会影响下一胎次的正常泌乳。

### （五）全群泌乳曲线

全群泌乳曲线见图 3-10。

### （六）305 d 预计产奶量分类统计

305 d 预计产奶量分类统计见图 3-24。

### （七）产奶量下降过快牛只统计

产奶量下降过快牛只统计见表 3-35。

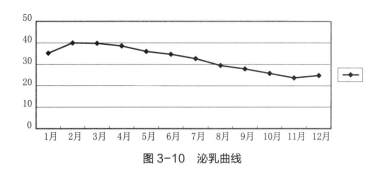

图3-10　泌乳曲线

表3-24　305 d 预测产奶量分类统计

| 奶量 /kg | 奶牛数 / 头 | 百分比 /% | 平均胎次 | 平均泌乳天数 /d | 305 d 预计产奶量 /kg |
|---|---|---|---|---|---|
| > 10 000 | 233 | 30.50 | 2.8 | 312 | 12 046.02 |
| 8 000 ~ 10 000 | 191 | 25.00 | 2.1 | 273 | 9 082.20 |
| 6 000 ~ 8 000 | 46 | 6.02 | 2.2 | 281 | 7 300.48 |
| 4 000 ~ 6 000 | 16 | 2.09 | 2.2 | 261 | 5 295.62 |
| < 4 000 | 2 | 0.26 | 2.5 | 224 | 2 890.00 |
| 合计 | 764 | 100.00 | 2.5 | 219 | 10 179.83 |

牛只详单见附件表 3-35。

表3-25　产奶量下降过快牛只统计

（参考值：<15%）

| 牛头数 / 头 | 百分比 /% | 胎次 | 泌乳天数 /d | SCC/（万 cells·mL⁻¹） | 上次奶量 /kg | 本次产奶量 /kg | 平均奶差 /(kg·头⁻¹) |
|---|---|---|---|---|---|---|---|
| 105 | 13.74 | 2.6 | 199 | 22.1 | 38.37 | 29.42 | 8.99 |

奶牛场场长与技术人员要高度重视此报告，详细查找产奶量大幅下降的原因。

正常情况下荷斯坦牛每月产奶量下降幅度不会超过 10%，该报告中 105 头牛产量下降幅度接近 13.74%，因此首先应检查数据记录是否有误，并委派兽医到牛舍实际查看牛只健康状况，找准原因，及时解决。

通过比较本月和上月奶量的变化情况，可以检验饲养管理是否得到改进，饲料配方是否合理。若两次的奶量波动较大，可从以下几点查找原因：

（1）饲料配方过度时，是否给予牛只足够的适应时间（应为1~2周），这可能会发生在干奶配方过渡或变更牛群的过程中；

（2）母牛产犊时膘情是否过肥，如果牛只过肥，产后食欲时好时坏，会造成产奶量剧烈波动；

（3）是否长期饲喂高精料日粮，若长期饲喂会造成酸中毒及蹄病，产奶量会受到影响；

（4）牛群是否受到强烈的应激，如热应激；

（5）牛群大面积爆发乳房炎。

## （八）泌乳天数大于 450 d 牛只统计

表3-26　泌乳天数大于450 d牛只统计

（参考值：<6%）

| 牛头数/头 | 百分比/% | 胎次 | 泌乳天数/d | 奶量/kg | 平均SCC/（万 cells·mL$^{-1}$） | 305 d 预计产奶量/kg |
|---|---|---|---|---|---|---|
| 64 | 8.38 ↑ | 2.28 | 581 | 30.08 | 18 | 10 121.93 |

注：牛只详单见附件表 3-37。

本场泌乳天数大于 450 d 的牛只共有 64 头，这些牛平均泌乳天数高达 581 d，奶牛场应核查是否漏报产犊日期或多次发生早期流产。若非上述情况，应该逐头检查繁殖功能是否正常。

## （九）体细胞数统计

本月体细胞数大于 50 万 cells/mL 牛只统计见表 3-27 至表 3-30。

表3-27　本月体细胞数大于50万cells/mL牛只统计

（参考值：<9%）

| 胎次 | 牛头数/头 | 百分比/% | 泌乳天数/d | 奶量/kg | 平均SCC/（万 cells·mL$^{-1}$） | SCS | 月奶损失/kg | 305 d 预计产奶量/kg |
|---|---|---|---|---|---|---|---|---|
| 1 | 4 | 0.52 | 88 | 34.60 | 181.2 | 7.00 | 4.45 | 7 806.00 |
| 2 | 20 | 2.62 | 248 | 34.55 | 166.2 | 6.65 | 4.50 | 15 542.62 |
| ≥3 | 40 | 5.24 | 246 | 30.77 | 143.0 | 6.48 | 3.50 | 10 765.93 |
| 合计 | 64 | 8.38 | 237 | 32.19 | 152.6 | 6.56 | 3.87 | 12 208.29 |

注：牛只详单见附件表 3-38、表 3-39、表 3-40。

本月新增体细胞数大于 50 万 cells/mL 牛只统计见表 3-28。

表3-28 本月新增体细胞数大于50万cells/mL牛只统计

| 胎次 | 牛头数 / 头 | 百分比 /% | 泌乳天数 /d | 奶量 / kg | 平均SCC/（万 cells·mL⁻¹） | SCS | 月奶损失 /kg | 上月 SCC（万 cells·mL⁻¹） | 上月 SCS | 305 d 预计产奶量 /kg |
|---|---|---|---|---|---|---|---|---|---|---|
| 1 | 3 | 0.39 | 97 | 34.27 | 163.7 | 6.67 | 4.23 | 13 | 2.67 | 7806 |
| 2 | 16 | 2.09 | 275 | 32.57 | 157.4 | 6.56 | 3.96 | 19.31 | 2.38 | 17 067.3 |
| ≥ 3 | 40 | 5.24 | 246 | 30.77 | 143 | 6.48 | 3.50 | 20.72 | 2.45 | 10 765.93 |
| 合计 | 59 | 7.72 | 247 | 31.44 | 148 | 6.51 | 3.66 | 19.95 | 2.44 | 12 346.29 |

注：牛只详单见附件表 3-38。

本月乳房炎新感染牛只。建议牧场兽医逐头 CMT 检查核实，根据检查结果及时采取措施。

连续两个月体细胞数大于 50 万 cells/mL 的牛只，这些牛一般是传染性乳房炎，容易在奶厅传染其他牛只，引起交叉感染，建议这些牛只最后挤奶（表 3-29）。

表3-29 连续两个月体细胞数大于50万cells/mL牛只统计

| 胎次 | 牛头数 / 头 | 百分比 /% | 泌乳天数 /d | 奶量 / kg | SCC/（万 cells·mL⁻¹） | SCS | 月奶损失 /kg | 上月SCC/（万 cells·mL⁻¹） | 上月 SCS | 305 d 预计产奶量 /kg |
|---|---|---|---|---|---|---|---|---|---|---|
| 1 | 1 | 0.13 | 59 | 35.6 | 234 | 8 | 5.1 | 58 | 6 | — |
| 2 | 4 | 0.52 | 140 | 42.48 | 201.2 | 7 | 6.68 | 65.5 | 5.25 | 10 460.33 |
| ≥ 3 | — | — | — | — | — | — | — | — | — | — |
| 合计 | 5 | 0.65 | 124 | 41.1 | 207.8 | 7.2 | 6.36 | 64 | 5.4 | 10 460.33 |

注：牛只详单见附件表 3-39。

连续三个月体细胞数大于 50 万 cells/mL 牛只统计见表 3-30。

表3-30　连续三个月体细胞数大于50万cells/mL牛只统计

| 胎次 | 牛头数/头 | 百分比/% | 泌乳天数/d | 奶量/kg | SCC/（万cells·mL⁻¹） | SCS | 月奶损失/kg | 上月SCC/（万cells·mL⁻¹） | 上月SCS | 305 d预计产奶量/kg |
|---|---|---|---|---|---|---|---|---|---|---|
| 1 | — | — | — | — | — | — | — | — | — | — |
| 2 | 1 | 0.13 | 147 | 38.1 | 99 | 6 | 3.1 | 52 | 5 | 9 840 |
| ≥3 | — | — | — | — | — | — | — | — | — | — |
| 合计 | 1 | 0.13 | 147 | 38.1 | 99 | 6 | 3.1 | 52 | 5 | 9 840 |

注：牛只详单见附件表3-40。

本场体细胞数大于50万cells/mL牛只比例为8.38%，小于参考值9%，属于正常范围。

正常情况下，体细胞数在泌乳早期较低，而后逐渐上升。

泌乳前期体细胞数高，预示奶牛在干奶期、围产期及产后的治疗和环境等存在问题，可对下一胎次进行针对性治疗。

泌乳中期体细胞数高，可能是乳头药浴无效、挤奶设备不配套、环境肮脏、饲喂时间不当等原因所致，这时应进行隐性乳房炎检测，以便及早治疗和预防。

定期总结乳房炎的防治，结合实际情况及时做出改进计划，是十分重要的。

降低奶牛体细胞数的方法：

（1）落实各部门在防治乳房炎过程中的责任；

（2）治疗干奶牛的全部乳区；

（3）维护环境的清洁、干燥；

（4）正确使用和维护挤奶设备；

（5）采用正确的挤奶程序；

（6）正确治疗泌乳期的临床乳房炎；

（7）定期监测乳房健康，检测隐性乳房炎；

（8）淘汰慢性感染牛；

（9）保存好体细胞数原始记录和治疗记录，定期检查；

（10）补充微量元素和矿物质，如硒、维生素 E 等；

（11）预防苍蝇等寄生性昆虫滋生。

## （十）脂蛋比统计

脂蛋比按泌乳天数分类见表3-31。

表3-31　脂蛋比按泌乳天数分类

（参考值：<10%）

| 泌乳天数分类/d | 牛头数/头 | 乳脂率/% | 乳蛋白率/% | 脂蛋比 | 参考值 | 是否正常 | 脂蛋比<1.12的牛只比例 | 脂蛋比>1.41的牛只比例 |
|---|---|---|---|---|---|---|---|---|
| ≤60 | 132 | 4.14 | 2.93 | 1.44 | 1.12～1.41 | 否 | 20.45 ↑ | 50.76 ↑ |
| 61～120 | 104 | 3.90 | 2.90 | 1.36 | 1.12～1.41 | 是 | 18.27 ↑ | 36.54 ↑ |
| 121～200 | 171 | 4.14 | 3.07 | 1.37 | 1.12～1.41 | 是 | 17.54 ↑ | 41.52 ↑ |
| ≥201 | 357 | 4.28 | 3.27 | 1.32 | 1.12～1.41 | 是 | 19.05 ↑ | 30.53 ↑ |
| 合计 | 764 | 4.17 | 3.12 | 1.36 | 1.12～1.41 | 是 | 18.85 ↑ | 37.3 ↑ |

荷斯坦牛乳脂率与乳蛋白率的比值在正常情况下应为1.12～1.41。

本月脂蛋比是（1.36）（属）于正常水平。这一指标用于检查个体牛营养状况或瘤胃功能情况。脂蛋比偏低，多数是因为牛场采样不规范造成的，也有可能是奶牛场日粮结构和调制存在问题；脂蛋比偏高，一般发生在产后，如果脂蛋比大于1.41，表明奶牛大量动用体脂，造成乳脂率偏高，临床可能表现为酮病。

许多动物营养专家应用脂蛋比来发现瘤胃和日粮的问题，正常情况下乳脂率比乳蛋白率高出0.4～0.6个百分点，如乳脂率为3.6%，乳蛋白率为3.2%，差值为0.4个百分点，如果小于0.4个百分点即表示日粮和饲养管理可能存在问题。

高脂低蛋白会引起比值过高，可能是日粮中添加了脂肪，或日粮中蛋白和非降解蛋白不足；奶牛泌乳早期的乳脂率如果特别高，就意味着奶牛在快速利用体脂，则应检查奶牛是否发生酮病，及时补充能量。

乳蛋白率过低可采取以下措施：

（1）避免过多使用脂肪或油类等能量饲料；

（2）增加非降解蛋白质的供给，保证氨基酸摄入平衡；

（3）减少热应激，增加通风量；

（4）增加干物质饲喂量。

## （十一）乳脂率统计

乳脂率低于 2.5% 牛只统计见表 3-22。

表3-32　乳脂率低于2.5%牛只统计表

| 牛头数 / 头 | 泌乳天数 /d | 乳脂率 /% | 占测试牛比例 /% | 参考值 | 是否正常 |
|---|---|---|---|---|---|
| 22 | 234 | 2.11 | 2.88 | ＜10% | 是 |

注：牛只详单见附件表 3-43。

乳脂率较低的牛只特征：

（1）牛只体重增加；

（2）过量采食精料；

（3）乳脂率测定值小于 2.8%；

（4）乳蛋白率高于乳脂率。

牛群中多数牛只乳脂率过低的主要原因是牛瘤胃功能异常，可采取如下减缓措施：

（1）减少精料喂量，精料不要太细；

（2）避免在泌乳早期喂饲太多的精料；

（3）先饲喂 0.5 ~ 1 h 长度适中的优质干草，然后再饲喂精料；

（4）提高粗纤维水平，改变粗饲料的长短或大小；

（5）日粮中添加缓冲液；

（6）补充蛋白的缺乏；

（7）取消日粮中多余的油脂；

（8）精粗比例小于等于 42 ：58；

（9）避免饲喂发酵不正常的青贮草；

（10）增加饲喂次数。

## （十二）乳中尿素氮统计

乳中尿素氮见表 3-33。

表3-33　乳中尿素氮统计表

| 泌乳天数分类 /d | 牛头数 / 头 | 乳中尿素氮 / (mg·dL⁻¹) | 乳蛋白率 /% | 参考值 | 是否正常 |
|---|---|---|---|---|---|
| ≤ 30 | 58 | 10.66 | 3.04 | 12 ～ 16 | 否 |
| 31 ～ 100 | 135 | 12.07 | 2.82 | 12 ～ 16 | 是 |
| 101 ～ 200 | 214 | 13.07 | 3.07 | 12 ～ 16 | 是 |
| > 200 | 357 | 13.80 | 3.27 | 12 ～ 16 | 是 |
| 合计 | 764 | 13.05 | 3.12 | 12 ～ 16 | 是 |

注：牛只详单见附件表 3-44、表 3-45。

正常尿素氮水平为 10 ～ 18 mg/mL，尿素氮水平受粗蛋白、可降解蛋白、非降解蛋白和非结构性碳水化合物（可溶性碳水化合物）数量及类型的影响。

高 MUN 值意味着蛋白利用率低，这更多的是能蛋不平衡的结果，会影响到受胎率、饲养成本、生产效率和环境，如果乳蛋白率正常，尿素氮高，说明日粮中可能淀粉不足，导致能蛋不平衡或日粮蛋白水平过高；低 MUN 值表示低的总蛋白吸收，可能是因为日粮中粗蛋白水平不足或几种不同营养物质供给不平衡的结果。

当尿素氮异常的牛只比例超过 10% 时，表明日粮结构可能存在问题，应结合表 3-34 进行分析采取措施进行控制。

表3-34　尿素氮、乳蛋白率与奶牛营养关系

| 乳蛋白率 /% | 低尿素氮（＜10 mg/dL） | 适中尿素氮（10 ～ 18 mg/dL） | 高尿素氮（＞18 mg/dL） |
|---|---|---|---|
| ＜ 3.0 | 日粮蛋白质和能量均缺乏 | 日粮蛋白质平衡，能量缺乏 | 日粮蛋白质过剩，能量缺乏 |
| ≥ 3.0 | 日粮蛋白质缺乏，能量平衡或稍过剩 | 日粮蛋白质和能量均平衡 | 日粮蛋白质过剩，能量平衡或稍缺乏 |

附件：

表3-35　305 d预计产奶量（前50）

| 序号 | 牛编号 | 胎次 | 泌乳天数 /d | SCC/（万 cells·mL⁻¹） | 产奶量 /kg | 前奶量 /kg | 305 d预计产奶量 /kg |
|---|---|---|---|---|---|---|---|
| 1 | 161677 | 2 | 183 | 19 | 5.9 | 8.9 | 2 745 |
| 2 | 140648 | 3 | 266 | 21 | 5.9 | 10.3 | 3 035 |
| 3 | 140810 | 4 | 175 | 16 | 11.3 | 17.9 | 4 118 |
| 4 | 172313 | 1 | 99 | 9 | 29.3 | 10.2 | 4 142 |
| 5 | 141137 | 3 | 338 | 9 | 2.8 | 7.6 | 4 159 |
| 6 | 140881 | 3 | 253 | 16 | 15.8 | 16.3 | 4 488 |
| 7 | 140758 | 3 | 326 | 12 | 13.6 | 14.1 | 4 688 |
| 8 | 161493 | 2 | 125 | 8 | 23.3 | 24.5 | 5 182 |
| 9 | 161515 | 2 | 253 | 10 | 15.0 | 18.3 | 5 471 |
| 10 | 140725 | 2 | 627 | 13 | 19.5 | 3.2 | 5 683 |
| 11 | 151305 | 2 | 275 | 14 | 14.8 | 18.3 | 5 693 |
| 12 | 140884 | 3 | 391 | 691 | 8.4 | 18.8 | 5 780 |
| 13 | 172332 | 1 | 103 | 5 | 24.0 | 23.5 | 5 791 |
| 14 | 140644 | 3 | 220 | 16 | 18.1 | 21.9 | 5 842 |
| 15 | 172346 | 1 | 126 | 8 | 20.5 | 26.7 | 5 858 |
| 16 | 172201 | 1 | 128 | 4 | 23.3 | 24.8 | 5 869 |
| 17 | 141212 | 3 | 476 | 19 | 25.7 | 16.2 | 5 970 |
| 18 | 151369 | 1 | 268 | 9 | 12.3 | 19.1 | 5 996 |
| 19 | 140997 | 3 | 241 | 8 | 22.3 | 31.3 | 6 243 |
| 20 | 151337 | 2 | 245 | 8 | 3.0 | 12.8 | 6 263 |
| 21 | 172397 | 1 | 137 | 6 | 29.1 | 31.7 | 6 293 |
| 22 | 151292 | 2 | 121 | 2 | 24.3 | 28.1 | 6 458 |
| 23 | 172409 | 1 | 132 | 5 | 28.6 | 32.9 | 6 601 |
| 24 | 151256 | 2 | 239 | 10 | 7.5 | 17.6 | 6 645 |
| 25 | 161695 | 2 | 146 | 1 | 25.6 | 29.5 | 6 683 |
| 26 | 140324 | 4 | 254 | 15 | 22.1 | 24.4 | 6 789 |
| 27 | 151411 | 2 | 119 | 14 | 40.4 | 20.8 | 6 872 |
| 28 | 140213 | 4 | 295 | 43 | 17.8 | 24.6 | 6 893 |

**续表**

| 序号 | 牛编号 | 胎次 | 泌乳天数 /d | SCC/（万 cells·mL⁻¹） | 产奶量 /kg | 前奶量 /kg | 305 d 预计产奶量 /kg |
|---|---|---|---|---|---|---|---|
| 29 | 140935 | 3 | 490 | 4 | 28.1 | 32.7 | 6 936 |
| 30 | 140429 | 3 | 556 | 2 | 23.0 | 25.6 | 6 943 |
| 31 | 141086 | 3 | 381 | 51 | 15.4 | 17.5 | 6 946 |
| 32 | 140509 | 3 | 397 | 16 | 22.2 | 22.8 | 6 978 |
| 33 | 130060 | 4 | 196 | 2 | 22.5 | 21.6 | 7 032 |
| 34 | 151264 | 2 | 293 | 36 | 11.3 | 17.6 | 7 044 |
| 35 | 161844 | 2 | 195 | 9 | 28.8 | 29.8 | 7 119 |
| 36 | 161528 | 1 | 540 | 8 | 14.4 | 18.8 | 7 170 |
| 37 | 141147 | 3 | 350 | 1 | 27.0 | 27.4 | 7 245 |
| 38 | 130057 | 3 | 386 | 6 | 12.8 | 19.5 | 7 289 |
| 39 | 130034 | 4 | 404 | 2 | 19.6 | 12.2 | 7 323 |
| 40 | 161509 | 1 | 523 | 3 | 40.2 | 10.7 | 7 393 |
| 41 | 172328 | 1 | 119 | 7 | 31.9 | 32.1 | 7 409 |
| 42 | 140749 | 2 | 833 | 2 | 43.9 | 22.7 | 7 412 |
| 43 | 140858 | 3 | 378 | 27 | 16.6 | 20.9 | 7 451 |
| 44 | 140291 | 2 | 942 | 1 | 39.8 | 46.1 | 7 454 |
| 45 | 161433 | 2 | 216 | 8 | 14.1 | 27.0 | 7 466 |
| 46 | 172303 | 1 | 125 | 2 | 27.8 | 30.8 | 7 469 |
| 47 | 172253 | 1 | 147 | 4 | 31.4 | 28.4 | 7 520 |
| 48 | 151418 | 2 | 189 | 6 | 32.7 | 37.6 | 7 521 |
| 49 | 140296 | 4 | 252 | 16 | 16.9 | 26.4 | 7 522 |
| 50 | 172388 | 1 | 111 | 3 | 26.0 | 32.9 | 7 528 |

### 3-36　产奶量下降过快牛只明细（前50）

| 序号 | 牛编号 | 胎次 | 泌乳天数 /d | SCC/（万 cells·mL⁻¹） | 上月 产奶量 /kg | 本月 产奶量 /kg | 产奶量 差异 /kg |
|---|---|---|---|---|---|---|---|
| 1 | 140813 | 3 | 157 | 32 | 44.2 | 17.4 | 27 |
| 2 | 140370 | 4 | 220 | 79 | 32.8 | 6.3 | 27 |
| 3 | 140205 | 4 | 205 | 16 | 52.7 | 35.1 | 18 |
| 4 | 130022 | 4 | 200 | 8 | 49.9 | 33.2 | 17 |
| 5 | 140969 | 4 | 191 | 8 | 48.4 | 32.3 | 16 |

续表

| 序号 | 牛编号 | 胎次 | 泌乳天数 /d | SCC/（万 cells·mL⁻¹） | 上月 产奶量 /kg | 本月 产奶量 /kg | 产奶量 差异 /kg |
|---|---|---|---|---|---|---|---|
| 6 | 140355 | 4 | 247 | 1 | 35.2 | 20.8 | 14 |
| 7 | 140726 | 4 | 119 | 4 | 42.4 | 28.9 | 14 |
| 8 | 161453 | 2 | 211 | 54 | 42.8 | 28.7 | 14 |
| 9 | 161431 | 2 | 175 | 558 | 33.8 | 19.7 | 14 |
| 10 | 140390 | 3 | 220 | 4 | 35.0 | 21.7 | 13 |
| 11 | 140792 | 3 | 243 | 2 | 45.4 | 32.3 | 13 |
| 12 | 140498 | 3 | 220 | 6 | 44.9 | 31.5 | 13 |
| 13 | 140455 | 4 | 247 | 33 | 43.5 | 30.9 | 13 |
| 14 | 161574 | 2 | 198 | 1 | 44.0 | 30.8 | 13 |
| 15 | 161433 | 2 | 216 | 8 | 27.0 | 14.1 | 13 |
| 16 | 140868 | 3 | 189 | 18 | 52.6 | 41.0 | 12 |
| 17 | 130014 | 4 | 178 | 1 | 50.0 | 38.0 | 12 |
| 18 | 140447 | 4 | 199 | 4 | 41.0 | 29.2 | 12 |
| 19 | 172343 | 1 | 121 | 2 | 37.5 | 25.5 | 12 |
| 20 | 130030 | 4 | 251 | 34 | 45.6 | 33.3 | 12 |
| 21 | 140214 | 4 | 262 | 7 | 29.0 | 17.1 | 12 |
| 22 | 151316 | 2 | 262 | 34 | 29.2 | 17.8 | 11 |
| 23 | 130039 | 3 | 268 | 1 | 35.9 | 25.2 | 11 |
| 24 | 140612 | 3 | 249 | 4 | 39.8 | 28.8 | 11 |
| 25 | 151350 | 2 | 185 | 89 | 48.1 | 37.6 | 11 |
| 26 | 161580 | 2 | 178 | 3 | 36.3 | 26.5 | 10 |
| 27 | 151277 | 2 | 223 | 16 | 27.7 | 18.1 | 10 |
| 28 | 151256 | 2 | 239 | 10 | 17.6 | 7.5 | 10 |
| 29 | 140296 | 4 | 252 | 16 | 26.4 | 16.9 | 10 |
| 30 | 140668 | 4 | 195 | 8 | 53.8 | 44.1 | 10 |
| 31 | 151337 | 2 | 245 | 8 | 12.8 | 3.0 | 10 |
| 32 | 171796 | 1 | 133 | 8 | 38.2 | 27.8 | 10 |
| 33 | 171792 | 1 | 142 | 1 | 38.9 | 29.0 | 10 |
| 34 | 140129 | 3 | 143 | 35 | 52.8 | 42.7 | 10 |
| 35 | 140855 | 3 | 262 | 3 | 41.9 | 31.7 | 10 |
| 36 | 140942 | 3 | 212 | 43 | 31.2 | 20.8 | 10 |
| 37 | 161672 | 2 | 111 | 10 | 48.1 | 38.1 | 10 |
| 38 | 140997 | 3 | 241 | 8 | 31.3 | 22.3 | 9 |
| 39 | 151301 | 2 | 215 | 5 | 44.4 | 35.2 | 9 |

**续表**

| 序号 | 牛编号 | 胎次 | 泌乳天数 /d | SCC/（万 cells·mL⁻¹） | 上月 产奶量 /kg | 本月 产奶量 /kg | 产奶量 差异 /kg |
|---|---|---|---|---|---|---|---|
| 40 | 140846 | 3 | 262 | 84 | 38.5 | 29.2 | 9 |
| 41 | 172326 | 1 | 106 | 6 | 41.3 | 31.9 | 9 |
| 42 | 161601 | 2 | 238 | 16 | 29.8 | 20.4 | 9 |
| 43 | 151354 | 2 | 219 | 39 | 37.9 | 28.5 | 9 |
| 44 | 151249 | 2 | 245 | 21 | 36.1 | 27.3 | 9 |
| 45 | 140288 | 3 | 238 | 37 | 37.3 | 28.3 | 9 |
| 46 | 151331 | 2 | 235 | 16 | 34.4 | 25.4 | 9 |
| 47 | 140968 | 3 | 220 | 5 | 47.2 | 39.0 | 8 |
| 48 | 140713 | 4 | 239 | 2 | 43.0 | 35.4 | 8 |
| 49 | 151306 | 1 | 243 | 11 | 35.1 | 27.2 | 8 |
| 50 | 161771 | 1 | 145 | 13 | 33.0 | 25.5 | 8 |

表3-37 泌乳天数大于450 d牛只明细（前50）

| 序号 | 牛编号 | 胎次 | 泌乳天数/d | 产犊日期 | 采样日期 | 测定日产奶量/kg | SCC/（万 cells·mL$^{-1}$） | 305 d产奶量/kg |
|---|---|---|---|---|---|---|---|---|
| 1 | 140759 | 1 | 1070 | 2016-09-17 | 2019-08-23 | 27.7 | 7 | 0 |
| 2 | 140291 | 2 | 942 | 2017-01-23 | 2019-08-23 | 39.8 | 1 | 7 454 |
| 3 | 140833 | 2 | 869 | 2017-04-06 | 2019-08-23 | 33.4 | 16 | 9 136 |
| 4 | 140200 | 2 | 854 | 2017-04-21 | 2019-08-23 | 38.6 | 158 | 9 176 |
| 5 | 140633 | 2 | 840 | 2017-05-05 | 2019-08-23 | 34.8 | 2 | 8 982 |
| 6 | 140749 | 2 | 833 | 2017-05-12 | 2019-08-23 | 43.9 | 2 | 7 412 |
| 7 | 140411 | 2 | 786 | 2017-06-28 | 2019-08-23 | 29.0 | 16 | 0 |
| 8 | 141148 | 2 | 750 | 2017-08-03 | 2019-08-23 | 28.7 | 78 | 8 592 |
| 9 | 141062 | 2 | 735 | 2017-08-18 | 2019-08-23 | 28.9 | 1 | 8 678 |
| 10 | 140465 | 2 | 731 | 2017-08-22 | 2019-08-23 | 49.5 | 4 | 11 855 |
| 11 | 130102 | 3 | 700 | 2017-09-22 | 2019-08-23 | 31.6 | 128 | 9 350 |
| 12 | 140225 | 2 | 696 | 2017-09-26 | 2019-08-23 | 27.5 | 14 | 9 367 |
| 13 | 130059 | 3 | 677 | 2017-10-15 | 2019-08-23 | 54.1 | 39 | 12 481 |
| 14 | 130095 | 3 | 650 | 2017-11-11 | 2019-08-23 | 41.5 | 16 | 9 812 |
| 15 | 140300 | 3 | 649 | 2017-11-12 | 2019-08-23 | 28.3 | 14 | 11 009 |
| 16 | 130065 | 3 | 641 | 2017-11-20 | 2019-08-23 | 56.7 | 14 | 0 |
| 17 | 140187 | 3 | 640 | 2017-11-21 | 2019-08-23 | 45.4 | 1 | 9 164 |
| 18 | 140169 | 3 | 636 | 2017-11-25 | 2019-08-23 | 42.8 | 2 | 11 093 |

续表

| 序号 | 牛编号 | 胎次 | 泌乳天数/d | 产犊日期 | 采样日期 | 测定日产奶量/kg | SCC/（万 cells·mL⁻¹） | 305 d产奶量/kg |
|---|---|---|---|---|---|---|---|---|
| 19 | 140725 | 2 | 627 | 2017-12-04 | 2019-08-23 | 19.5 | 13 | 5 683 |
| 20 | 151309 | 1 | 590 | 2018-01-10 | 2019-08-23 | 34.7 | 16 | 9 629 |
| 21 | 141089 | 2 | 574 | 2018-01-26 | 2019-08-23 | 24.7 | 65 | 19 309 |
| 22 | 140525 | 3 | 558 | 2018-02-11 | 2019-08-23 | 31.5 | 1 | 9 705 |
| 23 | 140429 | 3 | 556 | 2018-02-13 | 2019-08-23 | 23.0 | 2 | 6 943 |
| 24 | 140477 | 3 | 550 | 2018-02-19 | 2019-08-23 | 4.8 | 2 | 10 089 |
| 25 | 161526 | 1 | 544 | 2018-02-25 | 2019-08-23 | 14.0 | 8 | 8 574 |
| 26 | 151323 | 1 | 543 | 2018-02-26 | 2019-08-23 | 12.2 | 6 | 11 212 |
| 27 | 161596 | 1 | 540 | 2018-03-01 | 2019-08-23 | 16.6 | 11 | 9 877 |
| 28 | 141130 | 3 | 540 | 2018-03-01 | 2019-08-23 | 9.3 | 15 | 12 330 |
| 29 | 161528 | 1 | 540 | 2018-03-01 | 2019-08-23 | 14.4 | 8 | 7 170 |
| 30 | 140909 | 3 | 539 | 2018-03-02 | 2019-08-23 | 26.0 | 16 | 11 026 |
| 31 | 141114 | 3 | 531 | 2018-03-10 | 2019-08-23 | 17.6 | 14 | 12 475 |
| 32 | 140361 | 3 | 531 | 2018-03-10 | 2019-08-23 | 28.6 | 66 | 12 315 |
| 33 | 140306 | 3 | 530 | 2018-03-11 | 2019-08-23 | 30.8 | 36 | 12 170 |
| 34 | 161501 | 1 | 529 | 2018-03-12 | 2019-08-23 | 30.9 | 5 | 11 151 |
| 35 | 151252 | 1 | 528 | 2018-03-13 | 2019-08-23 | 45.1 | 4 | 10 724 |
| 36 | 140338 | 3 | 527 | 2018-03-14 | 2019-08-23 | 15.9 | 32 | 11 503 |

续表

| 序号 | 牛编号 | 胎次 | 泌乳天数/d | 产犊日期 | 采样日期 | 测定日产奶量/kg | SCC/（万 cells·mL⁻¹） | 305 d产奶量/kg |
|------|--------|------|-----------|----------|----------|----------------|----------------------|----------------|
| 37 | 161509 | 1 | 523 | 2018-03-18 | 2019-08-23 | 40.2 | 3 | 7 393 |
| 38 | 140348 | 3 | 521 | 2018-03-20 | 2019-08-23 | 53.2 | 4 | 13 370 |
| 39 | 151397 | 1 | 521 | 2018-03-20 | 2019-08-23 | 0.5 | 27 | 9 359 |
| 40 | 140440 | 3 | 516 | 2018-03-25 | 2019-08-23 | 25.7 | 10 | 11 822 |
| 41 | 161632 | 1 | 512 | 2018-03-29 | 2019-08-23 | 24.2 | 2 | 9 953 |
| 42 | 140131 | 3 | 505 | 2018-04-05 | 2019-08-23 | 9.1 | 24 | 11 600 |
| 43 | 161604 | 1 | 505 | 2018-04-05 | 2019-08-23 | 20.9 | 3 | 7 910 |
| 44 | 140407 | 3 | 503 | 2018-04-07 | 2019-08-23 | 48.7 | 3 | 10 989 |
| 45 | 130018 | 2 | 501 | 2018-04-09 | 2019-08-23 | 20.2 | 23 | 8 067 |
| 46 | 161564 | 1 | 501 | 2018-04-09 | 2019-08-23 | 22.1 | 3 | 9 896 |
| 47 | 161479 | 1 | 498 | 2018-04-12 | 2019-08-23 | 7.6 | 8 | 10 983 |
| 48 | 161839 | 1 | 492 | 2018-04-18 | 2019-08-23 | 23.9 | 16 | 8 923 |
| 49 | 140935 | 3 | 490 | 2018-04-20 | 2019-08-23 | 28.1 | 4 | 6 936 |
| 50 | 140438 | 3 | 489 | 2018-04-21 | 2019-08-23 | 44.6 | 8 | 9 277 |

表3-38　本月新增体细胞数大于50万牛只明细（前50）

| 序号 | 牛编号 | 胎次 | 泌乳天数/d | 测定日产奶量/kg | SCC/（万cells·mL⁻¹） | SCS | 奶损失/（kg·天⁻¹） | 上月SCC/（万cells·mL⁻¹） | 上月SCS | 305 d产奶量/kg |
|---|---|---|---|---|---|---|---|---|---|---|
| 1 | 140884 | 3 | 391 | 8.4 | 691 | 9 | 1.8 | 19 | 4 | 5 780 |
| 2 | 130058 | 4 | 217 | 38.1 | 586 | 9 | 8.1 | 9 | 3 | 10 249 |
| 3 | 161431 | 2 | 175 | 19.7 | 558 | 9 | 4.2 | 9 | 3 | 7 937 |
| 4 | 141083 | 3 | 361 | 18.2 | 525 | 9 | 3.9 | 26 | 4 | 9 633 |
| 5 | 161556 | 2 | 35 | 38.1 | 391 | 8 | 8.1 | 0 | 0 | 0 |
| 6 | 140951 | 3 | 216 | 35.9 | 365 | 8 | 7.6 | 11 | 3 | 10 785 |
| 7 | 172400 | 1 | 81 | 33.4 | 350 | 8 | 7.1 | 2 | 1 | 0 |
| 8 | 161519 | 2 | 169 | 35.1 | 318 | 8 | 7.4 | 0 | 0 | 0 |
| 9 | 130050 | 3 | 360 | 30.1 | 239 | 8 | 4.3 | 13 | 3 | 12 318 |
| 10 | 140218 | 4 | 223 | 40.2 | 237 | 8 | 5.7 | 2 | 1 | 12 054 |
| 11 | 140260 | 4 | 99 | 44.5 | 199 | 7 | 6.4 | 35 | 5 | 0 |
| 12 | 161497 | 2 | 9 | 22.9 | 183 | 7 | 3.3 | 0 | 0 | 0 |
| 13 | 151261 | 2 | 42 | 45.6 | 171 | 7 | 6.5 | 0 | 0 | 0 |
| 14 | 140990 | 4 | 52 | 46.4 | 164 | 7 | 6.6 | 0 | 0 | 0 |
| 15 | 140200 | 2 | 854 | 38.6 | 158 | 7 | 5.5 | 47 | 5 | 9 176 |
| 16 | 140437 | 2 | 278 | 39.0 | 143 | 7 | 5.6 | 6 | 2 | 35 546 |
| 17 | 140368 | 4 | 167 | 39.8 | 134 | 7 | 5.7 | 178 | 7 | 0 |
| 18 | 140603 | 3 | 301 | 35 | 132 | 7 | 5.0 | 4 | 2 | 13 184 |

续表

| 序号 | 牛编号 | 胎次 | 泌乳天数/d | 测定日产奶量/kg | SCC/（万 cells·mL⁻¹） | SCS | 奶损失/(kg·天⁻¹) | 上月SCC/（万 cells·mL⁻¹） | 上月SCS | 305 d产奶量/kg |
|---|---|---|---|---|---|---|---|---|---|---|
| 19 | 140252 | 4 | 106 | 38.2 | 132 | 7 | 5.5 | 16 | 4 | 0 |
| 20 | 141136 | 4 | 40 | 40.8 | 130 | 7 | 5.8 | 0 | 0 | 0 |
| 21 | 140197 | 4 | 333 | 36.0 | 130 | 7 | 5.1 | 3 | 1 | 13 219 |
| 22 | 130102 | 3 | 700 | 31.6 | 128 | 7 | 4.5 | 14 | 3 | 9 350 |
| 23 | 140485 | 3 | 316 | 19.6 | 127 | 7 | 2.8 | 5 | 2 | 12 310 |
| 24 | 141207 | 3 | 278 | 38.4 | 120 | 7 | 5.5 | 3 | 1 | 18 081 |
| 25 | 140371 | 4 | 49 | 54.1 | 102 | 6 | 4.4 | 0 | 0 | 0 |
| 26 | 141001 | 4 | 11 | 31.0 | 99 | 6 | 2.5 | 0 | 0 | 0 |
| 27 | 151350 | 2 | 185 | 37.6 | 89 | 6 | 3.0 | 53 | 5 | 11 338 |
| 28 | 140176 | 4 | 346 | 2.9 | 88 | 6 | 0.2 | 3 | 1 | 8 675 |
| 29 | 140846 | 3 | 262 | 29.2 | 84 | 6 | 2.4 | 62 | 6 | 11 229 |
| 30 | 141188 | 4 | 235 | 36.2 | 84 | 6 | 2.9 | 32 | 5 | 11 137 |
| 31 | 140405 | 3 | 112 | 47.0 | 82 | 6 | 3.8 | 7 | 3 | 0 |
| 32 | 140336 | 3 | 471 | 11.0 | 81 | 6 | 0.9 | 6 | 2 | 10 634 |
| 33 | 140370 | 4 | 220 | 6.3 | 79 | 6 | 0.5 | 5 | 2 | 8 694 |
| 34 | 141123 | 4 | 212 | 36.6 | 78 | 6 | 3.0 | 108 | 6 | 10 257 |
| 35 | 141148 | 2 | 750 | 28.7 | 78 | 6 | 2.3 | 1 | 0 | 8 592 |
| 36 | 140938 | 2 | 352 | 36.6 | 75 | 6 | 3.0 | 4 | 2 | 27 382 |

续表

| 序号 | 牛编号 | 胎次 | 泌乳天数/d | 测定日产奶量/kg | SCC/（万 cells·mL⁻¹） | SCS | 奶损失/（kg·天⁻¹） | 上月 SCC/（万 cells·mL⁻¹） | 上月 SCS | 305 d 产奶量/kg |
|---|---|---|---|---|---|---|---|---|---|---|
| 37 | 140897 | 4 | 27 | 32.7 | 75 | 6 | 2.6 | 0 | 0 | 0 |
| 38 | 161779 | 1 | 67 | 43.5 | 73 | 6 | 3.5 | 30 | 5 | 0 |
| 39 | 140523 | 3 | 277 | 35.6 | 70 | 6 | 2.9 | 3 | 1 | 12 580 |
| 40 | 172217 | 1 | 143 | 25.9 | 68 | 6 | 2.1 | 7 | 2 | 7 806 |
| 41 | 140165 | 4 | 42 | 27.1 | 67 | 6 | 2.2 | 0 | 0 | 0 |
| 42 | 140289 | 3 | 434 | 14.4 | 67 | 6 | 1.2 | 1 | 0 | 9 385 |
| 43 | 140361 | 3 | 531 | 28.6 | 66 | 6 | 2.3 | 168 | 7 | 12 315 |
| 44 | 141089 | 2 | 574 | 24.7 | 65 | 6 | 2.0 | 42 | 5 | 19 309 |
| 45 | 161544 | 2 | 16 | 33.6 | 65 | 6 | 2.7 | 0 | 0 | 0 |
| 46 | 140212 | 4 | 16 | 28.4 | 61 | 6 | 2.3 | 0 | 0 | 0 |
| 47 | 161507 | 2 | 241 | 37.0 | 60 | 6 | 3.0 | 4 | 2 | 12 093 |
| 48 | 130017 | 4 | 250 | 40.2 | 60 | 6 | 3.3 | 21 | 4 | 12 157 |
| 49 | 140976 | 3 | 321 | 17.6 | 60 | 6 | 1.4 | 29 | 5 | 8 878 |
| 50 | 140967 | 2 | 103 | 30.3 | 59 | 6 | 2.5 | 118 | 7 | 0 |

表3-39 连续两个月体细胞数大于50万cells/mL牛只明细

| 序号 | 牛编号 | 胎次 | 泌乳天数 /d | 测定日产奶量 /kg | SCC/（万 cells·mL⁻¹) | SCS | 奶损失 /kg | 上月 SCC/（万 cells·mL⁻¹) | 上月 SCS | 305 d 产奶量 /kg |
|---|---|---|---|---|---|---|---|---|---|---|
| 1 | 151270 | 2 | 169 | 48.0 | 343 | 8 | 10.2 | 53 | 5 | 11 938 |
| 2 | 151427 | 2 | 72 | 50.5 | 303 | 8 | 10.7 | 107 | 6 | 0 |
| 3 | 172290 | 1 | 59 | 35.6 | 234 | 8 | 5.1 | 58 | 6 | 0 |
| 4 | 161618 | 2 | 147 | 38.1 | 99 | 6 | 3.1 | 52 | 5 | 9 840 |
| 5 | 151409 | 2 | 172 | 33.3 | 60 | 6 | 2.7 | 50 | 5 | 9 603 |

表3-40 连续三个月体细胞数大于50万cells/mL牛只明细

| 序号 | 牛编号 | 胎次 | 泌乳天数 /d | 测定日产奶量 / kg | SCC/（万 cells·mL⁻¹) | SCS | 奶损失 /kg | 上月 SCC/（万 cells·mL⁻¹) | 上上月 CC/（万 cells·mL⁻¹) | 305 d 奶量 /kg |
|---|---|---|---|---|---|---|---|---|---|---|
| 1 | 161618 | 2 | 147 | 38.1 | 99 | 6 | 3.1 | 52 | 5 | 9 840 |

表3-41 脂蛋比小于参考值下限的牛只明细（前50）

| 序号 | 牛编号 | 泌乳天数 /d | 产奶量 /kg | SCC/（万 cells·mL⁻¹) | 乳脂率 /% | 乳蛋白率 /% | 脂蛋比 |
|---|---|---|---|---|---|---|---|
| 1 | 151274 | 50 | 46.0 | 4 | 3.31 | 2.97 | 1.11 |
| 2 | 161855 | 14 | 30.0 | 1 | 3.53 | 3.17 | 1.11 |
| 3 | 151380 | 193 | 36.6 | 2 | 3.52 | 3.16 | 1.11 |
| 4 | 161556 | 35 | 38.1 | 391 | 3.99 | 3.59 | 1.11 |
| 5 | 161677 | 183 | 5.9 | 19 | 4.07 | 3.67 | 1.11 |
| 6 | 140444 | 45 | 48.0 | 4 | 3.71 | 3.33 | 1.11 |
| 7 | 141130 | 540 | 9.3 | 15 | 4.64 | 4.19 | 1.11 |
| 8 | 151306 | 243 | 27.2 | 11 | 3.51 | 3.17 | 1.11 |
| 9 | 161463 | 380 | 27.6 | 9 | 3.86 | 3.48 | 1.11 |
| 10 | 171796 | 133 | 27.8 | 8 | 3.00 | 2.71 | 1.11 |
| 11 | 151405 | 34 | 43.4 | 28 | 3.39 | 3.07 | 1.10 |
| 12 | 151280 | 295 | 28.3 | 15 | 3.37 | 3.05 | 1.10 |
| 13 | 140390 | 220 | 21.7 | 4 | 3.58 | 3.26 | 1.10 |
| 14 | 141086 | 381 | 15.4 | 51 | 3.78 | 3.43 | 1.10 |

续表

| 序号 | 牛编号 | 泌乳天数 /d | 产奶量 /kg | SCC/（万 cells·mL$^{-1}$） | 乳脂率 /% | 乳蛋白率 /% | 脂蛋比 |
|------|--------|-------------|------------|--------------------------|-----------|-------------|--------|
| 15 | 172388 | 111 | 26.0 | 3 | 2.98 | 2.71 | 1.10 |
| 16 | 161574 | 198 | 30.8 | 1 | 3.44 | 3.16 | 1.09 |
| 17 | 161500 | 219 | 33.4 | 10 | 4.02 | 3.70 | 1.09 |
| 18 | 161440 | 380 | 27.1 | 4 | 4.20 | 3.85 | 1.09 |
| 19 | 151402 | 183 | 36.4 | 1 | 3.89 | 3.57 | 1.09 |
| 20 | 140378 | 50 | 51.8 | 3 | 3.02 | 2.76 | 1.09 |
| 21 | 140477 | 550 | 4.80 | 2 | 4.24 | 3.90 | 1.09 |
| 22 | 140977 | 33 | 39.1 | 15 | 3.54 | 3.26 | 1.09 |
| 23 | 140775 | 338 | 32.7 | 7 | 3.57 | 3.29 | 1.09 |
| 24 | 140697 | 264 | 21.8 | 3 | 4.51 | 4.14 | 1.09 |
| 25 | 172288 | 142 | 29.2 | 9 | 3.28 | 3.00 | 1.09 |
| 26 | 172279 | 111 | 37.3 | 5 | 3.48 | 3.23 | 1.08 |
| 27 | 141052 | 20 | 44.2 | 1 | 3.14 | 2.90 | 1.08 |
| 28 | 140245 | 463 | 17.1 | 17 | 3.72 | 3.44 | 1.08 |
| 29 | 151250 | 258 | 22.2 | 6 | 4.00 | 3.69 | 1.08 |
| 30 | 151303 | 220 | 39.9 | 5 | 3.46 | 3.24 | 1.07 |
| 31 | 130101 | 254 | 22.0 | 9 | 4.08 | 3.82 | 1.07 |
| 32 | 161837 | 125 | 41.4 | 1 | 3.37 | 3.14 | 1.07 |
| 33 | 140674 | 103 | 39.8 | 8 | 3.08 | 2.87 | 1.07 |
| 34 | 130022 | 200 | 33.2 | 8 | 3.43 | 3.21 | 1.07 |
| 35 | 172253 | 147 | 31.4 | 4 | 3.02 | 2.85 | 1.06 |
| 36 | 141080 | 111 | 38.7 | 6 | 3.34 | 3.16 | 1.06 |
| 37 | 140421 | 332 | 19.2 | 4 | 4.24 | 4.00 | 1.06 |
| 38 | 141177 | 423 | 32.0 | 3 | 3.46 | 3.25 | 1.06 |
| 39 | 151339 | 226 | 39.5 | 11 | 3.38 | 3.19 | 1.06 |
| 40 | 172223 | 89 | 33.6 | 3 | 2.94 | 2.77 | 1.06 |
| 41 | 141033 | 332 | 27.5 | 6 | 3.98 | 3.74 | 1.06 |
| 42 | 151375 | 266 | 30.1 | 2 | 3.67 | 3.46 | 1.06 |

续表

| 序号 | 牛编号 | 泌乳天数 /d | 产奶量 /kg | SCC/（万 cells·mL⁻¹） | 乳脂率 /% | 乳蛋白率 /% | 脂蛋比 |
|---|---|---|---|---|---|---|---|
| 43 | 130050 | 360 | 30.1 | 239 | 3.16 | 2.99 | 1.06 |
| 44 | 161528 | 540 | 14.4 | 8 | 3.99 | 3.75 | 1.06 |
| 45 | 161530 | 37 | 39.3 | 1 | 3.42 | 3.22 | 1.06 |
| 46 | 161520 | 216 | 38.2 | 10 | 3.53 | 3.33 | 1.06 |
| 47 | 161551 | 20 | 39.1 | 1 | 3.20 | 3.03 | 1.06 |
| 48 | 141156 | 222 | 41.1 | 56 | 2.99 | 2.86 | 1.05 |
| 49 | 140595 | 349 | 26.7 | 14 | 3.96 | 3.76 | 1.05 |
| 50 | 140224 | 223 | 30.8 | 2 | 3.87 | 3.69 | 1.05 |

表3-42　脂蛋比大于参考值上限的牛只明细（前50）

| 序号 | 牛编号 | 泌乳天数 /d | 产奶量 /kg | SCC/（万 cells·mL⁻¹） | 乳脂率 /% | 乳蛋白率 /% | 脂蛋比 |
|---|---|---|---|---|---|---|---|
| 1 | 151304 | 159 | 33.1 | 2 | 2.31 | 0.76 | 3.04 |
| 2 | 161779 | 67 | 43.5 | 73 | 6.03 | 2.22 | 2.72 |
| 3 | 151269 | 58 | 43.6 | 4 | 6.05 | 2.52 | 2.40 |
| 4 | 140762 | 411 | 49.5 | 1 | 5.85 | 2.47 | 2.37 |
| 5 | 140630 | 486 | 42.8 | 3 | 5.65 | 2.39 | 2.36 |
| 6 | 140293 | 38 | 49.7 | 1 | 5.92 | 2.58 | 2.29 |
| 7 | 140904 | 222 | 33.1 | 33 | 5.67 | 2.54 | 2.23 |
| 8 | 141029 | 49 | 54.8 | 2 | 5.90 | 2.65 | 2.23 |
| 9 | 140438 | 489 | 44.6 | 8 | 5.86 | 2.65 | 2.21 |
| 10 | 130061 | 370 | 5.90 | 41 | 5.47 | 2.49 | 2.20 |
| 11 | 140890 | 416 | 50.0 | 4 | 5.66 | 2.61 | 2.17 |
| 12 | 172328 | 119 | 31.9 | 7 | 4.46 | 2.06 | 2.17 |
| 13 | 172395 | 25 | 29.7 | 8 | 5.48 | 2.57 | 2.13 |
| 14 | 140108 | 45 | 47.7 | 3 | 5.10 | 2.42 | 2.11 |
| 15 | 151261 | 42 | 45.6 | 171 | 5.32 | 2.54 | 2.09 |
| 16 | 141120 | 431 | 45.3 | 8 | 4.58 | 2.22 | 2.06 |
| 17 | 161464 | 152 | 39.1 | 4 | 4.97 | 2.41 | 2.06 |

续表

| 序号 | 牛编号 | 泌乳天数 /d | 产奶量 /kg | SCC/（万 cells·mL⁻¹) | 乳脂率 /% | 乳蛋白率 /% | 脂蛋比 |
|---|---|---|---|---|---|---|---|
| 18 | 141103 | 14 | 43.8 | 2 | 5.17 | 2.51 | 2.06 |
| 19 | 172343 | 121 | 25.5 | 2 | 5.96 | 2.92 | 2.04 |
| 20 | 140312 | 44 | 45.5 | 1 | 4.26 | 2.13 | 2.00 |
| 21 | 140778 | 75 | 43.4 | 21 | 5.68 | 2.84 | 2.00 |
| 22 | 130036 | 220 | 42.0 | 10 | 5.56 | 2.79 | 1.99 |
| 23 | 140237 | 47 | 49.7 | 3 | 5.06 | 2.54 | 1.99 |
| 24 | 172273 | 111 | 41.1 | 13 | 5.65 | 2.84 | 1.99 |
| 25 | 140714 | 46 | 49.1 | 1 | 5.37 | 2.71 | 1.98 |
| 26 | 140663 | 125 | 38.8 | 2 | 5.30 | 2.69 | 1.97 |
| 27 | 151325 | 52 | 42.2 | 39 | 5.22 | 2.67 | 1.96 |
| 28 | 161848 | 16 | 17.5 | 2 | 4.98 | 2.54 | 1.96 |
| 29 | 140471 | 33 | 8.2 | 40 | 4.33 | 2.23 | 1.94 |
| 30 | 140348 | 521 | 53.2 | 4 | 4.72 | 2.43 | 1.94 |
| 31 | 161929 | 128 | 24.0 | 3 | 5.89 | 3.04 | 1.94 |
| 32 | 140206 | 8 | 38.4 | 5 | 4.45 | 2.30 | 1.93 |
| 33 | 140623 | 29 | 22.3 | 2 | 5.84 | 3.04 | 1.92 |
| 34 | 172277 | 96 | 32.4 | 15 | 5.86 | 3.07 | 1.91 |
| 35 | 161599 | 18 | 33.6 | 7 | 4.25 | 2.22 | 1.91 |
| 36 | 140832 | 27 | 49.0 | 5 | 4.67 | 2.46 | 1.9 |
| 37 | 140700 | 384 | 22.2 | 15 | 5.98 | 3.17 | 1.89 |
| 38 | 140746 | 251 | 36.5 | 5 | 5.81 | 3.07 | 1.89 |
| 39 | 140577 | 33 | 43.5 | 44 | 4.50 | 2.40 | 1.88 |
| 40 | 151368 | 200 | 37.8 | 2 | 6.09 | 3.24 | 1.88 |
| 41 | 140633 | 840 | 34.8 | 2 | 3.93 | 2.10 | 1.87 |
| 42 | 171791 | 161 | 34.4 | 2 | 5.24 | 2.80 | 1.87 |
| 43 | 161861 | 289 | 31.5 | 20 | 6.17 | 3.30 | 1.87 |
| 44 | 172384 | 126 | 32.6 | 5 | 4.56 | 2.47 | 1.85 |
| 45 | 141071 | 268 | 33.2 | 9 | 5.73 | 3.09 | 1.85 |

**续表**

| 序号 | 牛编号 | 泌乳天数 /d | 产奶量 /kg | SCC/（万 cells·mL$^{-1}$） | 乳脂率 /% | 乳蛋白率 /% | 脂蛋比 |
|---|---|---|---|---|---|---|---|
| 46 | 151388 | 93 | 40.2 | 4 | 5.60 | 3.02 | 1.85 |
| 47 | 140629 | 281 | 34.6 | 7 | 5.45 | 2.94 | 1.85 |
| 48 | 140187 | 640 | 45.4 | 1 | 4.56 | 2.46 | 1.85 |
| 49 | 161641 | 172 | 42.0 | 11 | 5.03 | 2.72 | 1.85 |
| 50 | 140118 | 147 | 50.2 | 11 | 5.42 | 2.95 | 1.84 |

表3-43　乳脂率低于2.5%牛只统计（前50）

| 序号 | 牛编号 | 泌乳天数 /d | 乳脂率 /% | 产奶量 /kg | SCC/（万·mL$^{-1}$） |
|---|---|---|---|---|---|
| 1 | 151268 | 195 | 2.44 | 33.7 | 3 |
| 2 | 141023 | 398 | 2.34 | 43.9 | 1 |
| 3 | 161736 | 106 | 2.33 | 39.5 | 28 |
| 4 | 151304 | 159 | 2.31 | 33.1 | 2 |
| 5 | 151407 | 158 | 2.29 | 46.6 | 4 |
| 6 | 161661 | 36 | 2.29 | 41.4 | 2 |
| 7 | 161658 | 51 | 2.26 | 41.7 | 4 |
| 8 | 140169 | 636 | 2.22 | 42.8 | 2 |
| 9 | 140711 | 442 | 2.21 | 53.0 | 3 |
| 10 | 151252 | 528 | 2.20 | 45.1 | 4 |
| 11 | 140706 | 46 | 2.18 | 31.9 | 12 |
| 12 | 141169 | 297 | 2.18 | 43.7 | 9 |
| 13 | 141062 | 735 | 2.17 | 28.9 | 1 |
| 14 | 140512 | 180 | 2.05 | 46.6 | 1 |
| 15 | 172224 | 57 | 1.99 | 36.9 | 7 |
| 16 | 161600 | 83 | 1.99 | 40.0 | 15 |
| 17 | 141117 | 105 | 1.95 | 35.2 | 1 |
| 18 | 140246 | 226 | 1.90 | 30.1 | 1 |
| 19 | 151338 | 225 | 1.86 | 35.5 | 5 |
| 20 | 172302 | 133 | 1.78 | 33.4 | 8 |
| 21 | 151352 | 213 | 1.71 | 40.5 | 4 |
| 22 | 172232 | 133 | 1.70 | 39.6 | 4 |

表3-44　乳中尿素氮小于参考值下限的牛只明细（前50）

| 序号 | 牛编号 | 泌乳天数 /d | 乳中尿素氮 /<br>（mg·dL⁻¹） | 乳蛋白率 /% | 产奶量 /kg | SCC/（万<br>cells·mL⁻¹） |
|---|---|---|---|---|---|---|
| 1 | 140674 | 103 | 11.9 | 2.87 | 39.8 | 8 |
| 2 | 141148 | 750 | 11.9 | 2.57 | 28.7 | 78 |
| 3 | 141103 | 14 | 11.9 | 2.51 | 43.8 | 2 |
| 4 | 171787 | 171 | 11.9 | 2.61 | 28.0 | 4 |
| 5 | 171786 | 76 | 11.9 | 2.87 | 34.3 | 7 |
| 6 | 161553 | 96 | 11.9 | 2.66 | 39.1 | 1 |
| 7 | 141059 | 147 | 11.9 | 2.69 | 33.9 | 5 |
| 8 | 140528 | 443 | 11.9 | 3.06 | 33.5 | 12 |
| 9 | 161464 | 152 | 11.9 | 2.41 | 39.1 | 4 |
| 10 | 140846 | 262 | 11.9 | 3.86 | 29.2 | 84 |
| 11 | 140835 | 250 | 11.9 | 3.40 | 32.7 | 34 |
| 12 | 151414 | 210 | 11.8 | 3.29 | 40.2 | 2 |
| 13 | 141033 | 332 | 11.8 | 3.74 | 27.5 | 6 |
| 14 | 151424 | 118 | 11.8 | 3.35 | 40.0 | 6 |
| 15 | 172302 | 133 | 11.8 | 3.22 | 33.4 | 8 |
| 16 | 140706 | 46 | 11.8 | 3.12 | 31.9 | 12 |
| 17 | 161441 | 215 | 11.8 | 3.39 | 27.2 | 8 |
| 18 | 140134 | 249 | 11.8 | 3.22 | 33.0 | 6 |
| 19 | 130079 | 422 | 11.8 | 3.07 | 9.7 | 8 |
| 20 | 172226 | 135 | 11.8 | 3.06 | 34.1 | 33 |
| 21 | 172330 | 83 | 11.7 | 2.84 | 36.5 | 1 |
| 22 | 161483 | 151 | 11.7 | 2.69 | 40.0 | 3 |
| 23 | 151375 | 266 | 11.7 | 3.46 | 30.1 | 2 |
| 24 | 151325 | 52 | 11.7 | 2.67 | 42.2 | 39 |
| 25 | 151427 | 72 | 11.7 | 2.89 | 50.5 | 303 |
| 26 | 130034 | 404 | 11.7 | 2.94 | 19.6 | 2 |
| 27 | 141114 | 531 | 11.7 | 3.62 | 17.6 | 14 |
| 28 | 141117 | 105 | 11.7 | 3.08 | 35.2 | 1 |

续表

| 序号 | 牛编号 | 泌乳天数 /d | 乳中尿素氮 /（mg·dL⁻¹） | 乳蛋白率 /% | 产奶量 /kg | SCC/（万 cells·mL⁻¹） |
|---|---|---|---|---|---|---|
| 29 | 140605 | 208 | 11.6 | 3.18 | 31.9 | 2 |
| 30 | 140193 | 104 | 11.6 | 3.53 | 33.5 | 2 |
| 31 | 172397 | 137 | 11.6 | 3.00 | 29.1 | 6 |
| 32 | 140829 | 472 | 11.6 | 3.22 | 35.8 | 1 |
| 33 | 141189 | 27 | 11.6 | 2.85 | 32.8 | 23 |
| 34 | 140428 | 412 | 11.6 | 3.68 | 34.2 | 35 |
| 35 | 140767 | 428 | 11.5 | 3.06 | 39.3 | 2 |
| 36 | 151261 | 42 | 11.5 | 2.54 | 45.6 | 171 |
| 37 | 140355 | 247 | 11.5 | 3.66 | 20.8 | 1 |
| 38 | 161641 | 172 | 11.5 | 2.72 | 42.0 | 11 |
| 39 | 171785 | 81 | 11.5 | 2.63 | 38.1 | 3 |
| 40 | 171797 | 26 | 11.5 | 2.95 | 30.6 | 2 |
| 41 | 140178 | 402 | 11.5 | 3.47 | 32.9 | 46 |
| 42 | 141177 | 423 | 11.5 | 3.25 | 32.0 | 3 |
| 43 | 172272 | 61 | 11.5 | 2.81 | 30.7 | 3 |
| 44 | 172374 | 78 | 11.5 | 2.53 | 27.8 | 1 |
| 45 | 172288 | 142 | 11.5 | 3.00 | 29.2 | 9 |
| 46 | 161652 | 71 | 11.4 | 2.81 | 41.7 | 3 |
| 47 | 172400 | 81 | 11.4 | 2.77 | 33.4 | 350 |
| 48 | 172393 | 142 | 11.4 | 2.69 | 33.2 | 8 |
| 49 | 171783 | 96 | 11.4 | 2.51 | 32.5 | 12 |
| 50 | 161600 | 83 | 11.4 | 2.80 | 40.0 | 15 |

表3-45 乳中尿素氮大于参考值上限的牛只明细（前50）

| 序号 | 牛编号 | 泌乳天数 /d | 乳中尿素氮 /（mg·dL⁻¹） | 乳蛋白率 /% | 产奶量 /kg | SCC/（万 cells·mL⁻¹） |
|---|---|---|---|---|---|---|
| 1 | 172232 | 133 | 21.7 | 3.11 | 39.6 | 4 |
| 2 | 161449 | 180 | 21.2 | 3.35 | 32.8 | 18 |
| 3 | 161580 | 178 | 20.6 | 3.36 | 26.5 | 3 |
| 4 | 140909 | 539 | 20.2 | 3.16 | 26.0 | 16 |

续表

| 序号 | 牛编号 | 泌乳天数 /d | 乳中尿素氮 /（mg·dL$^{-1}$） | 乳蛋白率 /% | 产奶量 /kg | SCC/（万 cells·mL$^{-1}$） |
|---|---|---|---|---|---|---|
| 5 | 141077 | 278 | 20.2 | 3.16 | 39.2 | 16 |
| 6 | 140644 | 220 | 20.2 | 3.16 | 18.1 | 16 |
| 7 | 151259 | 249 | 20.2 | 3.16 | 27.6 | 16 |
| 8 | 140810 | 175 | 20.2 | 3.16 | 11.3 | 16 |
| 9 | 140833 | 869 | 20.2 | 3.16 | 33.4 | 16 |
| 10 | 140848 | 341 | 20.2 | 3.16 | 25.3 | 16 |
| 11 | 161447 | 369 | 20.2 | 3.16 | 28.1 | 16 |
| 12 | 140550 | 215 | 20.2 | 3.16 | 30.6 | 16 |
| 13 | 140881 | 253 | 20.2 | 3.16 | 15.8 | 16 |
| 14 | 140594 | 392 | 20.2 | 3.16 | 18.7 | 16 |
| 15 | 151367 | 268 | 20.2 | 3.16 | 23.8 | 16 |
| 16 | 140955 | 334 | 20.2 | 3.16 | 12.2 | 16 |
| 17 | 140962 | 432 | 20.2 | 3.16 | 17.0 | 16 |
| 18 | 140982 | 290 | 20.2 | 3.16 | 22.9 | 16 |
| 19 | 141002 | 36 | 20.2 | 3.16 | 43.8 | 16 |
| 20 | 151309 | 590 | 20.2 | 3.16 | 34.7 | 16 |
| 21 | 130004 | 12 | 20.2 | 3.16 | 34.0 | 16 |
| 22 | 141192 | 217 | 20.2 | 3.16 | 31.1 | 16 |
| 23 | 151271 | 180 | 20.2 | 3.16 | 38.6 | 16 |
| 24 | 140864 | 274 | 20.2 | 3.16 | 18.2 | 16 |
| 25 | 140160 | 33 | 20.2 | 3.16 | 48.5 | 16 |
| 26 | 130029 | 421 | 20.2 | 3.16 | 30.4 | 16 |
| 27 | 130068 | 253 | 20.2 | 3.16 | 44.2 | 16 |
| 28 | 172276 | 66 | 20.2 | 3.16 | 25.5 | 16 |
| 29 | 130085 | 252 | 20.2 | 3.16 | 43.0 | 16 |
| 30 | 130095 | 650 | 20.2 | 3.16 | 41.5 | 16 |
| 31 | 172213 | 138 | 20.2 | 2.98 | 33.3 | 41 |
| 32 | 140151 | 275 | 20.2 | 3.16 | 35.9 | 16 |
| 33 | 161839 | 492 | 20.2 | 3.16 | 23.9 | 16 |
| 34 | 161529 | 163 | 20.2 | 3.16 | 42.0 | 16 |
| 35 | 140205 | 205 | 20.2 | 3.16 | 35.1 | 16 |

续表

| 序号 | 牛编号 | 泌乳天数 /d | 乳中尿素氮 /（mg·dL⁻¹） | 乳蛋白率 /% | 产奶量 /kg | SCC/（万 cells·mL⁻¹） |
|---|---|---|---|---|---|---|
| 36 | 140509 | 397 | 20.2 | 3.16 | 22.2 | 16 |
| 37 | 140249 | 235 | 20.2 | 3.16 | 33.5 | 16 |
| 38 | 140250 | 359 | 20.2 | 3.16 | 32.8 | 16 |
| 39 | 140296 | 252 | 20.2 | 3.16 | 16.9 | 16 |
| 40 | 140420 | 34 | 20.2 | 3.16 | 36.3 | 16 |
| 41 | 140411 | 786 | 20.2 | 3.16 | 29.0 | 16 |
| 42 | 151231 | 133 | 19.3 | 2.87 | 40.8 | 5 |
| 43 | 140407 | 503 | 19.0 | 2.33 | 48.7 | 3 |
| 44 | 161508 | 469 | 19.0 | 3.9 | 22.4 | 10 |
| 45 | 140370 | 220 | 18.9 | 3.92 | 6.3 | 79 |
| 46 | 140936 | 291 | 18.8 | 3.23 | 38.0 | 4 |
| 47 | 151420 | 211 | 18.8 | 3.75 | 32.2 | 2 |
| 48 | 151407 | 158 | 18.8 | 3.09 | 46.6 | 4 |
| 49 | 130093 | 254 | 18.8 | 3.21 | 32.4 | 3 |
| 50 | 141071 | 268 | 18.7 | 3.09 | 33.2 | 9 |

## 二、预警报告解读

1.本次测定结果

测量值加权平均数见表3-46。

表3-46 测定值加权平均数

| 项目 | 产奶量 /kg | 乳脂率 /% | 乳蛋白率 /% | 脂蛋比 | SCC/（万 cells·mL⁻¹） | 尿素氮 /（mg·dL⁻¹） | 平均泌乳天数 /d | 高峰日 /d |
|---|---|---|---|---|---|---|---|---|
| 实测值 | 32.8 | 4.12 | 3.05 | 1.36 | 21.18 | 13 | 219 ↑ | 72 |
| 参考值 | ≥25 | 3.4～4.3 | 2.9～3.4 | 1.12～1.41 | <40 | 12～16 | 150～170 | 60～90 |

从测定总数提取数据信息可以看出，该牛场总体生产情况还是不错的，2019年8月平均产奶量达32.8 kg，乳脂率、乳蛋白率也较高，脂蛋比也处

于正常水平，表明泌乳牛的营养和健康状况良好；平均体细胞数较低，仅 21.2 万 cells/mL，表明牛场乳房炎控制较好，子宫炎、蹄叶炎等炎症疾病防控较好；尿素氮 13.0 mg/dL，乳蛋白 3.05%，也处于理想范围内，表明泌乳牛日粮能量平衡较好；高峰日 72 d，也处于理想的 60 ~ 90 d 范围，表明产犊时奶牛体况较好，干奶牛和围产期牛营养和管理较好，产犊时有良好的体脂贮备，配合泌乳前期均衡充足的营养，使泌乳牛在理想时间达到泌乳高峰；但平均泌乳天数天数偏长，超出理想平均泌乳天数 150 ~ 170 d 范围较多，反映牛场繁殖管理和产后护理存在较大问题，应改善日粮营养，提高发情揭发率，提高繁殖效率。

在此也提请广大养牛的朋友注意：在关注泌乳牛平均日产奶量的同时，还应关注成母牛平均日产奶量和牛群结构，因为泌乳牛平均日产奶量高，未必终身产奶量高，也就是人们常说的"高产未必高效"，只有终身产奶量高的牛群才能给牛场带来更大的经济效益；泌乳牛和成母牛均达理想产奶量才是牛场获得利润的基础，成母牛平均日产奶量高，表明牛群中老弱病残和光吃不产奶的牛只比例少；合理的牛群结构是牛场发展的动力，正常情况下，牛群的正常结构为成母牛占 60%，其中泌乳牛占 80%，干奶牛占 20%；后备牛占 40%，其中犊牛占 35% ~ 40%，育成牛占 30% ~ 35%，青年牛占 25% ~ 35%。牛群结构合理，牛场才有发展的潜力和空间，科学合理的牛群结构是实现奶牛养殖高效益的一个重要因素，奶牛养殖场必须科学规划本场的牛群结构，这样才能实现利润最大化。

2. 牛群产奶情况统计

牛群产奶情况统计见表 3-47。

表3-47　牛群产奶情况统计

（胎次参考值：3.0～3.5）

| 泌乳天数分类/d | 牛头数/头 | 百分比/% | 胎次 | 泌乳天数/d | 产奶量/kg | 乳脂率/% | 乳蛋白率/% | SCC/（万 cells·mL⁻¹） | SCS | 校正奶/kg | 305 d 预计产奶量/kg |
|---|---|---|---|---|---|---|---|---|---|---|---|
| ≤ 60 | 132 | 17.28 | 3.0 | 33 | 38.4 | 4.14 | 2.93 | 20.8 | 2.48 | 28.4 | — |
| 61 ~ 120 | 104 | 13.61 | 1.9 | 94 | 36.6 | 3.90 | 2.90 | 20.0 | 2.48 | 33.5 | 8 588.50 |
| 121 ~ 200 | 171 | 22.38 | 2.0 | 158 | 33.2 | 4.14 | 3.07 | 18.6 | 2.43 | 37.5 | 9 216.91 |
| ≥ 201 | 357 | 46.73 | 2.7 | 352 | 29.4 | 4.28 | 3.27 | 24.9 | 3.01 | 48.8 | 10 602.95 |
| 合计 | 764 | 100 | 2.5 ↓ | 219 | 32.8 | 4.17 | 3.12 | 22.1 | 2.71 | 40.7 | 10 179.83 |

从各泌乳阶段牛只比例统计结果看，各阶段牛只比例处于正常水平，没有忽高忽低的情况，反映牛场育种技术人员技术成熟稳定，但有提升空间。判定依据如下：在全年均衡配种的情况下，平均泌乳天数219 d，查当月该场平均产犊间隔为427 d左右，按430 d计算，减去平均60 d干奶期，实际泌乳天数 =370 d，泌乳天数 ≤ 60 d牛只比例 =60/370×100%=16.2%，泌乳天数 60 ～ 120 d牛只比例 =（120−60）/370=60/370×100%=16.2%，泌乳天数 121 ～ 200 d牛只比例 =（200−120）/370=80/370×100%=21.6%，泌乳天数 201 d以上牛只比例 =（370−200）/370=170/370×100%=45.9%，全群各阶段实际比例均与理论计算结果差异不大。由此可以看出，该牛场育种技术人员技术成熟稳定，但平均泌乳天数偏长，有较大提升空间，应加强繁殖管理。

相反，如果某个泌乳阶段牛只比例比理论计算值低很多，如60 ～ 120 d牛只比例比理论计算值16.2%低很多，则表明12（3+9）～ 13（4+9）个月前，牛场的育种工作出现较大的问题，本报告时间是2019年8月，也就是说2018年7月至8月牛场的育种工作出现了问题，分析此阶段为一年中天气最热的月份，应该是热应激所致，牛场管理人员应根据问题所在，及时改进，增设凉棚、风扇和喷淋设施，缓解奶牛热应激，从而提高繁育率。

从平均胎次看，不到2.5胎，距理想的3 ～ 3.5胎有较大差距，说明牛场淘汰率较高，3胎以上牛只比例较少。一般情况，牛只生产需达到2.5胎以上才能为牛场带来效益，且荷斯坦奶牛通常情况下3 ～ 5胎时产奶量最高，平均胎次不到2.5胎，说明很多牛只还未达泌乳高峰胎次就已被动淘汰，反映牛场泌乳牛利用年限较短，淘汰率较高，后备牛培育成本相对较高，奶牛终身产奶量低。牛场应制定合理的繁殖和淘汰计划，进一步加强营养、饲养管理、育种和疾病防控，减少被动淘汰，将年淘汰率控制在25% ～ 33%之间，延长奶牛寿命，提高终身产奶量。

从平均泌乳看，平均泌乳天数较长，超出理想平均泌乳天数150 ～ 170 d范围较多，表明牛场繁殖存在较大问题，存在较大的奶损失。据报道，当泌乳天数高于195 d时，每头牛每天损失奶2 ～ 55 kg。从各泌乳阶段数据看，主要是201 d以上泌乳牛平均泌乳太长，反映泌乳天数400 d以上牛只数量较多，泌乳天数太长，应重点检查泌乳天数400 d以上牛只情况，检查是否有漏报胎次和产犊信息，回顾这些牛在产犊时的管护情况，并检查是否有产科疾病和繁殖障碍，及时淘汰低产和不孕不育等繁殖障碍牛只。

从产奶量看，小于 60 d 平均产奶量高于 61 ~ 120 d 平均产奶量，而高峰日是 72 d，表明泌乳高峰维持时间短，且高峰过后产奶量下降过快，应检查泌乳前期牛的体重是否下降过快，泌乳前期和中期日粮能量是否足够，是否满足瘤胃微生物合成菌体蛋白要求，蛋白或过瘤胃蛋白是否满足泌乳要求；同时发现，泌乳天数大于 201 d 的牛只平均产奶量达 29.4 kg，此泌乳阶段的牛只平均泌乳达 352 d，按泌乳高峰后日产奶量下降 0.07 kg 计算，泌乳高峰应达 43 kg 以上。对比检查数据可以看出，泌乳高峰提前出现，没有达到预期目标，进一步验证了泌乳前期日粮需改进提高。

从乳脂率、乳蛋白率看，泌乳前期乳脂率较高，但乳蛋白率略偏低，预示泌乳前期牛日粮能量可能稍缺乏，导致瘤胃微生物没有足够的能量用于合成充足的菌体蛋白，同时蛋白或过瘤胃蛋白可能不足，导致小肠吸收的氨基酸数量不足以合成足够的乳蛋白。

从体细胞数和体细胞分看，各阶段体细胞数均控制良好，在 20 万 cells/mL 左右，是一个较为理想的水平，说明干奶期、围产期、泌乳期管理较好，挤奶程序正确，乳房炎控制较好。

相反，如果泌乳早期体细胞数偏高，应检查干奶期乳房炎的治疗情况，因为干奶期是乳房炎最佳治疗期，采用选择性干奶治疗并应彻底治愈临床乳房炎，低体细胞数奶牛干奶时使用抗生素治疗，会增加感染大肠杆菌的风险，故不建议低体细胞数（小于 20 万 cells/mL）奶牛干奶时使用抗生素治疗，以降低滥用抗生素的风险。实践证明，给干奶前检测体细胞数小于 20 万 cells/mL 的奶牛只直接使用乳头封闭剂是可行的。所有干奶牛均建议采用乳头封闭剂封闭保护乳头，但乳头封闭剂的使用方法必须正确，尽量保持卫生清洁；并重点检查干奶药是否有效，产房是否清洁卫生，产期的管护是否科学合理；如果泌乳中期体细胞数高，应检查乳房药浴是否有效等。

从校正奶看，各阶段校正奶随泌乳期的延长逐渐增加，泌乳后期达最高，表明泌乳前期牛没有泌乳后期牛表现好，也就是说泌乳前期牛的营养和饲养管理存在问题，生产潜力没有充分发挥。随着泌乳期的延长，泌乳牛食欲恢复正常，干物质采食量增加，生产性能逐步发挥。泌乳后期校正奶达 48.8 kg，产奶量达 29.4 kg，应检查干奶料向新产料转换时，是否有 7 ~ 10 d 过渡期。因为奶牛是反刍家畜，日粮改变需循序渐进，瘤胃细菌繁育需要 6 ~ 10 d，但瘤胃乳头需要适应几周时间，所以有 7 ~ 10 d 的过渡期是非常必要的，并保持新产料至少 2 周的适应期。同时，新产料向高产料更换时，也应有 7 ～ 10 d 的过渡期，并确保新产和高产日粮易消化，营养浓度高，使新产和高产日粮搭配科学合理，营养均衡，能蛋平衡。

从 305 d 预计产奶量看，各阶段 305 d 预计产奶量随泌乳期的增加而增加，泌乳后期达最高，变化规律与校正奶相同，再次表明泌乳前期牛没有泌乳后期牛表现好，生产性能没有充分发挥，牛场应加强泌乳前期的营养和管理，充分发挥泌乳前期牛生产性能。

3. 头胎牛、经产牛产奶情况统计

头胎牛、经产牛产奶情况统计见表 3-48、表 3-49。

表3-48　头胎牛产奶情况统计

| 泌乳天数分类 /d | 总数 /头 | 百分比 /% | 泌乳天数 /d | 产奶量 /kg | 乳脂率 /% | 乳蛋白率 /% | SCC/（万 cells·mL⁻¹） | SCS | 校正奶 /kg | 305 d 预计产奶量 /kg |
|---|---|---|---|---|---|---|---|---|---|---|
| ≤ 60 | 20 | 11.83 | 36.3 | 32.3 | 4.17 | 2.85 | 17.9 | 2.4 | 26.7 | — |
| 61 ～ 120 | 48 | 28.40 | 90.9 | 33.8 | 3.84 | 2.82 | 16.8 | 2.29 | 31.6 | 7 710.82 |
| 121 ～ 200 | 68 | 40.24 | 142.6 | 30.4 | 4.06 | 2.91 | 11.4 | 2.49 | 34.3 | 8 764.19 |
| ≥ 201 | 33 | 19.53 | 443 | 25.4 | 4.34 | 3.36 | 10.2 | 2.61 | 52.3 | 9 428.81 |
| 合计 | 169 | 100 | 174 | 30.6 | 4.07 | 2.97 | 13.5 | 2.44 | 36.2 | 8 865.03 |

表3-49　经产牛产奶情况统计

| 泌乳天数分类 /d | 总数 /头 | 百分比 /% | 泌乳天数 /d | 产奶量 /kg | 乳脂率 /% | 乳蛋白率 /% | SCC/（万 cells·mL⁻¹） | SCS | 校正奶 /kg | 305 d 预计产奶量 /kg |
|---|---|---|---|---|---|---|---|---|---|---|
| ≤ 60 | 112 | 18.82 | 32 | 39.5 | 4.14 | 2.95 | 21.3 | 2.49 | 28.7 | / |
| 61 ～ 120 | 56 | 9.41 | 98 | 39 | 3.96 | 2.98 | 22.7 | 2.64 | 35.1 | 9 466.18 |
| 121 ～ 200 | 103 | 17.31 | 168 | 35.1 | 4.2 | 3.17 | 23.4 | 2.39 | 39.7 | 9 591.81 |
| ≥ 201 | 324 | 54.45 | 343 | 29.8 | 4.27 | 3.26 | 26.4 | 3.05 | 48.4 | 10 721.48 |
| 合计 | 595 | 100 | 231 | 33.4 | 4.2 | 3.16 | 24.6 | 2.79 | 42 | 10 501.82 |

从泌乳天数看，该场泌乳后期的头胎牛有 33 头，平均泌乳天数高达 443 d，经产牛有 324 头，平均泌乳天数也高达 343 d，表明泌乳后期牛的管理存很大问题。一是后备牛培育可能存在问题，青年牛日粮蛋白是否满足骨骼生长和乳腺发育的需要，检查初配体重是否达 360 kg，体高是否达 127 cm，体况评分是否在 3.25 ～ 3.50 分，产犊时体重是否达 550 ～ 600 kg。产犊时体况：头胎牛是否达 3.25 ～ 3.50 分、经产牛是否达

3.50 ～ 3.75 分。二是产房管理可能存在问题，检查产期的管护是否合理，生产过程中是否存在不科学的人为干预，产道是否损伤，产后护理是否规范，是否存在子宫炎、子宫内膜炎等炎症，泌乳前期是否存在瘤胃酸中毒现象。三是泌乳牛营养和管理存在较大问题，分群是否合理，是否做到头胎牛单独饲养管理，头胎牛日粮营养是否在饲养标准基础上增加 20%，在泌乳后期，在饲养标准基础上增加 30% ～ 40%，2 胎及以上在饲养标准基础上增加 20%，为下一胎次的高产做准备，在干奶、围产和新产料中增加维生素 A、维生素 D、维生素 E 硒和微生物制剂。四是泌乳牛繁殖管理需进一步加强，提高繁殖效率。

从产奶量、校正奶和 305 d 预计产奶量看，头胎牛较经产牛均取得较好的成绩，头胎牛平均产奶量超过经产牛平均产奶量的 90%，表明牛场使用了优质冻精，且头胎牛管理良好，而经产牛管理存在较大问题，从体细胞数看不是乳房炎导致产奶量下降，应检查以下几方面工作是否做到位：①产犊时体况评分是否合适，需要头胎牛 3.25 ～ 3.50 分，经产牛 3.50 ～ 3.75 分；②上胎次泌乳后期（泌乳期后 1/3）日粮营养是否合理，上胎次泌乳后期应在饲养标准的基础上增加 20% 的营养，使牛只在上胎次产奶后期就获得理想的体况评分，在随后的干奶期保持理想体况即可，而不是在干奶期再获得理想的体况，这样是较为经济的；③干奶牛日粮营养是否科学合理，是否使用高纤低能的干奶日粮，通过添加纤维高、能量低、蓬松的无污染、无霉变的预铡短至 3 ～ 5 cm 的干草，如稻草、玉米秸、麦秸、羊草等，降低日粮的能量浓度，减少混合不均和挑食的发生，提高奶牛的采食量（1.8% ～ 2% 体重），维持奶牛的瘤胃充盈度和饱腹感，同时要尽量减少外来因素对干奶牛的应激，比如原料或日粮变化过大、饲养密度大于 80%、频繁调群（如怀孕青年牛产前 30 d 直接转入围产前期群）、畜舍环境不佳、地面不平、热应激、每天超过 10 ～ 12 h 的光照等各种不当的操作；④产后护理和监控是否到位，是否有产后瘫痪和酮病等代谢性疾病，产后是否导致体况损失较多，产后 24 h 是否进行代谢病预防性灌服药物：灌服钙剂、丙二醇、氯化钾、硫酸镁、阿司匹林及酵母培养物等微生物制剂。

从乳脂率、乳蛋白率看，泌乳前期，乳蛋白率低于 3.0%，表明奶牛干物质采食量不足，瘤胃微生物蛋白合成不足，代谢受阻；或产犊时奶牛膘情差，泌乳早期能量 / 碳水化合物缺乏，非结构性碳水化合物（NSC）小于

35%；日粮蛋白含量低，氨基酸不平衡，日粮中可溶性蛋白或非蛋白氮含量高，可消化蛋白和不可消化蛋白比例不平衡，日粮中包含高水平的瘤胃活性脂肪（多加 0.50 ~ 0.75 kg 脂肪），或产奶量上升过快，乳蛋白下降。

从体细胞数和体细胞分看，该场体细胞数和体细胞分均不高，且头胎牛各泌乳阶段体细胞数和体细胞分均低于经产牛，符合正常规律，表明该场乳房炎防控效果好，挤奶操作正确，乳头药浴效果好，干奶牛治疗有效，产房清洁无污染，围产期管理正常，应保持。

4. 胎次分类情况统计

胎次分类情况统计见表 3-50。

表3-50  胎次分类情况统计

| 胎次 | 总数 /头 | 百分比 /% | | 泌乳天数 /d | 产奶量 /kg | 乳脂率 /% | 乳蛋白率 /% | SCC/（万 cells/mL） | 校正奶 /kg | 305 d 预计产奶量 /kg | |
|---|---|---|---|---|---|---|---|---|---|---|---|
| | | 实测值 | 目标值 | | | | | | | 实测值 | 目标值 |
| 1 | 169 | 22.12 | 30 | 174 | 30.6 | 4.07 | 2.97 | 13.5 | 36.2 | 8 865.03 ↓ | 9 850 |
| 2 | 223 | 29.19 | 20 | 197 | 34.4 | 4.10 | 3.17 | 23.2 | 41.0 | 10 589.12 ↓ | 10 711 |
| ≥3 | 372 | 48.69 | 50 | 251 | 32.8 | 4.27 | 3.15 | 25.4 | 42.5 | 10 448.29 ↓ | 10 504 |
| 合计 | 764 | 100.00 | — | 219 | 32.8 | 4.17 | 3.12 | 22.1 | 40.7 | 10 179.83 | — |

从胎次比例看，该场 1 胎：2 胎：3 胎及以上 =22 ：29 ：49，和理想胎次结构相比，1 胎牛少了 8%，2 胎牛多了 9%，3 胎及以上比例正常，而理想的胎次结构是高产、稳产的基础，也是牛群逐年更新的前提，科学合理的牛群结构是实现奶牛养殖高效益的一个重要因素，牛场应科学地规划其牛群结构，并制定合理的繁殖计划，逐步调整牛群结构向合理化方向发展，这样才能实现利润最大化。

从泌乳天数看，平均泌乳天数随胎次的增加而增大，以 3 胎及以上增大较多，表明该牛场繁殖管理和产后护理存在较大问题，尤以 3 胎及以上问题更为突出，应加强干奶期、围产期营养和管理，降低产后瘫痪和酮病的发病率，经产牛产后 24 h 及时进行代谢病预防性灌服药物：灌服钙剂、丙二醇、氯化钾、硫酸镁、阿司匹林及酵母培养物等微生物制剂，尽可能降低能量负平衡的影响，恢复奶牛健康，从而达到提高繁殖效率、提高经济效益的目的。

从产奶量看，1 胎产奶量 30.6 kg，2 胎 34.4 kg，3 胎及以上 32.8 kg。表明牛场使用了优质冻精，一胎生产性能表现较好，而 2 胎、3 胎及以上泌乳牛的营养和饲养管理存在较大问题，没有达到预期生产水平，应检查经产牛在上一胎次的泌乳后期（泌乳期后1/3）日粮营养是否在饲养标准基础上增加了20%营养，使泌乳牛膘情在泌乳后期得到恢复，使体况评分控制在3.0～3.5分，以3.25分为最佳，并在干奶期和围产期使体况保持在理想范围，加强围产期的管护，减少疼痛等应激影响，均衡营养，减少能量负平衡和体况损失，提高产奶量。

从乳脂率、乳蛋白率看，该场乳脂率较高，但头胎牛乳蛋白率较经产牛偏低，表明头胎牛的营养和管理需进一步改善和提高，头胎牛应与经产牛分开饲养，检查头胎牛日粮的能量和蛋白及过瘤胃蛋白是否满足产奶需要，头胎牛日粮营养应在饲养标准基础上增加20%的营养，以满足产奶和生长的需要。

从体细胞数和体细胞分看，该场的体细胞数控制较好，且各胎次体细胞数均达到理想体细胞范围，表明该场乳房炎防控效果好，干奶牛治疗有效，干奶药效果良好，挤奶程序正确，药浴效果好；牛群乳房健康状况好；同时反映围产期管护较好，无子宫炎、子宫内膜炎和产道损伤情况。

从305 d预计产奶量看，各胎次305 d预计产奶量均未达理想目标值，表明各胎次奶牛的营养和管理存在较大部问题，与头胎牛差距更明显，应加强头胎牛的营养和管理，在饲养标准的基础上增加20%，满足生长和泌乳的需要。

5.高峰奶、高峰日和持续力

高峰日、高峰奶量情况统计见表3-51。

表3-51　高峰日、高峰奶量情况统计

| 胎次 | 牛头数 / 头 | 高峰日 /d | | 高峰产奶量 /kg | | 峰值比 | | | |
|------|------------|-----------|----------|----------------|----------|--------|--------|--------|--------|
| | | 实际值 | 目标值 | 实际值 | 目标值 | 实际值 | | 目标值 | |
| 1 | 169 | 86 | 70～120 | 34.6 ↓ | ≥37 | 1:2 | 83.57 ↑ | 77～78 | |
| | | | | | | 1:3+ | 79.91 ↑ | 74～75 | |
| 2 | 223 | 69 | 60～90 | 41.4 ↓ | ≥47.5 | 2:3+ | 95.61 ↓ | 96～97 | |
| ≥2 | 595 | 68 | — | 42.6 | — | 1:2+ | 81.20 ↑ | 75～80 | |
| ≥3 | 372 | 67 | 60～90 | 43.3 ↓ | ≥50 | — | | — | |
| 合计 | 764 | 72 | — | 40.8 | — | — | | — | |

从表 3-51 数据可以看出，该场泌乳高峰日出现时间处于理想值范围内，1 胎高峰日 86 d 出现，2 胎及以上经产牛在 70 d 以前出现泌乳高峰，头胎牛泌乳高峰出现较经产牛迟，持续时间较经产牛时间长，且下降较经产牛平缓，结合产奶量看，高峰日仍有前移的空间，应加强干奶期、围产期和泌乳前期牛的营养和饲养管理，调节泌乳后期牛群的体况，调整干奶围产期牛群健康，对产后牛群实施精细化管理，新产牛平衡过渡，提高牛群的健康水平，提高高峰奶量。头胎牛高峰奶 34.6 kg，未达泌乳高峰理想目标值 37 kg，2 胎高峰奶 41.6 kg，未达到 2 胎高峰奶目标值 47.5 kg；3 胎及以上高峰奶 43.4 kg，也未达到 3 胎及以上高峰奶目标值 50 kg。这表明各胎次泌乳牛营养和饲养管理存在较大问题，生产性能未能得到充分发挥，向前追溯，应该是干奶期、围产期和泌乳前期牛的营养和饲养管理出现了问题。该场体细胞数较低，可排除乳房炎的影响，可从体况评分、育成牛饲养、产期的管护、泌乳早期营养、遗传、产后疾病并发症、挤奶不完全、干奶牛管理方面查找原因。

峰值比：1 胎和 2 胎、1 胎和 2 胎及以上、1 胎和 3 胎及以上峰值比分别为 83.6%、81.2% 和 79.9%，均高于理想目标值的上限，表明 1 胎牛生产性能表现较好，使用了优质冻精，也说明 2 胎及以上牛未达到理想泌乳高峰，生产性能未充分发挥，建议考虑以下四 3 个方面的因素：①奶牛产犊时体况是否合适。②奶牛产后是否发生胎衣不下、产后瘫痪、酮症、子宫炎、真胃移位等代谢性疾病，造成体况损失过多，限制奶牛达到高峰的能力。③日粮是否合理，能量是否充足。新产牛日粮旨在提供高水平的营养，在支持泌乳的同时，也要维持足够的中性洗涤纤维（NDF），以促进瘤胃纤维和淀粉微生物之间的过渡。因此，在这些日粮中，粗饲料比例通常较高，建议选择优质豆科牧草作为粗饲料的主要来源。

2 胎与 3 胎及以上牛的峰值比为 95.6%，略低于理想目标值的下限，说明 2 胎牛生产性能未充分发挥，未达预期高峰奶量，应检查营养和饲养管理是否存在问题。

泌乳持续力情况统计见表 3-52。

表 3-52 的数据显示，该场泌乳持续力较好，但高峰奶和高峰日未达理想值，这是奶牛获取高产的另一种方法，虽然没有很高的高峰产奶量，但在整个泌乳期间保持较长时期的稳定水平。这是该场保持较高产奶量的原因，但与较高的高峰奶和较早的高峰日相比，仍有较大的奶损失。

表3-52 泌乳持续力情况统计

| 泌乳天数分类 | 1～99 d | | | 100～200 d | | | ＞200 d | | | 全 群 | |
|---|---|---|---|---|---|---|---|---|---|---|---|
| 胎次 | 奶量/kg | 持续力/% | | 奶量/kg | 持续力/% | | 奶量/kg | 持续力/% | | 奶量/kg | 持续力 |
| | | 实测 | 目标 | | 实测 | 目标 | | 实测 | 目标 | | |
| 1 | 33.9 | 124.0 | 98 | 30.6 | 96.0 | 96 | 25.4 | 100.3 | 95 | 30.6 | 103.1 |
| 2 | 39.3 | 104.7 | 94 | 35.6 | 98.1 | 92 | 30.1 | 101.4 | 91 | 34.4 | 100.5 |
| ≥3 | 40.0 | 117.1 | 94 | 35.8 | 99.2 | 91 | 29.7 | 100.5 | 90 | 32.8 | 100.3 |
| 合计 | 38.1 | 116.1 | — | 33.7 | 97.7 | — | 29.4 | 100.7 | — | 32.8 | 101.0 |

群体平均持续力正常范围是95%～105%，高峰过后持续力的理想值为93%～95%。泌乳持续力高，也表明前一阶段的生产性能未能充分发挥，大部分牛没有达到理想的泌乳高峰，应检查产犊时体况是否过肥或过瘦，前阶段日粮不平衡，干物质采集量不足，是否患乳房炎或代谢性疾病；泌乳持续力低，表明目前日粮配方可能没有满足奶牛产奶需要，日粮不平衡或缺乏能量，能量负平衡严重，牛只失重较多，或者乳房受感染、挤奶程序、挤奶设备等其他方面存在问题。

6. 牛群繁殖状况

牛群泌乳天数分布见图3-11。

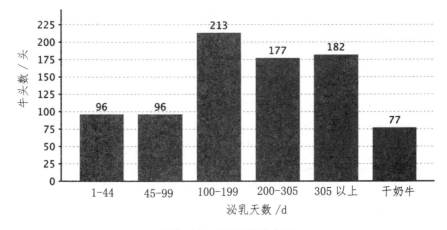

图 3-11 泌乳天数分布图

从图3-11可以看出，该场泌乳后期牛只比例较大，200 d以上泌乳牛只占比为47%，且有182头牛只泌乳天数超过305 d，占比为23.8%，表明牛群的繁殖状况存在严重问题，导致产犊间隔延长，将会影响下一胎次的正常泌乳。

优化奶牛繁殖力的 3 种方法：

（1）缩小能量差距。在泌乳早期，根据产奶量的高低，一般奶牛 6 ~ 12 周达泌乳高峰，而采食高峰较泌乳高峰迟 6 ~ 8 周，奶牛不可避免地处于能量负平衡状态，意味着它们无法吸收到所需的能量，因此它们会失去一定的体况。在这个关键时期，应加强奶牛的营养和管理，最大限度地减少体况损失。

一种可以做到的方法是，通过饲喂可提高奶牛采食量，并能提供足够能量的日粮。当奶牛临近产犊时，采食量可能会减少多达 35%。产犊前，这种采食量下降再加上奶牛开始泌乳时能量需要量的急剧增加，会进一步推动奶牛进入能量负平衡状态。

通常在泌乳早期，推荐饲喂纤维、淀粉和糖类来源合适、高营养值的饲草，所有这些都会促进奶牛良好的采食量，优化奶牛的瘤胃功能。

（2）最大限度地提高奶牛的免疫力和健康。对奶牛来说，泌乳早期通常是一个高应激的时期，因为在这段时间内，奶牛出现了生理和营养方面的变化。为最大限度地提高奶牛的繁殖力，在泌乳早期确保奶牛有一个最佳的健康和免疫状态是至关重要的。

有些奶牛由于产犊后胎衣滞留和子宫炎而存在较高的子宫感染风险。子宫感染和卵巢问题不可避免地会对繁殖力产生负面影响。繁殖性能在很大程度上取决于奶牛的营养和健康状况，而微量元素在奶牛的营养和健康状况中起着至关重要的作用。微量元素参与生殖激素的合成、炎性化合物的减少、胚胎着床、胎儿的生长发育。必需的微量元素，如硒，在奶牛产犊期间对维持奶牛健康的免疫系统起着关键的作用；其他的必需微量元素，如铜、锰和锌，常量矿物质，如磷、钙和镁，在排卵和循环中起着关键的作用，如果缺乏任何一种矿物质，则更有可能出现乏情期。

虽然在动物饲料中微量元素的量很重要，但是微量元素的生物利用率将决定其吸收和利用率。微量元素通常以无机盐的形式饲喂，然而研究证明，以有机形式饲喂必需的微量元素，如蛋白质螯合态矿物质，这些矿物质会被动物更好地吸收、贮存和利用。与以无机盐形式饲喂相比，当微量元素以丙酸盐形式饲喂时，会获得较好的利用率并使繁殖和免疫状况得到改善。

（3）呵护好瘤胃。在其他功能中，瘤胃直接参与驱动奶牛能量的产生。从饲料中获得更多能量的关键在于确保瘤胃尽可能有效地运转。

胃肠道吸收营养物质的增加可提高奶牛的产奶量，减少奶牛从自己的身体储备中摄取这些有价值的营养的需要。这种身体储备的消耗是影响奶牛健康和不育问题的核心。

瘤胃中存在的微生物不适用于日粮的突然变化。因此，建议在妊娠晚期和泌乳早期，奶牛从低能量的干奶牛日粮逐渐过渡到高能量的泌乳日粮。在此期间，日粮中淀粉和糖水平的突然增加会造成瘤胃 pH 值的下降。在能量负平衡期间，日粮的突然改变会引起瘤胃失调，降低采食量。

产犊前后，奶牛适当地适应泌乳日粮会使瘤胃微生物适应新的基质，并有效地消化饲料，这将有助于奶牛顺利过渡到泌乳期。

7. 全群泌乳曲线

全群泌乳曲线见图 3-12。

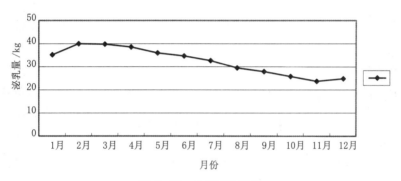

图 3-12　全群泌乳曲线

由泌乳曲线可以看出，该场泌乳初期初始泌乳量达 35 kg，说明奶牛产犊时体况较好，具备上泌乳高峰的体况和能力，但泌乳高峰仅为 40.8 kg，未达预期高峰即不再上升，高峰日为 72 d，说明干奶期、围产期和泌乳前期奶牛的营养和饲养管理存在较大问题，干奶至泌乳的围产期是奶牛生命周期中最具代谢挑战性的时期。因为支持奶产量的营养需要超过了营养摄入，而且处于代谢和感染性疾病增加的风险中。应使干奶期、围产期和泌乳前期奶牛干物质摄入量最大化，因为干奶期的采食量在一定程度上影响产后健康，应重视干奶期的管理，卧床的舒适度管理应比泌乳牛更加细致，日粮颗粒度的标准也与泌乳牛的标准接近，围产期加强管理，利用复合微生态技术，有效抗氧化应激，调控血钙，使牛群采食量最大化并趋于稳定。随着产前采食量的提升，产后采食量提升明显，使新产牛采食量稳定在 22 kg 以上，大大缩短能量负平衡的持续期，降低各类疾病的发病率，在产后 60 d 左右达泌乳高峰，提高高峰奶量，进一步提高产奶量。

产前良好的健康管理，产后科学的接产、助产、护理为牧场带来的是牛群的健康高产，良好的健康管理可以为未来的高产打下坚实基础。

8. 305 d 预计产奶量分类统计

305 d 预计产奶量统计见表 3-53、表 3-54。

表3-53　305 d 预计产奶量统计

| 奶量 /kg | 奶牛数 / 头 | 百分比 /% | 平均胎次 | 平均泌乳天数 /d | 305 d 预计产奶量 /kg |
|---|---|---|---|---|---|
| ＞ 10 000 | 233 | 30.50 | 2.8 | 312 | 12 046.02 |
| 8 000 ～ 10 000 | 191 | 25.00 | 2.1 | 273 | 9 082.20 |
| 6 000 ～ 8 000 | 46 | 6.02 | 2.2 | 281 | 7 300.48 |
| 4 000 ～ 6 000 | 16 | 2.09 | 2.2 | 261 | 5 295.62 |
| ＜ 4 000 | 2 | 0.26 | 2.5 | 224 | 2 890.00 |
| 合计 | 764 | 100 | 2.5 | 219 | 10 179.83 |

表3-54　305 d 预计产奶量明细

| 序号 | 牛编号 | 胎次 | 泌乳天数 /d | 产奶量 /kg | 前奶量 /kg | SCC/（万 cells・mL⁻¹） | 305 d 预计产奶量 /kg |
|---|---|---|---|---|---|---|---|
| 1 | 161677 | 2 | 183 | 5.9 | 8.9 | 19 | 2 745 |
| 2 | 140648 | 3 | 266 | 5.9 | 10.3 | 21 | 3 035 |
| 3 | 140810 | 4 | 175 | 11.3 | 17.9 | 16 | 4 118 |
| 4 | 172313 | 1 | 99 | 29.3 | 10.2 | 9 | 4 142 |

上表数据可以看出，该场 10 t 以上牛只占比 30.5%，305 d 预计产奶量达 12 t 以上，建议牛场以此群为基础建立核心群，选用优质冻精进行扩繁，提高群体产奶量；8 ～ 10 t 牛只占比 25%，305 d 预计产奶量达 9 t；6 ～ 8 t 占 6%，4 ～ 6 t 牛只占 2%，4 t 以下牛只占比 0.26%，305 d 预计产奶量 6 t 以下牛只是不会给牛场带来效益的，应认真检查核对表 3-54 所列牛只信息是否有误，连续 3 个月确认无误的建议育肥后淘汰。

从平均泌乳天数看，10 t 以上牛群平均泌乳天数太长，达 312 d，表明这群高产牛的繁殖存在较大问题，应及时查找原因，提高发情揭发率，提高繁殖效率。

由表3-53可以看出，仍有36%左右牛只没有305 d预计产奶量，说明这些牛只连续测定次数少于3次，为使报告解读准确性更高，要求牛场应连续测定，所有泌乳牛每年测定次数不少于10次，相邻两月参测牛只数量变化不超过10%。

9.产奶量下降过快牛只比例及牛只明细

产奶量下降过快牛只比例及牛只明细见表3-55、表3-56。

表3-55　产奶量下降过快牛只比例

（参考值：<15%）

| 牛头数/头 | 百分比/% | 胎次 | 泌乳天数/d | SCC/（万cells·mL$^{-1}$） | 上次产奶量/kg | 本次产奶量/kg | 平均奶差/(kg·头$^{-1}$) |
|---|---|---|---|---|---|---|---|
| 105 | 13.74 | 2.6 | 199 | 22.1 | 38.37 | 29.42 | 8.99 |

表3-56　产奶量下降过快牛只明细

| 序号 | 牛编号 | 胎次 | 泌乳天数/d | SCC/（万cells·mL$^{-1}$） | 上月产奶量/kg | 本月产奶量/kg | 产奶量差异/kg |
|---|---|---|---|---|---|---|---|
| 1 | 140370 | 4 | 220 | 79 | 32.8 | 6.3 | 27 |
| 2 | 140813 | 3 | 157 | 32 | 44.2 | 17.4 | 27 |
| 3 | 140205 | 4 | 205 | 16 | 52.7 | 35.1 | 18 |
| 4 | 130022 | 4 | 200 | 8 | 49.9 | 33.2 | 17 |

通过对比本月和上月产奶量的变化情况，可以检验饲养管理是否得到改进，日粮配制是否合理。

产奶量下降过快是指与上次产奶量相比，产奶量下降5 kg以上的牛只比例和牛只明细。正常情况下，泌乳高峰过后，荷斯坦奶牛每月产奶量下降幅度±7%，不应超过10%，该牛场有105头牛产奶量下降幅度超10%，达13.7%，接近预警值小于15%，应引起牛场奶牛场场长与技术人员的注意，要高度重视此报告，结合泌乳天数和体细胞数，认真查找产奶量大幅下降的原因，通过泌乳天数，观察判断奶牛是否是因为发情等生理应激因素导致产奶量下降，通过体细胞数，可分析判断奶牛是否患乳房炎、子宫炎等炎症疾病导致产奶量下降。

因此，首先应检查数据记录是否有误，并委派兽医到牛舍实际查看牛只健康状况，找准原因及时解决。

具体到该场，从产奶量下降过快牛只明细表可以看出，产奶量下降较大的4头牛只泌乳天数为200 d左右，应该不是发情因素导致，如果泌乳天数是60～80 d，应结合发情监测系统和牛只趴跨情况综合判断是否因奶牛发情所致。

日产奶量下降过快必然会影响整个泌乳期总产量，分析原因有以下几个：①乳房炎是引起奶量快速下降的最主要原因；②有毒杂草、饲料中霉菌毒素、青贮窖气体、精料中过量的 NPN 等可以引起 DMI 下降的任何物质都会引起产奶量的突然下降；③过量饲喂精料，或日粮中脂肪、淀粉和非结构性碳水化合物（NSC）过量，会扰乱瘤胃功能和正常代谢，干草混合物采食量不应超过体重的 2.5%，在有优质粗饲料的情况下，高峰奶量时（大于36 kg）精料干物质采食量不应超过 55%～60%，平均产奶量（小于 32 kg）不应超过 40%～50%；④少数情况下，维生素 $B_{12}$ 缺乏也会引起产奶量下降快，尤其是对已经耗尽肝脏储备的高产奶牛；⑤采食量不足或日粮不平衡，可以对 TMR 日粮进行饲料成分分析；⑥感染或疾病，如病毒性腹泻、冬痢、沙门氏菌病，感染会引起奶牛高烧，产奶量下降；⑦饮水不足或水质有问题也是一种潜在的原因；⑧高峰过后或泌乳后期奶牛的不合理饲喂，日粮中精料干物质有 10%～15% 的变化时会引起奶量的突然下降。

减缓奶量下降过快，提高盈利能力的措施：

奶牛养殖的重点应放在新产前、新产后和泌乳开始的 90 d 上。因为这几个重要的关键时期决定了整个哺乳期的速度和高度。由此，我们在新产母牛管理、福利、营养和生产性能方面都取得了显著的进步，而所有这些因素都共同推动了高峰奶量到新的高度。

然而，在达到高峰奶产量以后，许多奶牛就被调移至泌乳中后期的栏舍内，并让其自行习惯产奶，直至干奶。其结果是高峰产量的下降，可能比应有的速率更快。但是，减缓高峰奶量下降速率的机会可能有利于增加利润，而且只要关注管理的基础即可。

平均而言，第 1 胎即初产小母牛在泌乳高峰过后以每月 5%～6% 的速率下降。而第 2 或第 3 泌乳期的经产母牛，以 7%～9% 的速率下降。如果我们能够将该下降速率减少 2%，就获取的牛奶量而言，就具有重要的价值，见图 3-13。

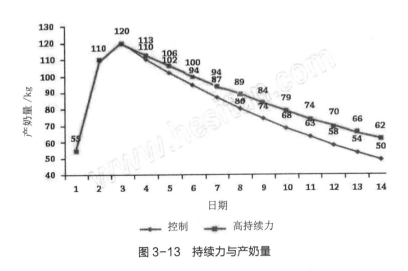

图 3-13　持续力与产奶量

比如，两头泌乳牛都以 54.48 kg 的产奶量达到泌乳高峰值，高产奶量的泌乳牛以 6% 的速率下降，而对照者按 8% 下降。在第一次测定下降时，对照泌乳牛仅落后于高产者 1.36 kg，但以后产量的差距持续地扩大。在第 14 天测定时，相差为 5.45 kg，而在最后，高产泌乳牛比对照泌乳牛多生产了 1 210 kg 以上的生鲜乳，即使它们都有相同水平的高峰奶量。

为了确定可以帮助减缓奶产量下降速率的管理和营养策略，我们需要了解细胞水平所发生的变化。研究表明，虽然存在泌乳持续性的遗传成分或遗传因素，但是它在新产时是不可忽视的。这时候，乳腺中的细胞被激活并开始产奶，但随着时间的推移，泌乳细胞的增殖随之减慢，氧化应激会导致泌乳细胞关闭并停止产奶。一旦发生这种情况，这些细胞只能在下次母牛产犊时被重新激活或继续泌乳。因此，尽管我们在母牛新产前和新产后时期，通过管理好能量平衡和保证免疫系统的支持，为了奶牛产犊和泌乳而做好了一切准备，但是如果我们在高峰产量以后没有继续注意环境管理、营养管理和饲槽管理，仍然会导致产奶量下降。

当我们考虑在整个泌乳期提供一致性或稳定性时，我们需知道在什么时候进行日粮的变化或调整，以及哪些是不利的驱动因素。即使我们提供或发送了相同的营养物质，但如果饲粮的物理外观和特征发生了变化，也会影响瘤胃的健康和整体的生产性能。

10. 泌乳天数大于 450 d 牛只比例及牛只明细

泌乳天数大于 450 d 牛只比例及牛只明细见表 3-57、表 3-58。

— 117 —

表3-57 泌乳天数大于450 d牛只比例

（参考值：<6%）

| 牛头数／头 | 百分比／% | 胎次 | 泌乳天数／d | 产奶量／kg | 平均SCC／（万cells·mL⁻¹） | 305 d预计产奶量／kg |
|---|---|---|---|---|---|---|
| 64 | 8.38↑ | 2.28 | 581 | 30.08 | 18 | 10 121.93 |

表3-58 泌乳天数大于450 d牛只明细

| 序号 | 牛编号 | 胎次 | 泌乳天数／d | 产犊日期 | 采样日期 | 测定日奶量／kg | SCC／（万cells·mL⁻¹） | 305 d预计产奶量／kg |
|---|---|---|---|---|---|---|---|---|
| 1 | 140759 | 1 | 1 070 | 2016-09-17 | 2019-08-23 | 27.7 | 7 | 0 |
| 2 | 140291 | 2 | 942 | 2017-01-23 | 2019-08-23 | 39.8 | 1 | 7 454 |
| 3 | 140833 | 2 | 869 | 2017-04-06 | 2019-08-23 | 33.4 | 16 | 9 136 |
| 4 | 140200 | 2 | 854 | 2017-04-21 | 2019-08-23 | 38.6 | 158 | 9 176 |

数据显示，该场泌乳天数大于450 d的牛只共有64头，占泌乳牛数量的8.4%，超过6%预警值的1.4倍，且这些牛平均泌乳天数高达581 d，最大泌乳天数高达1 070 d，应引起牛场场长和育种员的高度警惕，首先应核查是否漏报胎次和产犊日期或多次发生早期流产，如有流产应检查流产原因，是否因霉变饲草料引起，禁喂一切霉烂变质饲草料；是否受机械损伤；是否服用药物或受较大应激等；若流产比例较大，应加强布病等传染病的检疫和净化。若非上述情况，育种员应根据该报告对应牛号逐头检查繁殖功能是否正常，并结合体细胞数和产奶量等查找泌乳天数超长的原因，如果体细胞数高，应检查是否由子宫炎或子宫内膜炎引起的繁殖障碍；并检查干奶期、围产期和泌乳前期奶牛日粮维生素和矿物质是否满足生产和繁殖的需要，由于干奶期、围产期和泌乳前期奶牛转群频繁，奶牛需不断适应新环境和新群体，应激较大，对维生素和矿物质的需求较多，建议上述阶段日粮中加大维生素和矿物质的补充。对屡配不孕和久治不愈的牛只，在产奶量低于15 kg时，建议育肥后淘汰。

11.体细胞数统计

体细胞数统计见表3-59至表3-65。

表3-59　本月体细胞数大于50万cells/mL牛只统计

（参考值：<9%）

| 胎次 | 牛头数 /头 | 百分比 /% | 泌乳 天数/d | 产奶量 /kg | 平均SCC/ （万 cells·mL⁻¹） | SCS | 月奶损失/kg | 305 d 预计 产奶量/kg |
|---|---|---|---|---|---|---|---|---|
| 1 | 4 | 0.52 | 88 | 34.6 | 181.2 | 7.00 | 4.45 | 7 806.00 |
| 2 | 20 | 2.62 | 248 | 34.55 | 166.2 | 6.65 | 4.50 | 15 542.62 |
| ≥3 | 40 | 5.24 | 246 | 30.77 | 143.0 | 6.48 | 3.50 | 10 765.93 |
| 合计 | 64 | 8.38 | 237 | 32.19 | 152.6 | 6.56 | 3.88 | 12 208.29 |

表3-60　本月新增体细胞数大于50万cells/mL牛只统计

| 胎次 | 牛头数 /头 | 百分比 /% | 泌乳 天数 /d | 产奶量 / kg | SCC/（万 cells·mL⁻¹） | SCS | 月奶 损失 /kg | 上月 SCC/（万 cells·mL⁻¹） | 上月 SCS | 305 d 预计 产奶量/kg |
|---|---|---|---|---|---|---|---|---|---|---|
| 1 | 3 | 0.39 | 97 | 34.27 | 163.7 | 6.67 | 4.23 | 13.00 | 2.67 | 7 806.00 |
| 2 | 16 | 2.09 | 275 | 32.57 | 157.4 | 6.56 | 3.96 | 19.31 | 2.38 | 17 067.30 |
| ≥3 | 40 | 5.24 | 246 | 30.77 | 143.0 | 6.48 | 3.50 | 20.72 | 2.45 | 10 765.93 |
| 合计 | 59 | 7.72 | 247 | 31.44 | 148.0 | 6.51 | 3.66 | 19.95 | 2.44 | 12 346.29 |

表3-61　连续两个月体细胞数大于50万cells/mL牛只统计

| 胎次 | 牛头数 /头 | 百分比 /% | 泌乳天 数/d | 产奶量 /kg | SCC/（万 cells·mL⁻¹） | SCS | 月奶 损失 /kg | 上月SCC/（万 cells·mL⁻¹） | 上月 SCS | 305 d 预计 产奶量/kg |
|---|---|---|---|---|---|---|---|---|---|---|
| 1 | 1 | 0.13 | 59 | 35.60 | 234.0 | 8.0 | 5.10 | 58.0 | 6.00 | — |
| 2 | 4 | 0.52 | 140 | 42.48 | 201.2 | 7.0 | 6.67 | 65.5 | 5.25 | 10460.33 |
| ≥3 | — | — | — | — | — | — | — | — | — | — |
| 合计 | 5 | 0.65 | 124 | 41.10 | 207.8 | 7.2 | 6.36 | 64 | 5.40 | 10460.33 |

表3-62　连续三个月体细胞数大于50万cells/mL牛只统计

| 胎次 | 牛头数 /头 | 百分比 /% | 泌乳 天数 /d | 产奶量 /kg | SCC/（万 cells·mL⁻¹） | SCS | 月奶 损失 /kg | 上月 SCC/（万 cells·mL⁻¹） | 上月 SCC | 305 d 预 计产奶 量/kg |
|---|---|---|---|---|---|---|---|---|---|---|
| 1 | — | — | — | — | — | — | — | — | — | — |
| 2 | 1 | 0.13 | 147 | 38.1 | 99 | 6 | 3.1 | 52 | 5 | 9 840 |

续表

| 胎次 | 牛头数/头 | 百分比/% | 泌乳天数/d | 产奶量/kg | SCC/（万 cells·mL⁻¹） | SCS | 月奶损失/kg | 上月SCC/（万 cells·mL⁻¹） | 上月SCC | 305 d预计产奶量/kg |
|---|---|---|---|---|---|---|---|---|---|---|
| ≥3 | — | — | — | — | — | — | — | — | — | — |
| 合计 | 1 | 0.13 | 147 | 38.1 | 99 | 6 | 3.1 | 52 | 5 | 9 840 |

表3-63　本月新增体细胞数大于50万cells/mL牛只明细

| 序号 | 牛编号 | 胎次 | 泌乳天数/d | 测定日奶量/kg | SCC/（万 cells·mL⁻¹） | SCS | 奶损失/（kg·天⁻¹） | 上月SCC/（万 cells·mL⁻¹） | 上月SCC | 305 d预计产奶量/kg |
|---|---|---|---|---|---|---|---|---|---|---|
| 1 | 140884 | 3 | 391 | 8.4 | 691 | 9 | 1.8 | 19 | 4 | 5 780 |
| 2 | 130058 | 4 | 217 | 38.1 | 586 | 9 | 8.1 | 9 | 3 | 10 249 |
| 3 | 161431 | 2 | 175 | 19.7 | 558 | 9 | 4.2 | 9 | 3 | 7 937 |
| 4 | 141083 | 3 | 361 | 18.2 | 525 | 9 | 3.9 | 26 | 4 | 9 633 |

表3-64　连续两个月体细胞数大于50万cells/mL牛只明细

| 序号 | 牛编号 | 胎次 | 泌乳天数/d | 测定日奶量/kg | SCC/（万 cells·mL⁻¹） | SCS | 奶损失/kg | 上月SCC/（万 cells·mL⁻¹） | 上月SCC | 305 d预计产奶量/kg |
|---|---|---|---|---|---|---|---|---|---|---|
| 1 | 151270 | 2 | 169 | 48 | 343 | 8 | 10.2 | 53 | 5 | 11938 |
| 2 | 151427 | 2 | 72 | 50.5 | 303 | 8 | 10.7 | 107 | 6 | 0 |
| 3 | 172290 | 1 | 59 | 35.6 | 234 | 8 | 5.1 | 58 | 6 | 0 |
| 4 | 161618 | 2 | 147 | 38.1 | 99 | 6 | 3.1 | 52 | 5 | 9 840 |

表3-65　连续三个月体细胞数大于50万cells/mL牛只明细

| 序号 | 牛编号 | 胎次/胎 | 泌乳天数/d | 测定日奶量/kg | SCC/（万 cells·mL⁻¹） | SCS | 奶损失（kg） | 上月SCC/（万 cells·mL⁻¹） | 上上月SCC/（万 cells·mL⁻¹） | 305 d产奶量/kg |
|---|---|---|---|---|---|---|---|---|---|---|
| 1 | 161618 | 2 | 147 | 38.1 | 99 | 6 | 3.1 | 52 | 5 | 9 840 |

　　乳房炎是困扰奶牛养殖业的三大疾病（乳房炎、子宫炎和肢蹄病）之首，其是由多种因素诱发或引起的，但感染通常是由致病菌引起的。乳房炎

一方面影响产奶量，使淘汰率升高，另一方面存在抗生素治疗费用升高以及抗生素残留和产生耐药性的风险，同时会造成初配天数延长、一次妊娠配种次数增加、空怀期延长、产犊间隔增加、配种后流产率上升、产后第一次配种妊娠率下降，影响繁殖，极大地影响了奶牛养殖业的发展，应引起大家的高度重视。

数据显示，该场乳房炎控制较好，体细胞数大于 50 万 cells/mL 牛只比例为 8.8%，小于预警值小于 9%，也就是说患乳房炎牛只比例控制较好，但这些牛的乳中体细胞数较高且均在 140 万以上，平均达 152.6 万 cells/mL，说明这些牛的炎症较重，存在严重的奶损失。从胎次分类情况看，头胎牛体细胞数超 50 万 cells/mL 的占 0.52%，平均泌乳天数 88 d，表明头胎牛泌乳前期体细胞数偏高，应检查青年牛饲养管理是否到位，产犊时是否达理想体重、产犊难易程度、产道是否损伤，并应及时治疗；2 胎和 3 胎及以上体细胞数超 50 万 cells/mL 分别占 2.62% 和 5.24%，平均泌乳天数 250 d 左右，从泌乳天数判断，应该是泌乳后期过度挤奶使乳房组织受损所致。从产奶量看，这些牛均是高产牛，头胎牛产奶量达 34.6 kg，305 d 预计产奶量达 7 806 kg；2 胎产奶量 34.6 kg，305 d 产奶量达 15 542.6 kg；3 胎产奶量 30.8 kg，305 d 产奶量达 10 765.9 kg，也表明经产牛生产性能未充分发挥，与乳房炎有直接关系。兽医应根据本报告，认真查找原因，及时治疗，彻底治愈，减少奶损失。从本月新增体细胞数大于 50 万 cells/mL 牛只统计表看，本月新增 59 头，表明为新感染，占本月体细胞数大于 50 万 cells/mL 牛只比例的 92.2%，牛场兽医应根据本报告逐头做 CMT 检查核实，根据检查结果及时采取措施，及时治疗，降低奶损失，因为及时发现、及时治疗是提高乳房炎治愈率的关键因素。应及时将患有乳房炎的牛只隔离，尤其是由金黄色葡萄球菌、坏疽杆菌引起的乳房炎，更应注重全面消毒，最好不上奶厅挤奶，如必须上奶厅挤奶，则应最后挤奶，挤完应对挤奶员手臂、挤奶设备和环境彻底消毒，防止大面积传染，并制定全面有效的治疗方案，科学施治，有条件的，可做病原菌分离培养和分型鉴定，科学用药，针对性治疗。

连续两个月体细胞数大于 50 万 cells/mL 的 5 头牛只，占比 0.65%，应该为传染性乳房炎，说明牛场对乳房炎的治疗较为有效，能有效控制乳房炎的发展，但应加强这些患乳房炎的牛的治疗和管理，因为这些牛容易在奶厅传染其他牛只，引起交叉感染，建议最后挤奶。从产奶量看，这 5 头牛只产奶量也很高，牛场兽医应根据牛只检查情况，及时调整治疗方案，必要时做病原菌分离培养和分型鉴定，科学用药，针对性治疗。

连续 3 个月体细胞数大于 50 万 cells/mL 的只有 1 头，占 0.13%，应检查治疗方案是否有效，必要时做病原菌分离培养和分型鉴定，及时调整治疗方案，针对性治疗。

（1）奶牛高体细胞数的管理策略。

①干奶流程。为了减少抗生素的使用，建议牧场使用选择性干奶治疗。干奶前最后 3 次 SCC 检测数据有超过 20 万 cells/mL 的情况或患有临床性乳房炎的奶牛，才采用抗生素干奶治疗。

所有的干奶牛都采用乳头封闭剂。干奶前 5 d，减少饲喂量，并把挤奶次数改为每天 1 次。

关于乳房炎和高 SCC 奶牛，建议采用淘汰、分乳区干奶、提前干奶和泌乳期治疗方案。

奶厅的卫生条件应保持良好，员工都应戴手套保持清洁，保持挤奶杯组干净。严格按照挤奶流程操作，包括前药浴、验奶、一条毛巾一头奶牛进行擦干，然后套杯挤奶。脱杯后，采用二氧化氯药浴液进行后药浴。在下一次上杯前，采用过氧乙酸消毒奶衬。

使用过的毛巾用温水清洗，再用稀释的消毒剂溶液进行消毒，每 6 个月更换一次，部分毛巾的使用次数达到 1 000 次。

奶牛乳头有明显的角化过度、充血，末端有角质环，这都表明挤奶真空压存在问题，需要进行相关的评估。

挤奶厅的牛奶导管较长，杯组分布情况不合理。这意味着挤奶时奶衬会扭曲为椭圆形，而不是呈现圆形，从而减少挤奶流速和延长挤奶时间。奶厅的每一侧都有支撑支架，可用于调整杯组安装位置，但牧场没有采用。

检测时发现有金黄色葡萄球菌阳性牛，建议淘汰。

有条件的牧场建议将高 SCC 奶牛集中饲养，最后挤奶防止传播。

②毛巾清洗。建议毛巾清洗温度提高为 90 ℃，以杀死葡萄球菌和链球菌等致病菌，清洗后的毛巾在使用前进行拭子取样，以检测灭菌效果。

将选择性干奶治疗的 SCC 阈值从 20 万 cells/mL 下调至 10 万 cells/mL，干奶前奶牛的挤奶次数改为每天 2 次，产奶量低于 10 L 的奶牛会进行提前干奶。

关于选择性干奶治疗的 SCC 阈值，应根据牧场牛群的实际 SCC、细菌和管理情况而定。建议刚开始选用该方法时，应将阈值设置低些，以检验该方法是否对群体 SCC 有不利影响。

若群体 SCC 低于 20 万 cells/mL，那么建议选择性干奶治疗的初期阈值设置为 10 万 ~ 12 万 cells/mL。随着时间的推移，若群体 SCC 持续下降，那么阈值可以随之上调。刚开始，采用 20 万 cells/mLSCC 阈值，可能过高。此外，乳头损伤和毛巾污染都会增加感染的传播。

（2）常见乳房炎致病菌的临床特点及防治建议。

①金黄色葡萄球菌。

a.临床特点。传染性致病菌主要存在于乳头皮肤和被感染的乳汁中，牛与牛之间主要通过挤奶传播，可导致临床型或亚临床型乳房炎。

b.防治建议。及时揭发感染牛并采取隔离措施尝试治疗或结合个体牛信息尽早做出淘汰决策；加强奶厅的管理，包括消毒、操作、设备维护等；慢性感染牛细菌学治愈率低，建议及时淘汰；不建议饲喂乳房炎病牛奶给犊牛，若必须饲喂则一定要做好牛奶的巴杀。

②无乳链球菌。

a.临床特点。传染性致病菌属于专性致病菌，仅存在于被感染的乳汁中，牛与牛之间主要通过挤奶传播，传染性强，临床上有多个乳区同时感染的特点。

b.防治建议。及时揭发感染牛并采取隔离措施尝试治疗或结合个体牛信息尽早做出淘汰决策；加强奶厅的管理，包括消毒、操作、设备维护等；治疗时建议对感染牛的四个乳区同时使用抗生素，不建议饲喂乳房炎病牛奶给犊牛，若必须饲喂则一定要做好牛奶的巴氏杀菌。

③乳房链球菌。

a.临床特点。乳房链球菌属于环境性致病菌，在牛生活的环境，如卧床、粪便、过道等位点以及牛体上均可检出。其可导致临床型或亚临床型的感染，与有机垫料相关性高，属于侵袭性致病菌，抗生素治疗难度偏高。

b.防治建议。做好卧床管理，确保卧床干净、干燥、舒适，重视奶牛的免疫力，减少应激。干奶期是链球菌新发感染的高发阶段，要做好干奶期的管理，使用干奶药的同时建议配合使用乳头封闭剂，对于感染牛建议适当延长抗生素治疗疗程，以达到较好的细菌学治愈率。

④大肠杆菌。

a.临床特点。大肠杆菌属于环境性致病菌，需考虑内毒素的影响。在牛生活的环境，如卧床、粪便、过道、泥土中均可检出，主要以临床型乳房炎的形式存在，属于革兰氏阴性菌。

b.防治建议。做好卧床管理，确保卧床干净、干燥、舒适，重视奶牛的免疫力，减少应激。抗生素治疗效果好，但由于内毒素的释放会刺激机体产生严重的炎性反应，建议治疗时及时配合使用抗炎药物以中和内毒素的影响。

⑤凝固酶阴性葡萄球菌。

a.临床特点。凝固酶阴性葡萄球菌属于环境性致病菌，与奶牛自身免疫力相关性高，泌乳早期感染风险高，与生产应激相关，属于机会性致病菌。

b.防治建议。挤奶时做好乳头和乳头末端的消毒工作，尤其是乳头评分较差的奶牛要重视其免疫力，减少应激。

⑥克雷伯氏菌。

a.临床特点。克雷伯氏菌属于环境性致病菌，与有机垫料相关性高，在卧床、粪便中经常检出可导致临床型或亚临床型感染，属于革兰氏阴性菌，需考虑内毒素的影响。

b.防治建议。做好卧床管理，确保卧床干净、干燥、舒适，重视奶牛的免疫力，减少应激。该菌宿主适应性强，感染后若不及时干预，部分菌株的感染会在乳腺内持续存在超过 100 d，造成慢性感染病例，建议及时揭发、及时治疗，该菌会释放内毒素，从而刺激机体产生严重的炎性反应，建议治疗时及时配合使用抗炎药物以中和内毒素的影响。

⑦支原体。

a.临床特点。支原体属于传染性致病菌，感染途径复杂，防控难度大。由于其没有细胞壁，目前能在乳腺内使用的抗生素无法有效治疗，支原体的感染传染性强，临床上有多个乳区同时感染的特点。

b.防治建议。及时揭发感染牛并采取隔离措施评估个体牛信息；及时做出淘汰决策；加强奶厅的管理，包括消毒、操作、设备维护等，不建议饲喂乳房炎奶给犊牛，若必须饲喂则一定要做好牛奶的巴氏杀菌。

12.脂蛋比异常牛只比例及牛只明细

脂蛋比异常牛只比例及牛只明细见表 3-66 至表 3-68。

### 表3-66　脂蛋比按泌乳天数分类

（参考值：<10%）

| 泌乳天数分类/d | 奶牛数/头 | 乳脂率/% | 乳蛋白率/% | 脂蛋比 | 参考值 | 是否正常 | 脂蛋比<1.12的牛只比例 | 脂蛋比>1.41的牛只比例 |
|---|---|---|---|---|---|---|---|---|
| ≤60 | 132 | 4.14 | 2.93 | 1.44 | 1.12～1.41 | 否 | 20.45 ↑ | 50.76 ↑ |
| 61～120 | 104 | 3.90 | 2.90 | 1.36 | 1.12～1.41 | 是 | 18.27 ↑ | 36.54 ↑ |
| 121～200 | 171 | 4.14 | 3.07 | 1.37 | 1.12～1.41 | 是 | 17.54 ↑ | 41.52 ↑ |
| ≥201 | 357 | 4.28 | 3.27 | 1.32 | 1.12～1.41 | 是 | 19.05 ↑ | 30.53 ↑ |
| 合计 | 764 | 4.17 | 3.12 | 1.36 | 1.12～1.41 | 是 | 18.85 ↑ | 37.30 ↑ |

### 表3-67　脂蛋比小于参考值下限的牛只明细

| 序号 | 牛编号 | 泌乳天数/d | 产奶量/kg | SCC/(万 cells·mL⁻¹) | 乳脂率/% | 乳蛋白率/% | 脂蛋比 |
|---|---|---|---|---|---|---|---|
| 1 | 161855 | 14 | 30.0 | 1 | 3.53 | 3.17 | 1.11 |
| 2 | 161463 | 380 | 27.6 | 9 | 3.86 | 3.48 | 1.11 |
| 3 | 151380 | 193 | 36.6 | 2 | 3.52 | 3.16 | 1.11 |
| 4 | 171796 | 133 | 27.8 | 8 | 3.00 | 2.71 | 1.11 |

### 表3-68　脂蛋比大于参考值上限的牛只明细

| 序号 | 牛编号 | 泌乳天数/d | 产奶量/kg | SCC/(万 cells·mL⁻¹) | 乳脂率/% | 乳蛋白率/% | 脂蛋比 |
|---|---|---|---|---|---|---|---|
| 1 | 151304 | 159 | 33.1 | 2 | 2.31 | 0.76 | 3.04 |
| 2 | 161779 | 67 | 43.5 | 73 | 6.03 | 2.22 | 2.72 |
| 3 | 151269 | 58 | 43.6 | 4 | 6.05 | 2.52 | 2.40 |
| 4 | 140762 | 411 | 49.5 | 1 | 5.85 | 2.47 | 2.37 |

数据显示，该场60 d内脂蛋比达1.44，大于1.41，且参考值范围外的牛只比例高达71.2%，其他泌乳阶段脂蛋比在参考值范围外的牛只比例也均在50%以上，牛场应首先检查取样方法是否正确，取样器是否安装正确，取样器分流是否正常，取样前是否充分摇匀，等等。正确取样方法详见《奶牛生产性能测定采样技术规范》。一般情况，脂蛋比异常多是牛场取样不规

范所致。建议牛场正确安装取样装置，严格执行《奶牛生产性能测定采样技术规范》，规范取样操作，提高取样代表性。

如果排除取样原因，脂蛋比大于1.41，表明奶牛大量动用体脂，造成乳脂率偏高，临床可能表现为酮病或亚临床酮病，牛场应加强酮病的筛查，防止酮病的群发；脂蛋比小于1.12，表明奶牛瘤胃功能不佳，应检查奶牛日粮精粗比是否合适，粗饲料是否过度搅拌导致过短，并观察奶牛反刍情况是否正常，奶牛可能存在瘤胃酸中毒和瘤胃功能迟缓现象。

奶牛酮病的营养调控。

奶牛酮病的营养解决方案，需要从减缓或抑制体脂的动员、减缓脂肪肝、促进糖异生、减缓能量负平衡等方面着手。

减缓或抑制体脂动员：如何减缓或抑制酮病发生？首先是减缓或抑制体脂动员，减缓能量负平衡，减少脂肪的动员，降低发病概率。生产中日粮可适当添加烟酸。

减缓脂肪肝：从原理上说得很透，我们要减少脂肪的动员，将运输进入肝脏的脂肪运输出去，避免形成脂肪肝，酮体产量自然下降，酮病发病率就降低了。生产中日粮可适当添加胆碱。

促进糖异生：将促进糖异生作用这个链条切断。合成葡萄糖，直接提供前体物，即丙二醇、丙酸钙、丙酸钠。

另外，促进瘤胃内的丙酸生成，调解瘤胃的发酵模式，产生更多的丙酸。这意味着葡萄糖的合成，缓解了高葡萄糖需求的过程，这样链条就切断了。

减缓能量负平衡：有效控制酮病最重要的一条就是减缓能量负平衡。在检测酮病中，我们归结能量负平衡是最重要的，可从以下几方面着手。

第一，营养均衡的产前日粮。尤其产前一周甚至更早的时候，在没有产犊、没有发生酮病的时候，就提前做一些工作，可以很好地减缓酮病的发生。

第二，提高产前干物质采食量和日粮消化率。高糖、高可溶纤维日粮可能是一条比较有效的途径。

第三，围产期充足的采食空间。很多牛场奶牛吃不上，尤其肥牛，酮病分Ⅰ型和Ⅱ型，Ⅱ型的是脂肪肝。越肥的牛越容易患脂肪肝，酮病发生概率大幅度上升，酮病的发生又导致采食量下降，恶性循环，最后就被淘汰了。

第四，新产牛均衡日粮。为新产牛提供优质的粗饲料，消化率高，有良好的适口性、优质的纤维，同时，有效促进干物质采食量是我们平衡日粮的一些技巧。

13. 乳脂率低于 2.5% 牛只比例及牛只明细

乳脂率低于 2.5% 牛只比例及牛只明细见表 3-69、表 3-70。

表3-69　乳脂率低于2.5%牛只比例

| 牛头数 / 头 | 泌乳天数 /d | 乳脂率 /% | 占测试牛比例 /% | 参考值 | 是否正常 |
| --- | --- | --- | --- | --- | --- |
| 22 | 234 | 2.11 | 2.88 | ＜ 10% | 是 |

表3-70　乳脂率低于2.5%牛只明细

| 序号 | 牛编号 | 泌乳天数 /d | 乳脂率 /% | 产奶量 /kg | SCC/（万 cells·mL⁻¹） |
| --- | --- | --- | --- | --- | --- |
| 1 | 151268 | 195 | 2.44 | 33.7 | 3 |
| 2 | 141023 | 398 | 2.34 | 43.9 | 1 |
| 3 | 161736 | 106 | 2.33 | 39.5 | 28 |
| 4 | 151304 | 159 | 2.31 | 33.1 | 2 |

乳脂率反映了奶牛的瘤胃发酵状态、日粮纤维结构及比例、日粮脂肪结构及比例等，是衡量奶牛健康状态的一项重要指标。乳脂率低于 2.5% 用于检查牛只瘤胃功能，表明牛只可能存在瘤胃酸中毒，并结合奶牛反刍情况、采食情况和粪便状态判断。如果乳脂率低于 2.5% 的牛只比例超过预警值 10%，应综合考虑咀嚼活动（包括采食和反刍）、纤维性饲料质量、粪便成型度等指标综合判断，牛群反刍和粪便异常，牛群存在酸中毒，应减少精料的喂量，增加长草的喂量，严重的应及时治疗。该场乳脂率低于 2.5% 的牛只比例低于 10%，且牛群反刍和粪便无异常，则表明牛群是健康的。

14. 乳中尿素氮结果统计

乳中尿素氮结果统计见表 3-71 至表 3-73。

表3-71　乳中尿素氮统计

| 泌乳天数分类 /d | 牛头数 / 头 | 乳中尿素氮 /（mg·dL⁻¹） | 乳蛋白率 /% | 参考值 | 是否正常 |
| --- | --- | --- | --- | --- | --- |
| ≤ 30 | 58 | 10.66 | 3.04 | 12 ～ 16 | 否 |
| 31 ～ 100 | 135 | 12.07 | 2.82 | 12 ～ 16 | 是 |
| 101 ～ 200 | 214 | 13.07 | 3.07 | 12 ～ 16 | 是 |
| ＞ 200 | 357 | 13.80 | 3.27 | 12 ～ 16 | 是 |
| 合计 | 764 | 13.05 | 3.12 | 12 ～ 16 | 是 |

表3-72 乳中尿素氮小于参考值下限的牛只明细

| 序号 | 牛编号 | 泌乳天数 /d | 乳中尿素氮 /(mg·dL⁻¹) | 乳蛋白率 /% | 产奶量 /kg | SCC/ (万 cells·mL⁻¹) |
|---|---|---|---|---|---|---|
| 1 | 140108 | 45 | 9.9 | 2.42 | 47.7 | 3 |
| 2 | 151383 | 213 | 9.9 | 3.01 | 36.6 | 8 |
| 3 | 161469 | 183 | 9.9 | 3.00 | 43.5 | 13 |
| 4 | 161844 | 195 | 9.9 | 3.39 | 28.8 | 9 |

表3-73 乳中尿素氮大于参考值上限的牛只明细

| 序号 | 牛编号 | 泌乳天数 /d | 乳中尿素氮 /(mg·dL⁻¹) | 乳蛋白率 /% | 产奶量 /kg | SCC/ (万 cells·mL⁻¹) |
|---|---|---|---|---|---|---|
| 1 | 172232 | 133 | 21.7 | 3.11 | 39.6 | 4 |
| 2 | 161449 | 180 | 21.2 | 3.35 | 32.8 | 18 |
| 3 | 161580 | 178 | 20.6 | 3.36 | 26.5 | 3 |
| 4 | 140296 | 252 | 20.2 | 3.16 | 16.9 | 16 |

测定尿素氮是评估奶牛日粮的重要技术手段，是衡量奶牛蛋白质代谢的关键指标，对于尿素氮指标的评定，群体平均值意义大于个体值。对于泌乳天数小于35 d的牛，尿素氮受脂肪代谢的影响远大于受日粮的影响，因此这一时期的尿素氮结果不建议分析利用，对于泌乳天数为35～100 d的牛，测定尿素氮的意义在于看受胎率是否会受到影响。对于泌乳天数为101～200 d的牛，测定尿素氮主要是观察日粮蛋白质的摄入量是否会影响产奶量。对于200 d以上泌乳牛，应关注其日粮蛋白质是否有浪费。

数据显示，除泌乳天数30 d内牛只尿素氮略低外，其他各泌乳阶段牛只乳中尿素氮含量均处于正常尿素氮范围，结合乳蛋白率看，泌乳天数30～100 d牛只乳蛋白低于3.0%，而尿素氮正常，表明该阶段牛只日粮蛋白平衡，能量稍缺乏，应适当增加压片玉米用量，提高日粮能量浓度，保持能量、蛋白质平衡。

通过对上述14项数据的综合分析，使我们对牛场的整体情况有了充分的了解，对存在的问题也有了正确的认识，针对性分析问题、解决问题还需进一步分析和掌握各分项报告。

## 三、分项报告解读

DHI 报告由月平均指标跟踪表、关键参数变化预警表等 20 个分项报告组成，若需充分利用 DHI 报告，还应充分分析和利用各分项报告的数据信息，了解牛群和个体牛的准确信息。各分项报告解读如下。

### （一）月平均指标跟踪表

月平均指标跟踪见表 3-74。

（1）测定头数。测定头数是指有效采集奶样的牛头数。报告解读是建立在全群连续测定的基础上，测定头数应该变化不大，一般情况下相邻两个月测定头数上下浮动不超过 10%，否则会影响报告分析的准确性。该牛场测定数变化不大，相邻两个月间测定头数变化均在 ±5%。

（2）平均泌乳天数。该场平均泌乳天数波动较大且偏长，表明牛场繁种工作有待进一步提高和改善，奶损失较大。研究表明，泌乳天数超过 195 d，每头泌乳牛每天的奶损失 2 ～ 5 kg。2018 年 8 月平均泌乳天数基本接近理想值 150 ～ 170 d，表明 2017 年 11 月之前繁殖工作抓得较好；但 2018 年 9 月至 2019 年 5 月，平均泌乳天数较长，表明 2017 年 12 月至 2018 年 8 月，繁殖工作存在较大问题；2019 年 6 月平均泌乳天数恢复理想值，表明 2018 年 9 月前，繁殖工作取得了显著成绩，育种人员应回顾 2018 年 8 月和 9 月的工作方法有什么不同，并分析查找繁殖性能不稳定的原因，总结经验、吸取教训，提高繁殖效率。

（3）平均胎次。该场平均胎次不足 2.5 胎，表明牛场淘汰率较高，奶牛利用年限较短，后备牛培育成本相对较高。一般情况下，牛只生产应达到 2.5 胎以上才能给牛场带来效益，该场三胎及以上牛只比例明显偏低，而荷斯坦奶牛 3 ～ 5 胎达泌乳高峰，说明奶牛还未达预期泌乳高峰就已被动淘汰，反映牛场管理存在较大问题，因此牛场应制定合理的繁殖和淘汰计划，加强奶牛各阶段的营养与管理，提高奶牛健康状况、繁育率，减少被动淘汰，延长利用年限，提高终身产奶量，逐步调整牛群结构向合理化方向发展。

表3-74 月平均指标跟踪

| 月度 | 测定头数/头 | 泌乳天数/d | 平均胎次 | 日奶量/kg | 产奶量环比 | 乳脂率/% | 蛋白率/% | 脂蛋比 | SCC/(万cells·mL⁻¹) | 奶损失/kg | 体细胞分 | 305d产奶量/kg | 高峰奶/kg | 高峰日/d | 持续力/% | 尿素氮/(mg·dL⁻¹) |
|---|---|---|---|---|---|---|---|---|---|---|---|---|---|---|---|---|
| 2018-08 | 795 | 179 | 2.2 | 32.0 | | 3.91 | 3.38 | 1.16 | 12.4 | 0.3 | 2.2 | 9 629 | 41.4 | 69 | 99.2 | 17.0 |
| 2018-09 | 795 | 211 | 2.2 | 32.0 | 0.0 | 3.91 | 3.38 | 1.16 | 12.4 | 0.3 | 2.2 | 9 803 | 41.5 | 77 | 100.0 | 17.0 |
| 2018-10 | 768 | 201 | 2.3 | 31.2 | -0.8 | 4.11 | 3.42 | 1.21 | 12.0 | 0.3 | 2.1 | 9 856 | 40.8 | 78 | 96.5 | 17.8 |
| 2018-11 | 741 | 191 | 2.3 | 30.3 | -0.9 | 4.30 | 3.45 | 1.25 | 11.6 | 0.3 | 2.0 | 9 909 | 40.1 | 78 | 93.0 | 18.5 |
| 2018-12 | 705 | 194 | 2.5 | 32.6 | 2.3 | 4.23 | 3.33 | 1.27 | 22.3 | 0.6 | 2.9 | 10 380 | 41.8 | 79 | 105.7 | 17.7 |
| 2019-01 | 704 | 190 | 2.5 | 31.8 | -0.8 | 4.25 | 3.30 | 1.29 | 19.7 | 0.5 | 2.9 | 10 138 | 41.8 | 77 | 96.5 | 11.6 |
| 2019-02 | 728 | 204 | 2.5 | 31.4 | -0.4 | 4.20 | 3.34 | 1.26 | 27.3 | 0.6 | 3.1 | 10 221 | 42.1 | 77 | 96.7 | 13.0 |
| 2019-03 | 721 | 249 | 2.5 | 31.0 | -0.4 | 4.38 | 3.35 | 1.31 | 23.1 | 0.5 | 3.1 | 10 182 | 42.4 | 80 | 98.4 | 13.0 |
| 2019-04 | 719 | 235 | 2.5 | 30.8 | -0.4 | 3.85 | 3.32 | 1.16 | 20.2 | 0.5 | 2.9 | 10 213 | 41.8 | 77 | 97.1 | 12.7 |
| 2019-05 | 716 | 221 | 2.5 | 30.5 | -0.3 | 3.31 | 3.29 | 1.01 | 17.2 | 0.4 | 2.6 | 10 244 | 41.1 | 73 | 95.8 | 12.3 |
| 2019-06 | 752 | 150 | 1.6 | 32.7 | 2.2 | 4.07 | 3.00 | 1.36 | 19.9 | 0.5 | 2.8 | 9 530 | 38.9 | 60 | 100.8 | 13.7 |
| 2019-07 | 758 | 184 | 2.1 | 32.8 | 1.1 | 4.10 | 3.03 | 1.36 | 20.5 | 0.5 | 2.8 | 9 855 | 39.9 | 66 | 100.9 | 13.4 |
| 2019-08 | 764 | 218 | 2.5 | 32.8 | 0.0 | 4.12 | 3.05 | 1.35 | 21.1 | 0.5 | 2.7 | 10 180 | 40.9 | 72 | 101.0 | 13.0 |

（4）产奶量。该场日产奶量均超 30 kg 以上，但 2019 年 1～5 月，日产奶量环比均较上月略有下降，但变化幅度不大，从平均泌乳天数看，与泌乳天数偏长、泌乳后期牛只比例较大有关牛场应加强的繁育管理，以及干奶期、围产期奶牛的饲养管理，提高繁育率，缩短产犊间隔，降低奶损失，提高产奶量。

（5）乳脂率、乳蛋白和脂蛋比。该场乳脂率、乳蛋白率较高，脂蛋比正常。但乳蛋白率 2019 年 6～8 月下降幅度较大，应该是受热应激的影响，建议牛场加强防暑降温措施，改善营养调控，缓解热应激。

（6）体细胞数、体细胞分及奶损失。从体细胞数和体细胞分看，该场乳房炎控制较好，体细胞数基本控制在 20 万 cells/mL 以下，其中 2018 年 12 月至 2019 年 2 月间，体细胞数超过 20 万 cells/mL，存在一定的奶损失，需进一步加强冬季乳房炎防控，降低乳房炎发病率，使体细胞数稳定控制在 20 万 cells/mL 以下。

（7）高峰奶量与高峰日。高峰奶量平均 41.2 kg，平均胎次 2.4 胎，表明高峰奶量未达理想水平；2 胎以上高峰奶量应达 46 kg 以上，与目标值差 4.8 kg，说明干奶牛、围产期牛饲养管理存在较大问题，应加强干奶期、围产期和泌乳前期奶牛的营养与管理，提高干奶期、围产期和泌乳前期奶牛干物质采食量，降低能量负平衡，提高高峰奶量达目标值，则胎次产奶量将提高 1 t 以上。

高峰日出现在 60～90 d，平均高峰日 74 d，基本正常，但仍有较大的提升空间。在干奶期、围产期奶牛饲养管理良好的情况下，泌乳前期奶牛的食欲会快速恢复，干物质采食量将快速提升，泌乳高峰日可提前至 60 d 左右出现，同时高峰奶量也将大幅提升至 ±50 kg，胎次产奶量也将大幅提升。

（8）持续力。平均持续力 98.7%，且各月持续力 93.0%～105.7%，均处于 90%～110%，基本正常，仍有提升空间，与平均泌乳天数偏长有关。在干奶期、围产期奶牛饲养管理良好的情况下，加强繁育管理，可使平均泌乳天数维持 150～170 d，持续力将进一步提高。

（9）牛奶尿素氮。牛奶尿素氮是衡量奶牛蛋白质代谢的关键指标，对尿素氮指标的评定，群体平均值意义大于个体值。中国农业大学曹志军教授研究成果推荐：当日粮类型为精料＋玉米秸秆＋玉米黄贮时，适宜牛奶尿素氮范围是 14～18 mg/dL；日粮类型为精料＋全株玉米青贮＋苜蓿时，适宜牛奶尿素氮范围是 12～16 mg/dL。

该场日粮类型为精料 + 全株玉米青贮 + 苜蓿，平均牛奶尿素氮 14.7%，且乳蛋白大于等于 3.0%，符合中国农业大学曹志军教授团队研究成果推荐范围，表明日粮能量和蛋白质平衡较好，应保持。

（二）关键参数变化预警表

关键参数变化预警表见表 3-75。

关键参数变化预警表是对 DHI 报告中关键控制点的综合判断，要保证判断准确，必须连续测定且每月参测牛只相对稳定，相邻两个月参测牛数量变化小于 10%。所以，参测牛场应该使所有泌乳牛每月参测一次，每年连续测定 10 次。

表3-75　关键参数变化预警

| 采样月份 | 牛群 | 采样头数/头 | 乳脂率<2.5%的牛数/头 | 脂蛋比<1.12的牛数/头 | 泌乳天数<70d,乳脂率>5.0%的牛数/头 | 尿素氮<10 mg/dL的牛数/头 | 尿素氮>18 mg/dL的牛数/头 | 体细胞数>50万cells/mL的牛数/头 | 泌乳天数<90 d,体细胞数>50万cells/mL的牛数/头 | 细胞分上次<6,本次>6的牛数/头 | 平均泌乳天数/d | 泌乳天数>400 d的牛数/头 | 产奶量下降5kg以上的牛数/头 | 高峰日/d | 高峰产奶量/kg |
|---|---|---|---|---|---|---|---|---|---|---|---|---|---|---|---|
| 2018-08 | 全群 | 795 | 48 | 327 | 14 | 94 | 419 | 29 | 8 | 20 | 179 | 63 | 66 | 67 | 41.5 |
| 2018-09 | 全群 | 795 | 48 | 327 | 8 | 94 | 419 | 29 | 7 |  | 211 | 78 |  | 75 | 41.5 |
| 2018-10 | 全群 | 768 | 38 | 254 | 15 | 48 | 424 | 31 | 6 | 9 | 201 | 58 | 122 | 75 | 40.8 |
| 2018-11 | 全群 | 741 | 27 | 180 | 22 | 1 | 429 | 33 | 5 | 17 | 191 | 38 | 243 | 75 | 40.1 |
| 2018-12 | 全群 | 705 | 9 | 91 | 13 | 4 | 270 | 118 | 26 | 99 | 194 | 35 | 76 | 76 | 41.8 |
| 2019-01 | 全群 | 704 | 15 | 114 | 21 | 144 | 4 | 52 | 7 | 38 | 190 | 26 | 106 | 76 | 41.9 |
| 2019-02 | 全群 | 728 | 15 | 214 | 17 | 84 | 25 | 95 | 23 | 72 | 204 | 34 | 90 | 75 | 42.2 |
| 2019-03 | 全群 | 721 | 12 | 159 | 11 | 78 | 14 | 76 | 10 | 44 | 249 | 83 | 74 | 78 | 42.4 |
| 2019-04 | 全群 | 719 | 92 | 299 | 10 | 102 | 15 | 66 | 15 | 32 | 235 | 86 | 101 | 75 | 41.8 |
| 2019-05 | 全群 | 716 | 172 | 439 | 8 | 126 | 15 | 56 | 19 | 19 | 221 | 88 | 128 | 72 | 41.1 |
| 2019-06 | 全群 | 752 | 7 | 59 | 16 | 35 | 18 | 26 | 15 | 12 | 150 | 29 | 38 | 59 | 38.9 |
| 2019-07 | 全群 | 758 | 15 | 104 | 20 | 77 | 39 | 47 | 16 | 25 | 184 | 74 | 72 | 66 | 39.9 |
| 2019-08 | 全群 | 764 | 22 | 149 | 23 | 118 | 59 | 67 | 16 | 37 | 218 | 119 | 105 | 72 | 40.9 |

乳脂率小于 2.5% 的牛头数和脂蛋比小于 1.12 的牛数，这两项指标提示我们应关注的问题是：奶牛日粮配比是否科学合理、精粗比是否合适、牛群中是否存在瘤胃酸中毒等问题；如果牛群中超过 10% 的牛乳脂率小于 2.5% 或小于平均乳脂率减 1，或脂蛋比小于 1.12，预示牛群可能存在慢性瘤胃酸中毒风险。

该场尽管乳脂率小于 2.5% 的牛数占比较低，但脂蛋比小于 1.12 的牛数占比超 12.9% 以上，其中 2019 年 5 月占比高达 61.3%，分析原因可能是采样时没有充分搅拌或挤完奶后手工取样，导致取样代表性不强，乳脂率检测结果偏低；精料喂量过高、日粮精粗比超过 7：3，牛群存在瘤胃酸中毒。牛场管理和技术人员应根据牛场实际情况分析、判断和确认，并加以改进。

泌乳天数小于 70 d、乳脂率大于 5.0% 的牛数，这一指标主要用于检测牛群中是否存在酮病及亚临床酮病。如果泌乳早期乳脂率大于 5.0% 的牛数很多或脂蛋比大于 1.5：1.0，预示牛群可能存在酮病或亚临床酮病风险，牛场应高度重视，加强酮病的检测，防止酮病群发。如果该场早期乳脂率大于 5.0% 的牛头数很少，酮病群发的可能性很小。

尿素氮小于 10 mg/dL 的牛数和尿素氮大于 18 mg/dL 的牛数，这一指标主要用于检测奶牛日粮能蛋平衡和蛋白质代谢情况。牛奶尿素氮是评估奶牛日粮能蛋平衡和蛋白质代谢的关键指标之一，也是提高奶牛繁殖性能的重要指标。在美国荷斯坦牛的尿素氮平均值为 12.8 mg/dL，我国一般认为应该介于 10 ~ 18 mg/dL。奶牛产后 35 d 内尿素氮值受脂肪代谢的影响远大于受日粮的影响，因此这一时期测定尿素氮值无重要意义。另外，研究人员发现，晚上采集样品要比早上采集的样品的测定结果高，当奶牛日产奶量达到 38.6 kg 时，尿素氮的测定结果会随着产奶量的升高而升高。日粮层面尿素氮的高低主要受日粮中粗蛋白水平及非结构性碳水化合物（主要是淀粉）的高低的影响。

尿素氮小于 10 mg/dL 的牛数反映泌乳牛日粮蛋白质是否科学合理，RDP、RUP 比例是否平衡，或者泌乳牛日粮能量是否充足，影响了瘤胃微生物的繁殖，导致瘤胃微生物数量减少，影响泌乳牛干物质摄入量，从而导致营养素的摄入量不足，导致产奶量、乳蛋白和尿素氮的降低；尿素氮大于 10 mg/dL 的牛数表明泌乳牛日粮蛋白质含量过高或 RDP 过高，应检查牛群的繁育指标，是否因为奶牛血液尿素氮指标升高而造成牛奶尿素氮的升高，同时导致奶牛子宫中氮沉积过高，从而造成子宫中的卵子或胚胎被大量杀灭，致使牛群的返情率升高，繁育率降低。

该牛场 2018 年 8 月至 12 月，尿素氮值大于 18 mg/dL 的牛占比超 50%，而乳蛋白率正常，说明泌乳牛日粮淀粉可能不足，建议牛场日粮中增加压片玉米。经调整，2019 年 1 月起，尿素氮大于 18 mg/dL 的牛占比明显少，不到 10%，且乳蛋白保持正常，说明分析正确，措施有效，日粮能蛋平衡。

体细胞数大于 50 万 cells/mL 的牛数这一指标主要用于评价牛群乳房炎管理情况。体细胞数大于 50 万 cells/mL，说明该牛只已经感染了乳房炎，如果该指标较高，说明感染乳房炎的牛数多。正常情况下，乳房炎发病率即体细胞数大于 50 万 cells/mL 的牛数应控制在 9% 以下。该场 2018 年 12 月和 2019 年 4 月，体细胞数大于 50 万 cells/mL 的牛占比超 9%，其他各月占比均未超 9%，说明牛群乳房炎防控较好，但应加强冬春季乳房炎防控，西北寒冷地区春季应尽早清理圈舍屋顶和运动场上积雪，防止积雪融化致运动场变成污水池，从而导致蹄病和乳房炎均增多。如果连续几个月体细胞数大于 50 万 cells/mL 的牛只比例较大，应该考虑挤奶过程中乳房炎的传播，需优化挤奶程序，定期维护挤奶设备，加强乳头前后药浴工作等。

泌乳天数小于 90 d、体细胞数大于 50 万 cells/mL 的牛数这一指标主要通过监控泌乳早期体细胞数的高低、检测干奶期乳房炎的治疗和干奶药的干奶效果来判断，如果该指标较高，则要聚集干奶期和新产牛管理，应回顾干奶牛乳房炎的治疗情况及干奶药的种类和成分及含量，应根据感染乳房炎病原菌的不同，选择性使用干奶药，尤其针对无乳链球菌、金色葡萄球菌和其他革兰氏阳性菌；并检查接产工作是否细致到位，是否因产房管理不够规范而引起产后繁殖器官炎症。该场这一指标不高，再次表明该场乳房炎防控和产房管理较好。

体细胞分上次小于 6，大于本次 6。这个指标主要用于考察乳房炎管控效果。通常情况下，体细胞分小于 6 分属于乳房炎未感染牛只，大于 6 分则属于已感染牛只。体细胞分上次小于 6 分，本次大于 6 分的牛只数就是乳房炎新感染的牛头数。该场这一指标在 2018 年 12 月和 2019 年 2 月较高，其他各月均较低，表明该场乳房炎防控较好，需加强冬季乳房炎防控。

平均泌乳天数是反映牛群繁殖状况的一个指标，全年均衡配种的情况下，正常范围应为 150～170 d。如果平均泌乳天数大于 170 d，则预示着平均产犊间隔已经超过 400 d 了，这一方面反映了牛群繁殖存在较大问题，另一方面也表明该牛场存在较大的奶损失，且影响繁殖进程，因为平均泌乳天数太长的直接结果是用本胎次泌乳后期的低产奶量换取下一胎次泌乳早期的高产奶量。该场平均泌乳天数 200 d 左右，繁殖问题比较严重，说明牛场在干奶期和围产期管理方面存在较大问题，应加强干奶期和围产期奶牛的营养和管理，降低能量负平衡，及早恢复奶牛健康，提高发情检出率，提高繁殖效率。

该场 2019 年 6 月平均泌乳天数恢复正常，说明 2018 年 9 月繁殖工作取得成效，但不稳定，应进一步查找原因，提高繁殖效率。泌乳天数大于 400 d 的牛数也直接反映了牛场的繁殖状况，从数量看有增加的趋势，说明牛场的营养与繁殖管理存在较大问题，应加强营养和繁殖管理。

产奶量下降 5 kg 的牛数这一指标是为发现牛群中那些异常而设计的。正常情况下高峰过后荷斯坦牛产奶量每月大约下降 2 kg 奶（7% 左右）。牛只产量下降太快必然反映出该牛存在健康问题，与上月相比，测定奶量下降越多，牛只健康问题越严重，报告将产奶量下降 5 kg 以上牛只统计，正常情况该比例不应超过 15%，实际工作中应将这些牛只清单交给兽医逐一检查，考虑是否感染乳房炎或受应激等因素影响。该场 2018 年 10 月、11 月和 2019 年 5 月这一指标超 15%，其中 2018 年 11 月，这一指标超过 32.8%，牛场应查找原因，兽医应根据牛只清单逐一检查分析，查找产奶量下降过快的原因，高峰日是奶牛该泌乳期中产奶量最高时的泌乳天数，正常情况下为 60 ~ 90 d，头胎牛的高峰日比经产牛来得晚。实际工作中要注意不能漏报产犊日期，如果漏报，高峰日可能会超过 400 d。一般情况下随着牛群产奶量的提高，高峰日也会推迟。该场测定日平均产奶量 32.8 kg，属于较好生产水平，高峰日为 70 d 左右，在正常范围，根据目前产奶量看，仍有较大的提升空间，应加强围产期饲养管理，控制好产犊时体况，使围产期奶牛干物质采食量最大化，尽可能减少能量负平衡，控制体重下降过快，提高高峰奶量，并使高峰日更趋合理。

高峰奶是指泌乳牛本胎次测定中，产奶量最高的那一天的日产奶量，单位为 kg。高峰奶每增加 1 kg 胎次奶量可增加 200 ~ 300 kg。

因此，高峰奶也是衡量产奶量高低的关键指标，该场平均胎次不足 3 胎，高峰奶平均 38.9 kg，未达到理想高峰奶量大于等于 47.5 kg，表明干奶期、围产期和泌乳早期牛的营养和管理存在较大问题，应加强干奶期、围产期和泌乳早期奶牛的营养和管理，使干奶期、围产期和泌乳早期牛干物质采食量最大化，尽可能减少能量负平衡，控制泌乳早期牛体重下降过快，减少酮病的发生，提高高峰奶量。

## （三）牛群管理报告

牛群管理报告见表 3-76 至表 3-78。

### 表3-76 各产奶阶段生成性能汇总报告

| 泌乳天数分类/d | 牛头数/头 | 百分比/% | 日产奶量/kg | 乳脂率/% | 蛋白率/% | 脂蛋比 | SCC/（万 cells·mL⁻¹） | 尿素氮（mg·dL⁻¹） | 1胎 | 2胎 | 3胎及以上 |
|---|---|---|---|---|---|---|---|---|---|---|---|
| ≤30 | 58 | 6.9 | 35.7 | 4.19 | 3.01 | 1.39 | 14.4 | 10.7 | 26.9 | 35.3 | 37.9 |
| 31～60 | 74 | 8.8 | 40.6 | 4.05 | 2.83 | 1.43 | 24.2 | 11.8 | 35.2 | 42.2 | 41.5 |
| 61～90 | 42 | 4.99 | 37.1 | 3.88 | 2.78 | 1.39 | 28.9 | 12.1 | 35.4 | 41.1 | 33.1 |
| 91～120 | 62 | 7.37 | 36.3 | 3.91 | 2.96 | 1.32 | 16.4 | 12.8 | 32.2 | 39 | 38.8 |
| 121～150 | 72 | 8.56 | 32.6 | 4.08 | 3.03 | 1.35 | 12.5 | 12.9 | 30.4 | 34.5 | 41.8 |
| 151～180 | 70 | 8.32 | 33.9 | 4.05 | 3.02 | 1.34 | 26.4 | 13.4 | 30.6 | 36.4 | 33.5 |
| 181～210 | 39 | 4.64 | 33.5 | 4.26 | 3.21 | 1.32 | 11.4 | 13.8 | — | 32.9 | 34.7 |
| 211～240 | 68 | 8.09 | 31.8 | 4.06 | 3.18 | 1.28 | 35.9 | 13.9 | 36.6 | 31.8 | 31.6 |
| 241～270 | 59 | 7.02 | 29.4 | 4.15 | 3.26 | 1.27 | 11.6 | 14.3 | 19.8 | 26.6 | 30.9 |
| 271～305 | 40 | 4.76 | 29.1 | 4.35 | 3.27 | 1.33 | 28.6 | 14.5 | 28 | 26.2 | 29.9 |
| ＞305 | 180 | 21.4 | 28.3 | 4.26 | 3.14 | 1.36 | 21.1 | 13.3 | 24.7 | 30 | 28.7 |
| 平均/合计 | 841 | 100 | 32.8 | 4.12 | 3.05 | 1.35 | 21.1 | 13 | 30.62 | 34.4 | 32.8 |

### 表3-77 体细胞数汇总报告

| SCC/（万 cells·mL⁻¹） | 牛头数/头 | 百分率/% | SCC/（万 cells·mL⁻¹） | 牛头数/头 | 百分率/% |
|---|---|---|---|---|---|
| <20 | 609 | 79.71 | 60～80 | 15 | 1.96 |
| 20～40 | 74 | 9.69 | 80～100 | 8 | 1.05 |
| 40～60 | 30 | 3.93 | ＞100 | 28 | 3.66 |

表3-78　体细胞分汇总报告

| 体细胞分 | 头数/头 | 百分率/% | 体细胞分 | 头数/头 | 百分率/% |
|---|---|---|---|---|---|
| 0 | 98 | 12.83 | 5 | 64 | 8.38 |
| 1 | 121 | 15.84 | 6 | 29 | 3.8 |
| 2 | 154 | 20.16 | 7 | 14 | 1.83 |
| 3 | 140 | 18.32 | 8 | 9 | 1.18 |
| 4 | 131 | 17.15 | 9 | 4 | 0.52 |

　　各产奶阶段生成性能汇总报告统计了不同泌乳阶段牛只生产性能表现，通过不同泌乳阶段日产奶量可以做出群体泌乳曲线及各胎次泌乳曲线见图3-14。通过与标准泌乳曲线对比，就可精确知道牛群主要问题出自哪一泌乳阶段，也可知道不同胎次主要问题集中在哪一阶段。

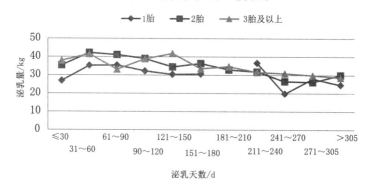

图3-14　各胎次泌乳曲线图

　　由泌乳曲线可以看出，该场各胎次产奶量波动较大，且各胎次的牛高峰都不是很明显，说明泌乳早期营养，特别是能量可能不足，应检查日粮配制是否稳定，日粮过渡是否有 7 ~ 10 d 过渡期，饲养管理是否变化较大；3 胎及以上泌乳牛在 61 ~ 90 d 产奶量明显下降，应及时查找原因，仔细分析这些牛在产后 61 ~ 90 d 与其他牛到底有什么不同，是否感染乳房炎等疾病，在 91 ~ 150 d 逐渐恢复，但明显没有达到泌乳高峰，之后产奶量又迅速下降，检查营养和管理是否存在问题；1 胎牛起始产奶量较低，说明青年牛饲养管理存在较大问题，应检查青年牛产犊时体况是否正常，产犊后体重是否达到 550 kg 以上，在 241 ~ 270 d 产奶量下降过快，应查找原因。

该场 2 胎和 3 胎及以上超始产奶量较高，达 35 kg 以上，说明奶牛生产性能非常好，奶牛产犊时体况很好，具有达到泌乳高峰的潜力和能力，但 3 胎及以上牛只 60 ~ 90 d 产奶量下降很快，说明奶牛能量负平衡严重或者存在严重的产后疾病如乳房炎、子宫炎等，应及时排查。

该场泌乳后期 271 ~ 305 d 产奶量仍达到 29.1 kg，说明高峰奶应在 43 kg 以上，实际高峰奶量未达到，说明泌乳前期奶牛日粮存在较大问题，导致能量负平衡严重，没有充分发挥生产性能。

泌乳中后期，因为奶牛食欲逐渐恢复，采食量能满足泌乳需要，泌乳曲线应该是平缓下降的，如果出现较大波折，可能是调群应激或日粮配制不均衡所致。

（四）综合测定结果表

综合测定结果表是对测定牛只综合结果的汇总，由两部分组成：第一部分是群内级别指数分布表（表3-79），报表以 1 胎、2 胎、3 胎及以上分组统计，全群按 1 ~ 99 d、100 ~ 200 d 和 200 d 以上对群内级别指数（WHI）、奶量和持续力进行分析汇总；第二部分是本月所有牛只测定结果汇总表（表3-80），按牛群分组号分类统计，汇总了测定牛只的出生信息、胎次、产犊日期、产犊间隔、泌乳天数、前次测定日和本次测定日产奶量和体细胞数及体细胞分、乳脂率、乳蛋白率、脂蛋比、尿素氮、奶损失、奶款差、经济损失、校正奶、持续力、群内级别指数、高峰奶、高峰日、305 d 奶量、总奶量、总乳脂、总蛋白和成年当量等信息。

表3-79　群内级别指数分布

| 胎次 | 全群 | | | 1 ~ 99 d | | | 100 ~ 200 d | | | > 200d | | |
|---|---|---|---|---|---|---|---|---|---|---|---|---|
| | WHI/% | 奶量/kg | 持续力/% | WHI/% | 奶量/kg | 持续力/% | WHI/% | 奶量/kg | 持续力/% | WHI/% | 奶量/kg | 持续力/% |
| 1 | 88.9 | 30.6 | 103.1 | 74.4 | 33.9 | 124.0 | 82.3 | 30.6 | 96.0 | 128.7 | 25.4 | 100.3 |
| 2 | 100.8 | 34.4 | 100.5 | 75.4 | 39.3 | 104.7 | 97.9 | 35.6 | 98.1 | 120.0 | 30.1 | 101.4 |
| ≥3 | 104.6 | 32.8 | 100.3 | 72.5 | 40.0 | 117.1 | 91.5 | 35.8 | 99.2 | 118.7 | 29.7 | 100.5 |
| 全群 | 100 | 32.8 | 101 | 73.9 | 38.1 | 116.1 | 90.2 | 33.7 | 97.7 | 120.0 | 29.4 | 100.7 |

表3-80 本月所有牛只测定结果表

| 序号 | 牛编号 | 出生日期 | 胎次 | 采样日期 | 持续力/% | 校正奶/kg | 经济损失 | 奶款差 | 奶损失 | WHI | 前奶量/kg | 产犊日期 | 产犊间隔天数/d | 泌乳天数/d | 分组号 | 产奶量/kg | 乳脂率/% | 蛋白率/% | 脂蛋比 | SCC/(万cells·mL⁻¹) | SCS | 尿素氮/(mg·dL⁻¹) |
|---|---|---|---|---|---|---|---|---|---|---|---|---|---|---|---|---|---|---|---|---|---|---|
| 1 | 151235 | 2015-10-03 | 2 | 2019-08-23 | 97.2 | 50.9 | 0 | 0 | 0 | 125.2% | 34.4 | 2018-11-21 | 333 | 275 | 1-1干奶 | 32.6 | 4.73 | 3.11 | 1.52 | 4 | 2 | 12.3 |
| 2 | 151268 | 2015-10-14 | 2 | 2019-08-23 | 99.2 | 32.3 | 0 | 0 | 0 | 79.4% | 34.2 | 2019-02-09 | 358 | 195 | 1-1干奶 | 33.7 | 2.44 | 3.05 | 0.8 | 3 | 1 | 14.2 |
| 3 | 151302 | 2015-10-26 | 1 | 2019-08-23 | 93.7 | 57.9 | 0 | 0 | 0 | 142.4% | 36.6 | 2018-10-22 | | 305 | 1-1干奶 | 32.3 | 4.95 | 3.11 | 1.59 | 2 | 1 | 17.3 |
| 4 | 151327 | 2015-11-06 | 2 | 2019-08-23 | 103.5 | 43.8 | 0 | 0 | 0 | 107.7% | 33.8 | 2018-12-21 | 348 | 245 | 1-1干奶 | 36 | 3.14 | 3.24 | 0.97 | 8 | 3 | 16.2 |

| 序号 | 前体细胞 | SCS | 高峰奶/kg | 高峰日 | 305d奶量/kg | 总奶量/kg | 总乳脂/kg | 总蛋白/kg | 成年当量/kg |
|---|---|---|---|---|---|---|---|---|---|
| 1 | 19 | 4 | 52.4 | 40 | 11838 | 11274 | 452 | 360 | 12762 |
| 2 | 6 | 2 | 41.5 | 104 | 9535 | 7196 | 285 | 208 | 10279 |
| 3 | 3 | 1 | 41.7 | 70 | 11818 | 11818 | 422 | 305 | 13562 |
| 4 | 8 | 3 | 49.5 | 31 | 11494 | 10217 | 394 | 320 | 12392 |

1. 出生日期

个体牛只的出生日期。根据出生日期可以计算出牛只投产日龄，分析后备牛饲养管理、生长发育及繁殖状况。

2. 产犊日期

个体牛只某一胎次的产犊日期，由奶牛场提供数据。这个数据准确与否十分重要，DHI 报告中很多项指标是根据产犊日期计算出来的。如果漏报新的胎次的产犊日期，会严重影响 DHI 报告的准确性和可信度。

3. 产犊间隔

相邻两个胎次的产犊日期的间隔天数。产犊间隔的长短反映了牛场繁殖工作的好坏，产犊间隔长是用泌乳后期的低产奶量换取下一胎次的泌乳前期的高产奶量，显著影响牛群产奶量，非常显著影响牛场经济效益。

4. 分组号

牛群分群管理分组号，由牛场提供数据，是数据分析中重要分组类别之一。

5. 采样日期

是 DHI 采样日期，由牛场报送相关信息产生。

6. 校正奶

校正奶量是将测定日实际产量校正到 3 胎次、泌乳天数为 150 d、乳脂率为 3.5% 时的奶量。在同等条件下，校正奶量提供了不同胎次、泌乳天数和乳脂率的个体牛之间的生产性能比较依据。

7. 群内级别指数（WHI）

群内级别指数，是用牛只个体校正奶除以群体平均校正奶得到的。WHI 是一个相对值，正常值为 90% ～ 110%，WHI 值的高低可以反映出该牛只在群体中的相对表现。

因为校正奶已经把个体牛测定日生产性能校正到同一水平，所以通过 WHI 值的大小可以判断牛只个体在群体当中的表现水平。WHI 大于 100% 表明该牛只超过群体平均生产水平，反之表明低于群体生产水平。WHI 越大，表明个体牛只在群内生产性能越好，我们可根据 WHI 和 305 d 奶量建立牛场核心群。

群体平均 WHI 永远是 100%，理想的不同胎次 WHI 应该为 90% ～ 110%。如果某一胎次或某一泌乳阶段 WHI 小于 90%，说明该胎次或该泌乳阶段的奶牛同其他胎次或其他泌乳阶段的牛比较，在生产管理当中存在问题。当然由于 WHI 是一个相对值且平均数是 100%，某一胎次低必然有其他胎次高，泌乳阶段也是这样。

该牛场一胎次牛 WHI 小于 90%，2 胎和 3 胎及以上牛在正常范围内，表明头胎牛生产水平低于群体平均水平，说明头胎牛的饲养管理存在问题。同时还可以看出，1 ~ 99 d 和 100 ~ 200 d 的 WHI 值均较低，远低于 200 d 以上牛只，泌乳阶段越靠后，WHI 值越高，牛只表现越好，这可能是牛只前期和中期产量高但营养不能满足，后期产量低且营养能够满足，因此牛群泌乳早期和中期营养存在问题。

8. 前奶量

前奶量是指上一个测定日奶量，结合泌乳天数可以分析连续两个测定日个体牛生产性能表现。

9. 前体细胞数

前体细胞数是上一个测定日体细胞数，用以评定连续两次测定日间乳房炎管控状况。

10. 前体细胞分

前体细胞分是上一个测定日体细胞数的自然对数值。

11. 总奶量

总奶量是指从产犊之日起到本次测定日时，该牛只的泌乳总量。对于已完成胎次泌乳的奶牛而言，则代表胎次产奶量，单位为 kg。

12. 总乳脂

总乳脂指从产犊之日起到本次测定日时，牛只的乳脂总产量，单位为 kg。

13. 总蛋白

总蛋白是指从产犊之日起到本次测定日时，牛只的乳蛋白总产量，单位为 kg。

14. 成年当量

成年当量是指成年当量指各胎次产量校正到第 5 胎时的 305 d 产奶量。一般在第 5 胎时，母牛的身体各部位发育成熟，生产性能达到最高峰。利用成年当量可以比较不同胎次的母牛在整个泌乳期间生产性能的高低。

（五）牛群分布报告

牛群各胎次比例和泌乳天数分布情况统计表见表 3-81，本场各胎次牛只比例分布见图 3-15，各泌乳天数牛群分布图见图 3-16。

表3-81　牛群各胎次比例和泌乳天数分布情况统计

| 泌乳天数分类 /d | 1胎 | | | 2胎 | | | 3胎及以上 | | | 平均与总计 | | |
|---|---|---|---|---|---|---|---|---|---|---|---|---|
| | 牛头数/头 | 比例% | 产奶量/kg | 牛头数/头 | 比例% | 产奶量/kg | 牛头数/头 | 比例/% | 产奶量/kg | 牛头数/头 | 比例% | 产奶量/kg |
| 1～44 | 13 | 1.55 | 30.8 | 30 | 3.57 | 38 | 53 | 6.3 | 38.5 | 96 | 11.41 | 37.3 |
| 45～99 | 39 | 4.64 | 35 | 28 | 3.33 | 40.7 | 29 | 3.45 | 42.6 | 96 | 11.41 | 39 |
| 100～199 | 84 | 9.99 | 30.6 | 76 | 9.04 | 35.5 | 53 | 6.3 | 35.9 | 213 | 25.33 | 33.7 |
| 200～305 | 7 | 0.83 | 28.1 | 65 | 7.73 | 30.2 | 107 | 12.72 | 31 | 179 | 21.28 | 30.6 |
| 305以上 | 26 | 3.09 | 24.7 | 24 | 2.85 | 30 | 130 | 15.46 | 28.7 | 180 | 21.4 | 28.3 |
| 干奶 | 13 | 1.55 | | 5 | 0.59 | | 59 | 7.02 | | 77 | 9.16 | |
| 平均与总计 | 182 | 21.64 | 30.6 | 228 | 27.11 | 34.4 | 431 | 51.25 | 32.8 | 841 | 100 | 32.8 |
| 平均305d奶 | 8 865 | | | 10 589.1 | | | 10 448.3 | | | 10 180 | | |
| 平均高峰日 | 88 | | 36 | 128 | | 37 | 83 | | 44 | 100 | | 39 |

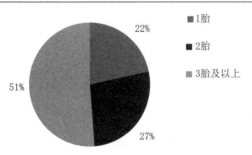

图 3-15　各胎次牛只比例分布图

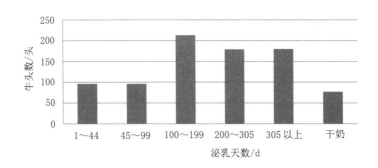

图 3-16 泌乳天数牛群分布图

报告按胎次（1 胎、2 胎、3 胎及以上）分阶段（1 ~ 44 d、45 ~ 99 d、100 ~ 199 d、200 ~ 305 d 和 305 d 以上），将牛群各胎次比例和泌乳天数分布情况进行统计分析，分别制成饼状图和柱状图，便于分析对比。

理想牛群结构的各胎次比例为 1 胎牛 30%，2 胎牛 20%，3 胎及以上 50%。本场各胎次比例为 1 胎牛 22%，2 胎牛 27%，3 胎及以上 51%。一般情况下，牛只生产需达到 2.5 胎以上才能为牛场带来经济效益。本场 1 胎比例偏低，2 胎比例偏高，3 胎及以上比例正常，但平均胎次仅 2.5 胎，说明 3 胎以上牛只数量较少。因此，牛场应制定合理的繁殖计划，逐步调整牛群结构使之往合理化方向发展。

从泌乳天数结构看，该牛群泌乳前期牛只比例较低，泌乳天数 100 d 以内牛只占 22.82%，影响了牛群整体生产性能的发挥。

（六）乳房炎感染分类统计表

乳房炎感染分类统计表见表 3-82，乳房类感染情况分析图见表 3-82、图 3-17 至图 3-19。

表3-82 乳房炎感染分类统计

| 胎次 | 牛头数 / 头 | 体细胞分 | 体细胞分 0 ~ 5 | 体细胞分 6 ~ 9 | 新感染 | 慢性乳房炎 | 治愈 | 未感染 |
|---|---|---|---|---|---|---|---|---|
| 1 | 169 | 2.41 | 97.63% | 2.37% | 1.78% | 0.59% | 5.92% | 91.72% |
| 2 | 223 | 2.55 | 91.93% | 8.07% | 7.17% | 0.90% | 2.69% | 89.24% |
| ≥ 3 | 372 | 2.74 | 90.86% | 9.14% | 8.06% | 1.08% | 4.57% | 86.29% |
| 全群 | 764 | 2.61 | 92.67% | 7.33% | 6.41% | 0.92% | 4.32% | 88.35% |

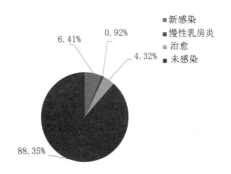

图 3-17　乳房炎感染情况饼状分析图

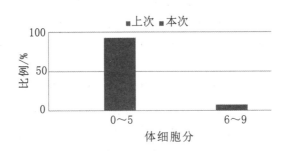

图 3-18　乳房炎感染牛群体细胞分分布图

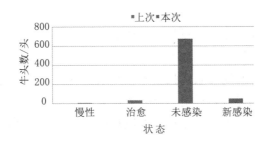

图 3-19　乳房炎感染情况柱状分析图

　　乳房炎感染分类统计表按照不同胎次以及体细胞分的高低进行统计分析，便于牛场发现找出引起乳房炎的关键点，如确定牛群中是否存在乳房炎病牛、发生在什么时候、哪个泌乳阶段和胎次。

　　报告以体细胞分为 6 分（体细胞数 54 万 cells/mL）作为乳房炎判定的

分界点，大于等于 6 分为已患乳房炎，小于 6 分为健康牛只。按此标准将牛群分为以下四类。

新感染：上次体细胞分小于 6 且本次体细胞分大于等于 6 的牛只或新参测牛本次体细胞分大于等于 6 的牛只；

慢性乳房炎：上次体细胞分大于等于 6 且本次体细胞分大于等于 6 的牛只；

已治愈：上次体细胞分大于等于 6 且本次体细胞分小于 6 的牛只；

未感染：上次体细胞分小于 6 且本次体细胞分小于 6 的牛只或新参测牛本次体细胞分小于 6 的牛只。

奶牛场应制定乳房炎控制目标，利用此报告时通过比较新感染牛和已治愈牛的头数变化，评价乳房炎管控措施是否有效。奶牛场乳房炎控制的理想目标为 75% 以上的牛只 SCS 小于 3.85% 以上的牛只 SCS 小于 4，90% 以上的牛只 SCS 小于 5.95% 以上的牛只 SCS 小于 6，5% 以下的牛只 SCS 大于 6.1 胎牛的体细胞分应在 0 ～ 3 之间。

本场 SCS 大于等于 6 的牛只比例达 7.33%，且新感染牛只比例达 6.41%，2 胎和 3 胎及以上新感染比例分别达 7.17% 和 8.06%，新感染数量远超过治愈牛只数量，乳房炎发病率有进一步恶化的趋势，管控效果不佳。一般情况下随着胎次的增加，体细胞数或体细胞分逐渐增加。本报告中 SCS 大于等于 6 的头胎牛占 2.37%，2 胎牛占 8.07%，3 胎及以上牛占 9.14%，符合一般规律，牛场管理人员应结合本场具体情况查找原因，仔细分析造成 2 胎和 3 胎及以上牛只体细胞数较高的原因。

慢性乳房炎的发病原因：糟糕的挤奶卫生及程序，如乳头药浴不到位或所用擦拭乳头的毛巾等烘干程序差；恶劣的或不舒服的环境，如牛舍、通道或奶厅等不干净；干奶期无效的抗生素治疗或管理；产奶时无效的抗生素治疗；挤奶设备的不完善，如真空、奶衬老化等。

传染性乳房炎防控策略有三点：控制传染源、切断传播途径、保护易感动物。

1. 控制传染源

（1）挤奶顺序不能变：新产牛—高产牛—低产牛—隔离圈（胎次隔离）。对检测出来的传染病牛隔离治疗，治愈的牛始终在最后一个隔离圈挤奶。

（2）根据每个月的 CMT 和 DHI 检测结果，对隐性感染牛进行处理，分群治疗或干奶处理。

（3）拆迁或搬迁后引入新牛群时，没有大罐奶样检测之前不能混群饲养，必须单独饲养。

（4）治疗时选择有效的抗生素，一定要达到细菌学治愈。如检测出支原体牛，应直接淘汰。

2.切断传播途径

对传染性乳房炎来说，切断传播途径是非常重要的。传染性乳房炎主要在挤奶过程中传播，因此下面的措施主要围绕挤奶过程展开，具体应该做到以下几点：

（1）验奶杯收集弃奶。

（2）验奶人员每挤一头牛一定要对手消毒一次。

（3）使用后的毛巾彻底清洗、消毒后再使用，或使用一次性纸巾（建议使用一次性纸巾）。

（4）加大巡杯力度，防止漏气。

（5）挤奶时，可以加泡杯流程，泡杯前必须加预冲洗，防止奶杯污染消毒液，影响消毒效果，泡杯后需要加后冲洗。消毒时一定要根据牧场实际情况确定消毒液的浓度、更换频次，否则消毒液就会成为传染源。

（6）挤奶后，对奶厅与挤奶台设备进行消毒处理。

（7）挤奶设备及时维护保养，如果奶衬老化，一头牛有传染性病原菌会通过奶衬感染后续挤奶的牛。

在控制传染源、切断传播途径的同时，我们还应关注易感动物。具体应该注意以下几点：

（1）重点病原菌防控。对于支原体来说，头胎新产牛作为易产牛，要做到早发现、早隔离。另外一个重要的病原菌是无乳链球菌，由于传染性极强，牧场引入新的泌乳牛时应该加强监测，防止病原菌传播。

（2）提高奶牛福利，减少各种应激对奶牛免疫力的影响。

## （七）牛群中 305d 奶量排名前后 25% 的牛只

牛群 305 d 奶量排名前后 25% 的牛只生产指标统计表见表3-83。

表3-83　牛群305 d 奶量排名前后25%的牛只生产指标统计

| 分类 | 胎次 | 乳脂率 /% | 蛋白率 /% | 脂蛋比 | 体细胞 /（万 cells·mL$^{-1}$） | 305 d 奶 量 /kg | 高峰奶 量 /kg | 高峰日 /d |
|------|------|-----------|-----------|--------|---------------------------------|-----------------|---------------|-----------|
| 全群前 25% | 2.8 | 4.12 | 3.13 | 1.3 | 27 | 13 319 | 51.2 | 75 |

续表

| 分类 | 胎次 | 乳脂率 /% | 蛋白率 /% | 脂蛋比 | 体细胞 /(万 cells·mL⁻¹) | 305 d 奶 量 /kg | 高峰奶 量 /kg | 高峰日 /d |
|---|---|---|---|---|---|---|---|---|
| 全群后 25% | 2.1 | 4.21 | 3.14 | 1.4 | 16 | 7 504 | 34.4 | 79 |
| 1 胎前 25% | 1.0 | 3.94 | 3.16 | 1.3 | 11 | 10 574 | 41.9 | 82 |
| 1 胎后 25% | 1.0 | 4.11 | 2.97 | 1.4 | 10 | 7 159 | 31.6 | 90 |

本表依据 305 d 奶量对牛只进行排名，分别列出了本场最好牛只与最差牛只的各项生产指标，可作为牛场生产管理目标、留种及淘汰的参考依据。例如，对于本场全群前 25% 的牛只 305 d 产奶量达到了 13.3 t，可以将 13 t 产量作为该场的生产目标，前 25% 奶牛所产母犊留养并重点加强饲养管理；对于头胎牛前 25% 的牛只 305 d 产奶量达 10.5 t，可将 10 t 作为头胎牛的生产目标；对于 305 d 产奶量低于 5.5 t 的，建议淘汰，后代不予留养。

### （八）尿素氮分析表

尿素氮分析表见表 3-84、表 3-85。

表3-84　尿素氮分析

| 泌乳天数分类 /d | 蛋白率 /% | 尿素氮 < 10 mg/dL 牛只所占比例 /% | 尿素氮 < 10 mg/dL 牛只头数 / 头 | 尿素氮 > 18 mg/dL 牛只所占比例 /% | 尿素氮 > 18 mg/dL 牛只头数 / 头 |
|---|---|---|---|---|---|
| 0 ～ 30 | < 3.0 | | 13 | | |
| 0 ～ 30 | ≥ 3.0 | | 10 | | 1 |
| 31 ～ 150 | < 3.0 | | 34 | | 2 |
| 31 ～ 150 | ≥ 3.0 | | 12 | | 5 |
| > 150 | < 3.0 | | 23 | | 2 |
| > 150 | ≥ 3.0 | | 25 | | 49 |

表3-85　尿素氮分析明细

| 牛编号 | 牛舍 | 产犊日期 | 胎次 | 泌乳天数/d | 产奶量/kg | 乳脂率/% | 蛋白率/% | SCC/（万cells·mL⁻¹） | 尿素氮/（mg·dL⁻¹） | 持续力/% | 高峰日/天 | 高峰奶/kg | 305 d产奶量/kg |
|---|---|---|---|---|---|---|---|---|---|---|---|---|---|
| 140336 | 1-7 | 2018-05-09 | 3 | 471 | 11.0 | 3.91 | 5.98 | 81 | 0.54 | 91 | 134 | 47 | 10 634 |
| 140425 | 1-3 | 2019-07-29 | 4 | 25 | 42.3 | 3.8 | 3.04 | 24 | 0.71 | — | 25 | 42 | — |
| 141203 | 围产圈 | 2018-07-05 | 3 | 414 | 43.0 | 3.88 | 2.37 | 4 | 4.20 | 104 | 77 | 44 | 11 523 |
| 140642 | 28新产 | 2019-07-12 | 3 | 42 | 50.3 | 4.02 | 2.19 | 4 | 4.58 | — | 42 | 50 | — |

奶牛生产中，牛奶尿素氮是用来考量奶牛日粮配方、健康、单产水平、理化指标、饲料费用等的一个非常重要指标，奶牛场经营中的单项最大支出是营养的供应，而蛋白又是营养供应中最重要的一环。如果饲料中的蛋白供应过多，奶牛会将消化不了的蛋白排到环境中，造成环境问题，而且过多的蛋白摄入也会给奶牛造成瘤胃的问题；如果饲料中蛋白供应不足，奶牛就无法摄入足够的营养，产奶量就会降低。通过尿素氮的检测，牧场能使奶牛的营养摄入、饲料成本的控制和产奶量达到最佳的平衡。

对尿素氮含量的分析检测可以用来评价奶牛群的营养状况。尿素氮含量过低，表明日粮蛋白质缺乏；当日粮中可降解蛋白量过低时，日粮蛋白质在瘤胃中消化受阻，会导致干物质采食量和产奶量的下降。乳蛋白量过低通常也与尿素氮过低、非结构性碳水化合物采食量下降和日粮非降解蛋白含量有关；尿素氮含量过高则说明日粮蛋白水平超标。

泌乳 50 ~ 100 d 的牛群，测定尿素氮的意义在于看其受胎率是否会受到影响。

泌乳 101 ~ 200 d 的牛群，测定尿素氮的意义主要是观察其日粮蛋白质的摄入量是否会影响产奶量。

泌乳 200 d 以上产奶的牛，测定尿素氮的意义主要是关注其日粮蛋白质部分是否被浪费。

报告列出了尿素氮大于 18 mg/dL 和小于 10 mg/dL 牛只的产奶量、乳脂率、乳蛋白、乳糖、总固体、体细胞数、牛奶尿素氮、泌乳天数和持续力等测定信息，当尿素氮异常的牛只比例超过 10% 时，表明日粮结构可能存在问题，应结合表 3-86 进行分析，以采取措施进行解决。

表3-86　MUN与乳蛋白对应关系

| 乳蛋白 /% | 低尿素氮<br>（＜ 10 mg/dL） | 适中尿素氮<br>（10 ～ 18 mg/dL） | 高尿素氮<br>（＞ 18 mg/dL） |
| --- | --- | --- | --- |
| ＜ 3.0 | 日粮蛋白质和能量均缺乏 | 日粮蛋白质平衡、能量缺乏 | 日粮蛋白质过剩、能量缺乏 |
| ≥ 3.0 | 日粮蛋白质缺乏、能量平衡或稍过剩 | 日粮蛋白质和能量均平衡 | 日粮蛋白质过剩、能量平衡或稍缺乏 |

## （九）体细胞引起的牛只奶损失明细表

体细胞引起的牛只奶损失明细表见表 3–87。

表3-87　体细胞引起的牛只奶损失明细

| 牛编号 | 分组号 | 产犊日期 | 胎次 | 泌乳天数 /d | 奶损失 /kg | 前体细胞 /（万 cells·mL⁻¹） | SCC/（万 cells·mL⁻¹） | 体细胞数上升值 /（万 cells·mL⁻¹） |
| --- | --- | --- | --- | --- | --- | --- | --- | --- |
| 161638 | 1–1<br>干奶 | 2019-04-22 | 1 | 123 | 3.2 | 6 | 50 | 44 |
| 140184 | 围产圈 | 2018-07-10 | 3 | 409 | 2.2 | 8 | 50 | 43 |
| 140709 | 2–3 | 2019-01-12 | 4 | 223 | 2 | 6 | 50 | 44 |
| 141086 | 1–7 | 2018-08-07 | 3 | 381 | 1.2 | 14 | 51 | 37 |

表 3–87 指示了因为体细胞所造成的奶损失，体细胞越高造成奶损失越大，相同体细胞数的牛只，泌乳天数越低、产奶量越高造成的奶损失越大。不同胎次 SCC 与奶量损见表 3–88。

表3-88　不同胎次SCC与奶损失

| 1 胎牛 SCC 引起的潜在的 305 d 奶损失 | | 2 胎以上牛 SCC 引起的潜在的 305 d 奶损失 | |
| --- | --- | --- | --- |
| SCC/（万 cells·mL⁻¹） | 奶损失 /kg | SCC/（万 cells·mL⁻¹） | 奶损失 /kg |
| ＜ 150 000 | 0 | ＜ 150 000 | 0 |
| 151 000 ～ 300 000 | 180 | 151 000 ～ 300 000 | 360 |
| 301 000 ～ 500 000 | 170 | 301 000 ～ 500 000 | 550 |
| 501 000 ～ 1 000 000 | 360 | 501 000 ～ 1 000 000 | 725 |
| ＞ 1 000 000 | 454 | ＞ 1 000 000 | 900 |

## （十）产奶量下降 5kg 以上的牛只明细表

产奶量下降 5 kg 以上的牛只明细表见表 3-89。奶牛场场长与技术人员要高度重视此报告，详细查找产奶量大幅下降的原因。正常情况下荷斯坦奶牛每月产奶量下降幅度不会超过 10%，该报告中两头牛产量下降幅度分别高达 61% 和 84%。从体细胞数看，造成产奶量下降的原因可能是乳房健康问题；从泌乳天数看，不应是发情等生理应激因素造成大幅减产，因此首先应检查数据记录是否有误，并委派兽医到牛舍实际查看牛只健康状况，找准原因及时解决。

## （十一）产奶量低的牛只明细表

表 3-90 列出了泌乳天数低于 300 d、校正奶不到全群平均值 50% 的牛只明细，牛场技术人员应结合高峰奶、高峰日、体细胞数和 305 d 产奶量等情况，认真查找产奶量低的原因，判断牛只是否患乳房炎等疾病。在实际生产当中这些牛一般不会为牛场带来效益，建议牛场将淘汰作为首选措施。

表3-89 产奶量下降5 kg以上的牛只明细

| 牛编号 | 牛舍 | 产犊日期 | 胎次 | 泌乳天数/d | 产奶量/kg | 前奶量/kg | 下降量/kg | 采样日期 | 乳脂率/% | 蛋白率/% | SCC/(万cells·mL⁻¹) | 高峰产奶量/kg | 高峰日/d | 305 d产奶量/kg | 尿素氮/(mg·dL⁻¹) | 持续力/% |
|---|---|---|---|---|---|---|---|---|---|---|---|---|---|---|---|---|
| 151326 | 1-7 | 2019-02-04 | 4 | 200 | 33.2 | 49.9 | 17 | 2019-08-23 | 3.43 | 3.21 | 8 | 49.9 | 109 | 11 054 | 13.3 | 89 |
| 172236 | 1-7 | 2019-01-30 | 4 | 205 | 35.1 | 52.7 | 18 | 2019-08-23 | 3.98 | 3.16 | 16 | 52.7 | 53 | 11 441 | 20.2 | 93 |
| 140427 | 2-3 | 2019-01-15 | 4 | 220 | 6.3 | 32.8 | 27 | 2019-08-23 | 4.88 | 3.92 | 79 | 45.7 | 44 | 8 694 | 18.9 | 73 |
| 161483 | 2-1 | 2019-03-19 | 3 | 157 | 17.4 | 44.2 | 27 | 2019-08-23 | 3.03 | 3.04 | 32 | 44.2 | 66 | — | 11.1 | 80 |

表3-90 产奶量低的牛只明细

| 牛编号 | 采样日期 | 产犊日期 | 胎次 | 泌乳天数/d | 校正奶/kg | 产奶量/kg | 高峰产奶量/kg | 高峰日/d | 前奶量/kg | 乳脂率/% | 蛋白率/% | SCC/(万cells·mL⁻¹) | 尿素氮/(mg·dL⁻¹) | 305 d产奶量/kg | 持续力/% |
|---|---|---|---|---|---|---|---|---|---|---|---|---|---|---|---|
| 161674 | 2019-08-23 | 2018-12-27 | 2 | 239 | 11 | 7.5 | 36.9 | 63 | 17.6 | 4.82 | 3.76 | 10 | 12.19 | 6645 | 69 |
| 161497 | 2019-08-23 | 2018-12-21 | 2 | 245 | 5 | 3.0 | 36.7 | 31 | 12.8 | 5.48 | 4.18 | 8 | 18.28 | 6263 | 59 |
| 141167 | 2019-08-23 | 2018-11-30 | 3 | 266 | 8 | 5.9 | 13.4 | 52 | 10.3 | 3.90 | 3.12 | 21 | 11.27 | 3035 | 86 |
| 161820 | 2019-08-23 | 2018-11-03 | 2 | 293 | 18 | 11.3 | 30.1 | 79 | 17.6 | 4.50 | 3.22 | 36 | 14.61 | 7044 | 81 |

## （十二）脂蛋比低的牛只明细表

表 3-91 列出脂蛋比低于 1.12 的牛只明细，便于牛场查看，结合泌乳天数和产奶量的变化查找脂蛋比低的原因，并寻找解决问题的措施和方法。

表3-91　脂蛋比低的牛只明细

| 牛编号 | 牛舍 | 产犊日期 | 胎次 | 泌乳天数/天 | 产奶量/kg | 前奶量/kg | 乳脂率/% | 蛋白率/% | 脂蛋比 | SCC/（万cells·mL⁻¹） | 尿素氮/（mg·dL⁻¹） | 持续力/% |
|---|---|---|---|---|---|---|---|---|---|---|---|---|
| 130022 | 1-7 | 2019-02-04 | 4 | 200 | 33.2 | 49.9 | 3.43 | 3.21 | 1.07 | 8 | 13.26 | 89 |
| 130034 | 2-1 | 2018-07-15 | 4 | 404 | 19.6 | 12.2 | 3.02 | 2.94 | 1.03 | 2 | 11.71 | 112 |
| 130042 | 1-7 | 2019-03-29 | 3 | 147 | 45.9 | 47.4 | 2.61 | 3.25 | 0.80 | 17 | 14.77 | 99 |
| 130048 | 1-7 | 2018-12-09 | 4 | 257 | 39.8 | 43.0 | 2.84 | 3.02 | 0.94 | 2 | 14.63 | 98 |

## （十三）产犊间隔明细表

表 3-92 是为反映奶牛繁殖状况而设计的，牛群理想的产犊间隔应该低于 365 d，但实际生产中一般产犊间隔在 365 ~ 400 d。如果产犊间隔大于 400 d，则说明奶牛繁殖存在问题，会严重影响牛群产奶量。

表 3-93 列出了产犊间隔大于 400 d 的牛只明细。使用本报告时，首先应排除奶牛是否存在漏报胎次和产犊信息情况，如确定胎次记录是否准确，然后结合尿素氮指标进行综合分析。

表3-92　产犊间隔明细

| 日期 | 牛头数/头 | 平均产犊间隔/d | 产犊间隔范围/d | <365 d牛头数/头 | 牛头数占比/% | 365~400 d牛头数/头 | 牛头数占比/% | >400 d牛数 | 牛头数占比/% |
|---|---|---|---|---|---|---|---|---|---|
| 8-19 | 586 | 429 | 287~1 075 | 197 | 33.62 | 109 | 18.6 | 280 | 47.78 |

表3-93　产犊间隔大于400 d牛只明细

| 群号 | 牛编号 | 尿素氮 / (mg·dL⁻¹) | 上次产犊日期 | 产犊日期 | 产犊间隔 /d | 奶量 /kg | 泌乳天数 /d | 牛舍 | 胎次 |
|---|---|---|---|---|---|---|---|---|---|
| 1-1 干奶 | 151400 | 7.82 | 2018-06-14 | 2019-08-04 | 416 | 41.10 | 19 | 1-1 干奶 | 2 |
| 1-1 干奶 | 161645 | 12.49 | 2018-03-17 | 2019-06-06 | 446 | 38.10 | 78 | 1-1 干奶 | 2 |
| 1-2 | 141147 | 16.35 | 2017-03-11 | 2018-09-07 | 545 | 27.00 | 350 | 1-2 | 3 |
| 1-2 | 140868 | 9.67 | 2017-09-29 | 2019-02-15 | 504 | 41.00 | 189 | 1-2 | 3 |

## （十四）实际泌乳满305 d产奶牛只明细表

表3-94列出了当月实际泌乳满305 d的牛只明细，记录本胎次每次测定日奶量。由于这些牛305 d奶量是根据该牛本胎次实际生产计算的，相对准确，奶牛场可依据该数据准确判断奶牛个体生产表现，进行育种和其他应用。

表3-94　实际泌乳满305 d产奶牛只明细

| 序号 | 牛编号 | 胎次/胎 | 产犊日期 | 泌乳天数/d | 高峰产奶量/kg | 305 d产奶量/kg | 总蛋白量/kg | 总乳脂量/kg | 总产奶量/kg | 成年当量/kg | 1月/kg | 2月/kg | 3月/kg | 4月/kg | 5月/kg | 6月/kg | 7月/kg | 8月/kg | 9月/kg | 10月/kg | 10月后/kg | 日均产奶量/kg |
|---|---|---|---|---|---|---|---|---|---|---|---|---|---|---|---|---|---|---|---|---|---|---|
| 1 | 140759 | 1 | 2016-09-17 | 1 070 | 19 | | 917 | 1 235 | 26 187 | — | — | — | — | — | — | — | — | — | — | 19.0 | 27.7 | 24.56 |
| 2 | 140291 | 2 | 2017-01-23 | 942 | 31.6 | 7 454 | 864 | 1 130 | 27 893 | 8 036 | — | — | — | — | 27.3 | — | 14.6 | 28.1 | 31.6 | 18.5 | 39.8 | 26.36 |
| 3 | 140833 | 2 | 2017-04-06 | 869 | 41 | 9 136 | 808 | 803 | 24 438 | 9 849 | — | — | 41 | 14.9 | 26.6 | 32.1 | 29.7 | 28.5 | 28.5 | 13.0 | 33.4 | 28.53 |
| 4 | 140200 | 2 | 2017-04-21 | 854 | 43.4 | 9 176 | 986 | 1 157 | 30 701 | 9 893 | — | — | 36 | 43.4 | 30.2 | 24.5 | 32.2 | 28.7 | 28.7 | — | 38.6 | 34.03 |

# 第四章 奶牛生产性能测定监测与预警系统的建立及应用

奶牛生产性能测定检测与预警系统是为了基于奶牛生产性能测定数据分析，建立奶牛生产性能测定监测与预警系统，及时监测和预警奶牛群发性营养代谢、饲养管理和疾病防控等方面存在的安全隐患，根据奶牛生理及生产性能的特点，通过分析产奶量、泌乳天数等相关的资料信息，监控产奶量、乳成分和泌乳天数等变化趋势，并评价各种风险状态偏离预警线的强弱程度，向管理者发出预警信号并提示采取预控对策的系统。

## 一、系统设计

本系统与 CNDHI 软件安装于同一台计算机，指定 CNDHI 软件原始报告生成的文件目录，自动实现数据提取，并导入数据库中。预警条件可根据区域特点进行微调，系统在导入数据完成后会按条件进行数据筛选，符合预警条件的数据将被标记，见图 4-1。

输出报告的通用信息及标题以 Word 或 pdf 模板形式提供，软件根据模板标记更新内容，指标报告根据数据表达形式按列表输出。

输出的数据列表项目、内容可选择设定。

## 二、系统功能

### （一）报告统计分析项目

1.全群牛产奶情况统计

由"综合测定结果表"根据泌乳天数进行分类统计数据（牛头数、百分比、胎次、泌乳天数、产奶量、乳脂率、乳蛋白率、SCC、SCS、校正奶、305 d 预计产奶量 )，获取各分类的平均值。

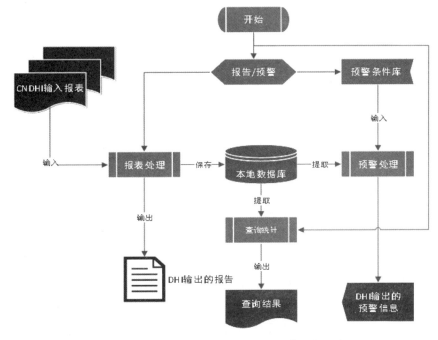

图 4-1 奶牛生产性能测定监测、预警系统示意图

2.头胎牛产奶情况统计

由"综合测定结果表"根据泌乳天数进行筛选头胎牛的数据 ( 牛头数、百分比、胎次、泌乳天数、产奶量、乳脂率、乳蛋白率、SCC、SCS、校正奶、305 d 预计产奶量 )，获取各分类的平均值。

3.经产牛产奶情况统计

同头胎牛产奶情况统计。

4.胎次分类情况统计

由"综合测定结果表"根据胎次分类筛选数据（牛头数、百分比、胎次、泌乳天数、产奶量、乳脂率、乳蛋白率、SCC、SCS、校正奶、305 d 预计产奶量），获取各分类的平均值。

5.泌乳持续力情况统计

由"综合测定结果表"根据胎次和泌乳天数分类筛选数据（产奶量、持续力），获取各分类的平均值。

6.高峰日、高峰奶量情况统计

由"综合测定结果表"据胎次分类筛选数据（牛头数、百分比、高峰日、高峰奶量），获取各分类的平均值。

7. 305 d 预测产奶量统计

由"综合测定结果表"根据奶量分类筛选数据（牛头数、百分比、胎次、泌乳天数、305 d 预计产奶量），获取平均值。

8.产奶量下降过快牛只统计

由"产奶量下降 5 kg 以上的牛只明细表"统计数据（牛头数、百分比、胎次、泌乳天数、体细胞数、上次产奶量、本次产奶量、平均奶差），获取平均值。

9.泌乳天数大于 450 d 牛只统计

由"综合测定结果表"根据泌乳天数分类统计数据（牛头数、百分比、胎次、泌乳天数、产奶量、平均 SCC、305 d 预计产奶量），获取平均值。

10.本月体细胞数大于 50 万牛只统计

由"综合测定结果表"根据胎次分类统计数据（牛头数、百分比、泌乳天数、产奶量、平均 SCC、SCS、月奶损失、305 d 预计产奶量），获取平均值。

11.本月新增体细胞数大于 100 万牛只统计

由"综合测定结果表"根据胎次分类统计数据（牛头数、百分比、泌乳天数、产奶量、SCC、SCS、月奶损失、上月 SCC、上月 SCS、305 d 预计产奶量），获取平均值。

12.连续两个月体细胞数大于 50 万 cells/mL 牛只统计

同"本月新增体细胞数大于 100 万 cells/mL 牛只统计"。

13.连续三个月体细胞数大于 50 万 cells/mL 牛只统计

同"本月新增体细胞数大于 100 万 cells/mL 牛只统计"。

14.脂蛋比按泌乳天数分类

由"综合测定结果表"根据泌乳天数分类进行统计数据（牛头数、乳脂率、乳蛋白率、脂蛋比、参考值、是否正常、参考值范围外牛头数、参考值范围外得牛只比例），获取平均值。

15.乳脂率低于 2.5% 牛只统计

由"综合测定结果表"根据乳脂率低于 2.5% 得进行统计数据（牛头数、泌乳天数、乳脂率、占测试牛比例、参考值、是否正常），获取平均值。

16. 乳中尿素氮统计

由"综合测定结果表"根据泌乳天数分类进行统计数据（牛头数、尿素氮、是否正常），获取平均值。

17. 产奶量下降过快牛只明细

根据"产奶量下降 5kg 以上的牛只明细表"筛选数据明细（牛号、胎次、泌乳天数、SCC、上月产奶量、本月产奶量、产奶量差异）。

18. 泌乳天数大于 450 d 牛只明细（前 50）

根据"综合测定结果表"筛选数据明细（牛号、胎次、泌乳天数、产犊日期、采样日期、测定日奶量、SCC、305 d 产奶量）。

19. 本月新增体细胞数大于 50 万牛只明细（前 50）

根据"综合测定结果表"筛选数据明细（牛号、胎次、泌乳天数、测定日奶量、SCC、SCS、奶损失、上个月 SCC、上个月 SCS、305 d 产奶量）。

20. 连续两个月体细胞数大于 50 万 cells/mL 牛只明细（前 50）

根据"综合测定结果表"筛选数据明细（牛号、胎次、泌乳天数、测定日奶量、SCC、SCS、奶损失、上个月 SCC、上个月 SCS、305 d 产奶量）。

21. 连续三个月体细胞数大于 50 万 cells/mL 牛只明细（前 50）

根据"综合测定结果表"筛选数据明细（牛号、胎次、泌乳天数、测定日奶量、SCC、SCS、奶损失、上个月 SCC、上个月 SCS、305 d 产奶量）。

22. 脂蛋比小于 1.12 的牛只明细（前 50）

根据"综合测定结果表"筛选数据明细（牛号、泌乳天数、产奶量、SCC、乳脂率、乳蛋白率、脂蛋比）；

23. 脂蛋比大于 1.41 的牛只明细（前 50）

根据"综合测定结果表"筛选数据明细（牛号、泌乳天数、产奶量、SCC、乳脂率、乳蛋白率、脂蛋比）。

24. 乳脂率低于 2.5% 牛只统计（前 50）

根据"综合测定结果表"筛选数据明细（牛号、泌乳天数、乳脂率、产奶量、SCC）。

25. 乳中尿素氮小于 10 mg/dL 的牛只明细（前 50）

根据"尿素氮分析表"筛选数据明细（牛号、泌乳天数、乳中尿素氮、产奶量、SCC）。

26.乳中尿素氮大于 18 mg/dL 的牛只明细（前 50）

根据"尿素氮分析表"筛选数据明细（牛号、泌乳天数、乳中尿素氮、产奶量、SCC）。

## （二）系统预警指标

1.脂蛋比异常预警

设定预警值上限 $X$、下限 $Y$，列出对应牛只编号及对应检测数据。

2.体细胞数异常预警

设定预警值上限 $X$，列出对应牛只编号及对应检测数据。

3.乳脂率异常预警

设定预警值上限 $X$、下限 $Y$，列出对应牛只编号及对应检测数据。

4.尿素氮异常预警

设定预警值上限 $X$、下限 $Y$，列出对应牛只编号及对应检测数据。

5.平均泌乳天数异常预警

设定预警值上限 $X$、下限 $Y$，列出泌乳天数大于 450 d 牛只明细。

6.高峰日、高峰奶及泌乳持续力异常预警

根据地区实际设定目标值，未达目标值提示预警。

7.奶牛酮病的早期预警

设定丙酮及 BHB 的预警值上限，超限预警。

8.奶牛酸中毒或瘤胃迟缓预警

设定脂蛋比小于 1.12 和乳脂率低于 2.5% 牛只比例，超限预警。

## （三）系统组成

监测预警系统通常由以下四个部分组成。

1.监测系统

监测系统主要包括乳成分体细胞联合测定系统、尿素氮测定仪和奶牛场管理系统等，完成乳成分、体细胞数、尿素氮、丙酮、$\beta-$ 羟丁酸奶牛繁殖等实时信息采集，并将采集信息存入计算机，供预警信息系统分析使用。

2.预警信息系统

预警信息系统是完成将原始信息向征兆信息转换的功能。原始信息包括历史信息、现实和实时信息，同时包括国内外相关的研究信息。

3. 预警评价指标体系系统

（1）预警评价指标：主要包括产奶量、乳成分（乳脂率、乳蛋白率和脂蛋比）、体细胞数/体细胞分、MUN、平均泌乳天数、高峰奶及高峰日、平均胎次及胎次比例、产奶量下降过快牛只比例、泌乳天数大于450 d牛只比例、体细胞数大于50万牛只比例、乳脂率小于2.5%牛只比例及MUN结果统计等。

（2）预警准则的确定。

预警准则：设置要把握尺度，不漏警、不误警。

预警方法：指标预警、因素预警、综合预警、误警和漏警。

（3）预警阈值的确定。

4. 预警系统信号输出

将测定结果与参考值、目标值的分析对比，超出范围的应加以预警标识，提请有关人员注意。

# 第一节　低产奶量的预警

产奶量的高低直接影响着奶牛场的经济效益，奶价受市场影响，市场我们无法左右，牛场要发展，我们必须改善牛场的经营，提高产量，节本增效。养牛要挣钱，必须要精打细算。各地区应根据本地区奶价、饲草料价格，计算出当地牛场最佳产奶量与成本控制平衡点，当产奶量低于平衡点时，预警提示，见表4-1。

表4-1　产奶量预警表

| 预警项目 | 预警阈值 |
| --- | --- |
| 日均产奶量 | 本地区牧场平均最佳产奶量 |

平衡点的计算参考"牧场最佳产奶量与成本控制"。

牧场经营当然以营利为目的，这是牧场能否存续经营的先决条件。由于影响因素过多，分析起来甚为复杂。特别是我国地域辽阔，自然资源与管理方式差异很大。近年由于"奶源革命"引领的生产进步的影响尤为显著。如何根据现有环境条件争取牧场利润的最大化，是每个牧场主思考的重要问题。

## 一、牧场的平均头年单产与个体的实际年均单产

牧场的平均头年单产是一个派生指标，与牧场的淘汰率相关。

假定牧场淘汰是基本均衡的，则平均头年单产（$m$）与个体实际年均单产（$M$）的关系如下：

$$m=M/（1-n/2）$$

即 $M=m×（1-n/2）$，$n$ 为成母牛年淘汰率（推导从略）。

一个平均头年单产 10 000 kg 的牧场，如淘汰率为 30%，则其个体实际年均单产为 10 000×（1-0.3÷2）=8 500 kg。就是说，个体平均产奶为 8 500 kg 的牛群，如果淘汰率为 30%，则平均头年单产为 10 000 kg。如果淘汰率为 28%，则 $m=9 883$ kg；而牛群本身的产奶能力并未发生变化。

因此，评价一个牧场，不能只看平均头年单产，还应该结合淘汰率来综合评价牛群的实际产奶能力。

## 二、不同淘汰率情况下牧场的最佳产奶量

### （一）平均头年单产 m 与淘汰率 n 的关系

随着产奶量的增加，被动淘汰率有加速度的趋势，两者符合抛物线模型 $n=k（m-a）2+b$ 的关系。根据某场历史数据，设 $m=8$ t 时，$n=18\%$；$m=12$ t 时，$n=33\%$，则

$$n=k（m-8）2+0.18$$

系数 $k=0.009 375$。

同理，如该场 $m=7$ t 时，$n=16\%$，求得 $k=0.006 8$，则 $n=k（m-7）2+0.16$。

### （二）平均利用年限 Y 与淘汰率 n 的关系

平均利用年限 $Y$ 与淘汰率 $n$ 的关系如下

$$Y=1/n$$

### （三）平均利用年限与平均头年单产的关系

以淘汰率为媒介，由上述公式推导出 $Y=1/[k（m-8）2+0.18]$。假定牧场

青年牛转成母牛的平均成本为 18 000 元，去除 3 000 元残值，按 5 年摊销，平均每年 3 000 元（$p$ 值）。据此计算减少幅度和递加成本，见表 4-2。

表4-2　利用年限和平均单位关系表

| 平均头年单产 $m$/t | 平均利用年限 $Y$/ 年 | 减少幅度 $S$/ 年 | 递加成本 $t$/ 元 |
| --- | --- | --- | --- |
| 8.0 | 5.65 | — | — |
| 8.5 | 5.48 | 0.071 | 214 |
| 9.0 | 5.28 | 0.204 | 611 |
| 9.5 | 4.97 | 0.308 | 923 |
| 10.0 | 4.60 | 0.375 | 1125 |
| 10.5 | 4.19 | 0.406 | 1219 |
| 11.0 | 3.78 | 0.409 | 1226 |
| 11.5 | 3.39 | 0.391 | 1173 |
| 12.0 | 3.03 | 0.361 | 1084 |
| 12.5 | 2.70 | 0.326 | 979 |

其中，递加成本（$t=p×S$）是由于减少利用年限产生的摊销费用。

### （四）牧场最佳产奶量

牧场只有饲料成本是最直接的产生收益的投入，也是牧场产生现金流的根本动力。其他的（如直接人工等）费用与饲养规模呈正相关（也可以认为与饲料成本正相关），更与管理因素有关。为了使各牧场之间具有可比性，我们只考虑千克奶的饲料成本。在 500 kg 产量范围内，因增加产量也需要增加投入，故千克奶单位饲料成本应该略有下降，但变化不大，差异可以忽略。

牧场因销售鲜奶实现的毛利润 =（售价 – 千克奶饲料成本）× 销售量

当因产奶增加带来的毛利等于由平均利用年限下降带来的成本增加时，再增加产量已经没有意义了（除非自行加工鲜奶，这样可以有额外的利润）。

例如，某场鲜奶销售价格为，每千克 3.6 元、千克奶饲料成本为每千克 1.8 元。平均头年单产每增加 500 kg，其毛利增加 900 元。由表 4-2 可知，其递加成本在 [611，923] 区间内，结合对应的 $m$ 区间计算如下：

牧场最佳头年单产 $m$ = 9.50-（923-900）÷（923-611）× 0.50 = 9.46（t）。

如果销售单价为每千克 3.8 元，毛利为 1 000 元，递加成本在 [923，1125] 区间，则 $m$ = 9.69（t）。

## 三、讨论

牧场成本控制始终是经营的重点之一。对整个牧场来说，奶牛的直接生产投入（如饲料、直接人工、成母摊销、冻精兽药、燃料动力等）为可变成本；对奶牛本身来说，产奶需要和妊娠需要也可以理解为可变成本，而只有可变成本才能带来效益。固定成本，如牛舍投入和管理费用、财务费用等，则需要可变成本来稀释。所以较低的产奶量无法维持经营，追求高产是必然的。但是过分追求高产又会带来很多负面效应，如淘汰率和发病率上升、兽药支出过大等。如何在两者之间取得动态平衡是值得思考的问题。其中市场因素至关重要，售价始终是产奶量最主要的风向标。由表 4-2 可以看出，当产奶从 10.5 t 增加到 11.0 t 时，递加成本最高达到 1 226 元，此时对应的牛奶售价是 1 226÷500+1.8=4.252 元 /kg。高于 11.0 t 时，如售价高于 4.252 元 /kg，因增加产奶量的递加成本显著降低，高产是合算的。假定牛群有生产能力，那么牧场是否采用高产策略，完全取决于市场价格。可见合适的市场价格可以弥补高产带来的负面效应。另外，牧场立足于当地环境，充分利用农产品资源，追求合理的低值投入也是一种思路。

尽早发现并淘汰没有生产预期的奶牛也是节约成本必须考虑的。当这些奶牛增加时，应尽快从技术和生产角度查找问题予以解决，不必纠结问题奶牛本身。

众所周知，表型是遗传与环境共同作用的结果。一个牧场的环境基本稳定，遗传则是决定因素。高产奶的遗传素质在较低产奶的群中可以显著降低淘汰率，增加平均利用年限而使递加成本降低（本书所指的淘汰率不包括为了改良血缘而增加的牛群更新）；还可以增加主动淘汰的比例，使营业外收益提高。

高产未必高效益，因为高产影响了长寿效应。建议饲养上多使用优质牧草和周围长期稳定的农副产品，减少精饲料用量，DM 基础下高产牛的精料比调整到 50% 以下。首先是以代谢病（主要是亚临床型酮病和酸中毒）的发病率极低为标准，尽量减少精料催奶措施；其次是努力提高遗传品质，在产奶量提高的同时，增加对不良环境的抵抗能力（体形及长寿性和抗病力指标）；最后是保护奶牛，提供舒适的环境（卧床、降温或保温措施等），定期消毒防疫，保持干燥、卫生。在当下的现在环境中，健康饲养，发挥奶牛自然产奶水平尤为重要。

牧场为了追求后备牛转群成本的降低会尽量提前配种。虽然现在饲养条件优越，后备牛生长发育良好，13 个月就达到了体高 1.27 m、体重 360 kg 的配种标准，但是通过直肠检查发现，子宫角发育成熟度还不够，性成熟尚未完成，复配的比例加大。

有理论证明 24 个月产犊对其终生产奶量是最佳的。那么就要求配种日龄在 450 d 左右，提前一个情期在 429 日龄（约 14 个月）开始配种较为合适，最早不能低于 13.5 月龄。生物体所有指标都有最适宜范围，追求极值会带来其他风险。

再者，牧场保留足够周转使用的数量即可，过高的后备比例会占用资金，大龄出售未必能增加额外利润。

影响牧场营利的因素多种多样，每个因素都有可能成为关键点，所以我们只能揭示大概的趋势，无法精准测定。

本书只是提供一种思路，仅供参考，举例数值不代表实际情况，各牧场可以结合自己的实际进行计算。如果将千克奶饲料成本换成生产成本，则可以计算牧场整体的盈利能力等。

## 第二节　乳脂率、乳蛋白率及脂蛋比异常的预警

乳脂率、乳蛋白率和脂蛋比反映了牛奶的质量，同时也反映了奶牛的营养与代谢状况以及健康状况，是衡量奶牛健康状态的一项重要指标，见表 4-3。正常情况下，荷斯坦奶牛乳脂率为 3.4% ~ 4.3%，乳蛋白率为 2.9% ~ 3.4%，脂蛋比为 1.12 ~ 1.41，脂蛋差（乳脂率与乳蛋白率之差）大于等于 0.4% ~ 0.6%。如果脂蛋差小于 0.4%，或者脂蛋比小于 1.12，或者牛群中超过 10% 的牛乳脂率小于 2.5% 或平均值 −1，应及时预警，表明牛群存在酸中毒；如果泌乳天数小于 70 d 的牛乳脂率大于 5.0% 或超过 10% 的牛脂蛋比大于 1.5，需及时预警，预示牛群存在酮病及亚临床酮病。

表4-3　乳脂率、乳蛋白及脂蛋比异常预警表

| 预警项目 | 预警阈值 |
| --- | --- |
| 脂蛋差＜0.4% 或脂蛋比＜1.12，乳脂率＜2.5% 或＜平均值 −1 | ＜10% 牛只比例 |
| 泌乳天数 70 d 的牛只乳脂率＞5.0% 或脂蛋比＞1.5 | |

# 第三节　体细胞数及体细胞分超高的预警

体细胞数（SCC）反映了奶牛乳房的健康状况，体细胞对奶牛乳房炎具有免疫防御功能，对病原微生物的入侵起监视和杀灭作用，见表4-4。

体细胞数高低是奶牛乳房健康的标志之一，是牛场保健管理水平的标志，反映了牛群的乳房健康状况。体细胞数越高，奶损失越大。降低体细胞数能更好地管控规模化奶牛场乳房炎。

体细胞分（SCS）是该牛只体细胞数的自然对数，分值为 0 ~ 9 分，体细胞数越高对应的分值越大。

一般认为体细胞分6分（体细胞数54万 cells/mL）为乳房炎判定分界点，即 SCS 大于等于 6 分，为乳房炎牛只；SCS 小于 6 分，为健康牛只。上次体细胞分小于 6 且本次体细胞分大于等于 6 的牛只或新参测牛本次体细胞分大于等于 6 的牛只，为新感染；连续两次体细胞分大于等于 6 的牛只，即上次体细胞分大于等于 6 且本次体细胞分大于等于 6 的牛只，为慢性乳房炎；上次体细胞分大于等于 6 且本次体细胞分小于 6 的牛只，乳房炎已治愈；上次体细胞分小于 6 且本次体细胞分小于 6 的牛只或新参测本次体细胞分小于 6 的牛只，未感染乳房炎。

奶牛场乳房炎控制的理想目标为：

75% 以上的牛只 SCS 值小于 3；85% 以上的牛只 SCS 值小于 4；

90% 以上的牛只 SCS 值小于 5；95% 以上的牛只 SCS 值小于 6；

5% 以下的牛只 SCS 值大于 6；1 胎牛的体细胞分应在 0 ~ 3 之间。

奶牛场应制定乳房炎控制目标，利用此报告时通过比较新感染牛和已治愈牛的头数变化，评价乳房炎管控措施是否有效。

表4-4　体细胞数及体细胞分超高预警表

| 预警项目 | 预警阈值 |
| --- | --- |
| 个体牛只：SCS 或 SCC | ＜6 分或 54 万 cells/mL |
| 群体：本月"体细胞数大于 50 万 cells/mL 牛只"比例 | ＜9% |

# 第四节　牛奶尿素氮结果异常的预警

牛奶尿素氮是奶牛生产性能测定的一个重要指标，已成为奶牛场管理的一项重要工具。管理者可以通过监测牛奶中的尿素氮含量来改善牛群的饲养管理水平。

尿素氮是乳蛋白的一部分，它来源于血液中的尿素氮。对于荷斯坦牛来说，正常的尿素氮质量分数范围是 12 ~ 16 mg/dL（通常为 12 mg/dL）。奶牛在消化蛋白饲料时，部分蛋白质被瘤胃微生物降解成氨，这部分蛋白质称为瘤胃可降解蛋白（RDP）。如果瘤胃微生物不能捕获氨，并将其转化成微生物蛋白，则过量的氨将被瘤胃壁吸收。氨可以改变血液 pH 值，因此肝脏将氨转化成尿素排出体外或重吸收。尿素可以自由穿越细胞膜，因此奶牛尿素氮浓度反映了血液中的尿素浓度。因此，如果血液中尿素水平升高，尿素氮水平也将随之升高。然而，如果尿素氮水平过高，则说明奶牛日粮中蛋白质过高或是可降解蛋白过高，存在蛋白质资源浪费的现象，而这些过量蛋白质将以尿素形式排放到环境中；相反，如果牛奶尿素氮水平过低，则表明瘤胃菌群数量减少，产奶量和乳蛋白含量将下降。

日粮中粗蛋白水平直接决定尿素氮水平，粗蛋白含量过高会导致尿素氮水平偏高，造成蛋白质的浪费；即使粗蛋白水平正常，饲喂过多的瘤胃可降解蛋白或可溶解蛋白，也会造成尿素氮的升高。此外，奶牛发生瘤胃酸中毒时，微生物蛋白合成将受到限制，导致氨不能被转化，进而使尿素氮水平升高。

在奶牛饲养管理中，饲喂时间、挤奶时间、TMR 成分、饲喂方式及影响血氨水平的因素都会影响尿素氮水平。因此，对于不同的牛场，最优化的尿素氮水平是不同的。尿素氮是用来监测牛场饲养管理水平的重要工具。因此，需要确定牛场各自尿素氮的适宜范围。中国农业大学曹志军教授科研团队推荐全珠玉米青贮＋苜蓿＋精料日粮，适宜的尿素氮范围为 12 ~ 16 mg/dL。当尿素氮基准值变化超过 2 ~ 3 个点时，需要查找造成尿素氮变异的原因。同时尿素氮每天的变异应该与周平均值的变异相一致。需要注意的是，DHI 检测中仪器和采样时间会对尿素氮水平产生影响。（表 4-5）

表4-5　尿素氮结果异常预警表

| 预警项目 | 预警阈值 |
| --- | --- |
| MUN > 18 mg/dL 牛只比例 | < 10% |
| MUN < 10 mg/dL 牛只比例 | < 10% |

# 第五节　酮病的早期预警

酮病，也称为醋酮血症，是高产奶牛常见的代谢性疾病，以产奶下降、体重减轻、食欲不振为主要表现，有时不表现任何症状。

近几年酮病问题一直困扰着牛场，实际上国外同行也承认缺少相应的检测手段，所以说控制手段是不缺乏的，缺乏的是检测和评价手段。高产牛群中，美国临床性酮病的发病率约为4%，亚临床酮病的发病率可达10%~30%，甚至更高。康奈尔大学的专家认为，可将亚临床酮病发病率15%作为一个警戒线，临床型酮病的发病率10%作为一个严重的警戒线，也就是说，如果临床性酮病超过10%，或亚临床酮病超过15%，就证明这个牛场群发性酮病的问题很严重。从20世纪90年代起，酮病已成为影响美国奶牛场最重要的营养代谢性疾病之一，其关注度高于瘤胃酸中毒和产后瘫痪。

## 一、酮病预测模型的建立

由于牛奶中的丙酮和BHB浓度非常低，只能半定量预测，这意味着模型只能确定牛是否患有酮症的危险，却不能用来评估情况的严重性。换句话说，模型能对健康或者患病给出非常好的预测，却不能测定准确的浓度。酮病至少会导致牛奶中一个指标丙酮或者BHB上升，因此所有的预测包含在一个应用中是合理的。

目前还没有标准的丙酮和BHB检测方法。然而，只是建立半定量预测模型，可以使用De Roos等报道的酶法的结果。各参数指标情况见表4-6。

表4-6　酮病预测模型参数指标表

| 项目 | 检测极限 | 可重复性 | 丙酮亚临床 |
| --- | --- | --- | --- |
| 丙酮 | 0.06 | 0.06 | >0.15 |
| BHB | 0.04 | 0.03 | >0.10 |

## 二、预测模型校准

基本上，酮症预测模型可用于两个方面：

（1）筛选的目的。所有样品都超过客户的限制，之后需要使用直接方法重新分析以确认结果。

（2）从预测模型的结果将决定：在第一种情况下是否将警告发给奶农和／或他的顾问们，限度线的确认将取决于特定实验室中使用直接检测方法对于指标的检测性能；在第二种情况下，设定一个限制非常重要，根据可接受的假阳性（健康，但据报道为病例）和假阴性（病例，但报告为健康）警告。

## 三、偏差调整和质量控制

通常，实验室检测的大部分（3.80%）牛奶样本都取自健康无酮症的奶牛，因此丙酮和 BHB 将分别具有 0.00 和 0.03 mmol/L 的含量。这个现象可以被用作一个替代的方式来进行预测模型的偏差调整。因此，福斯分析仪器公司建议偏差调整应基于整个工作日（或工作任务）进行正常标准样品分析时所分析的所有样品的中值。该中值应为丙酮 0.00 和 BHB 0.03 mmol/L。

注意：斜率不应该进行调整，因为预测模型在高范围内的采样量和限制精确度有限。

## 四、4.0.0 版模型的校准验证

该预测模型是基于纯牛奶样品，某些样品中添加了实验室常规防腐剂。大多数样品来自泌乳初期的奶牛，以确保采集到天然浓度范围内所有值，这在很大程度上导致了与随机常规牛奶样品相比结果偏高。预测模型是 MilkoScan FT+ 和 FT 6000 基于傅里叶近红外光谱的偏最小二乘法建立的。

（1）定模型标集。

来自加拿大、法国、德国、荷兰和美国的 3 281 个丙酮代表性样品；来自加拿大、法国、德国、荷兰的 1 126 个 BHB 代表性样品。

（2）验证模型。

来自加拿大、法国、德国、荷兰和美国的 2 629 个丙酮代表性样品；来自加拿大、法国、德国、荷兰的 1 145 个 BHB 代表性样品。

模型的重复性可在表4-7中查看。

可以看出，BHB 的常规方法与丙酮之间的相关性好于直接测定法。常规方法的重复性优于直接测定法。

表4-7　模型的重复性

| 重复性 | 丙酮 /(mmol·L⁻¹) | BHB/(mmol·L⁻¹) |
| --- | --- | --- |
| 定标模型 | 0.02 | 0.01 |
| 验证模型 | 0.04 | 0.01 |
| 直接测定法 | 0.06 | 0.03 |

为了验证酮症半定量预测模型，一些新的标准已被定义，它们在表 4-8 中列出，并在图 4-2 中给出图形示例。模型的目标是实现尽可能多的奶牛划分为真阳性和真阴性，与此同时没有得到太多的假阳性和（或）假阴性。因此，预测模型会用假阳性比率和真酮症比率的计算结果进行验证。一旦这些比率在不同范围内被确定使用，就可以决定每个模型的限定值，以保持在假阳性率足够低的条件下，不会错过太多有亚临床酮症的奶牛（黄色）。

表4-8　模型设置和定义的标准

| | |
| --- | --- |
| 真阳性（绿） | 被 MilkoScan 检测到的患酮症奶牛 |
| 假阳性（红） | 被 MilkoScan 归类为患酮症的健康奶牛 |
| 真阴性（蓝） | 被 MilkoScan 归类为健康的健康奶牛 |
| 假阴性（黄） | 未被 MilkoScan 检测到的患酮症奶牛 |
| 假阳性率（红 / 全部） | 被 MilkoScan 归类为患酮症健康奶牛数量除以所有参与分析的样本数 |
| 真酮病率（绿 / 绿 + 黄） | 被 MilkoScan 检测到的患酮症奶牛数量除以所有患酮症样本数 |

因为酮症预测模型是半定量的，使用时应进行限制设定，农户将给出关于在畜群潜在酮症问题的警告界限。可以选择使用简报提供的经过验证的界限设定值，也可以设定基于自己数据验证出来的界限值。表 4-9 显示，当丙酮预测模型的假阳性率设为最大值是 2.4% 可被接受，则在 0.35 mmol/L 界限下我们能检测出 59.2% 的酮症患病奶牛。当使用 BHB 模型时将假阳性率设为 2.1%，则在 0.25 mmol/L 界限下可检测出 66.3% 的酮症患病奶牛。警告界限的确定可以在 Foss Integrator 的预测模型界限设定中插入。

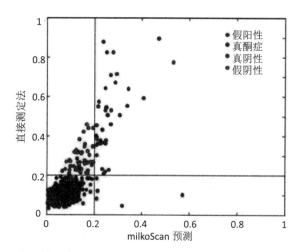

图4-2　假阳性、真酮病、真阴性、假阴性在界限 0.2 mmol/L 下的说明

表4-9　不同界限下的假阳性率和真酮症率计算结果表

| 丙　酮 | | | BHB | | |
|---|---|---|---|---|---|
| 界限 / (mmol·L⁻¹) | 假阳性率 /% | 真酮症率 /% | 界限 / (mmol·L⁻¹) | 假阳性率 /% | 真酮症率 /% |
| 0.12 | 21.5 | 87.4 | 0.08 | 24.1 | 89.4 |
| 0.15 | 16.0 | 82.9 | 0.10 | 16.3 | 86.4 |
| 0.20 | 9.5 | 77.7 | 0.15 | 6.4 | 81.7 |
| 0.25 | 5.4 | 75.1 | 0.20 | 3.8 | 75.2 |
| 0.30 | 3.3 | 64.6 | 0.25 | 2.1 | 66.3 |
| 0.35 | 2.4 | 59.2 | 0.30 | 1.9 | 56.9 |
| 0.40 | 1.9 | 53.1 | 0.35 | 1.7 | 51.1 |

　　由于没有简单有效的参考方法，加上酮病定标模型是半定量的，偏差的调整与传统定标具有不同的步骤。

　　这种偏差（截距）调整仅仅推荐用于酮病预测模型。偏差的调整应该根据有代表数量分析样品的丙酮 /BHB 预测值的中位值来确定。中位值（即能够分离数据较高一半和较低一半的数值）被选择来替代平均值（即通过数值的总和除以数量所得）。因为来自酮病分析的数据不是正态分布，如果是正态分布，均值将等于中位值；为数不多较大的结果将使平均值偏离，但不影响中位值；偏差是正态分布，计算偏差（即中位值）的鲁棒性将删除所有异常值。

根据相关文献，一个健康的奶牛产出的牛奶中 0.0 的丙酮和最多 0.03 mmol/L 的 BHB，我们也认为超过一半的分析奶牛是健康的，即无酮症。结合这两个事实，我们推断需要的中值丙酮 0.0，BHB 0.03 mmol/L。

丙酮和 BHB 的截距调整应该是独立的，以前的调整也应考虑在内。

偏差调整应使用的计算公式如下：

偏差 = 所需中位值 *- 当前中位值 + 当前调整

* 丙酮为 0.00，BHB 为 0.03。

案例 1：丙酮，以前没有调整，丙酮所需中位值：0.00 mmol/L，当前中位值 0.04 mmol/L，因此 MilkScan 结果太高，MilkScan 结果必需通过减小偏差进行调整，因此偏差 =0.00 mmol/L-0.04 mmol/L +0.0 mmol/L=-0.04 mmol/L。

案例 2：丙酮，-0.02 mmol/L 偏差，丙酮所需中位值：0.00 mmol/L，当前中位值 0.04 mmol/L，因此 MilkScan 结果太高，MilkScan 结果必需通过减小偏差进行调整，现有偏差必需计算在内，因此偏差 =0.00 mmol/L-0.04 mmol/L +(-0.02 mmol/L=-0.06 mmol/L。

案例 3：BHB，以前没有调整，BHB 所需中位值：0.03 mmol/L，当前中位值 0.13 mmol/L，因此 MilkScan 结果太高，MilkScan 结果必需通过减小偏差进行调整，因此偏差 =0.03 mmol/L -0.13 mmol/L +0.00 mmol/L=-0.10 mmol/L。

案例 4：BHB，-0.12 mmol/L 偏差，BHB 所需中位值：0.03 mmol/L，当前中位值 0.13 mmol/L，因此 MilkScan 结果太高，MilkScan 结果必需通过减小偏差进行调整，现有偏差必需计算在内，因此偏差 =0.03 mmol/L-0.13 mmol/L +(-0.12 mmol/L)=-0.22 mmol/L。

该公式也适用于 MilkScan 已经使用截距调整，当前中位值低于所需中位值的情况这种情况偏差将需要被添加到当前偏差。

案例 5：BHB，-0.15 mmol/L 偏差，BHB 所需中位值：0.03 mmol/L，当前中位值 -0.10 mmol/L，因此 MilkScan 结果太低，MilkScan 结果必需通过增大偏差进行调整，现有偏差必需计算在内，因此偏差 =0.03 mmol/L -(-0.10 mmol/L)+(-0.15 mmol/L)=-0.02 mmol/L。

偏差调整可以分为两个步骤：

（1）初始偏差调整。初始偏差调整可以以 10 d 有代表性常规样品的分析数据，即涵盖了牛群、农场和样品处理的变化。

（2）进一步常规调整。不建议每当新的中位值计算出来就改变截距，中位值变化应当显著以便调整。仅仅当样品组（如一天的数据）新的计算偏差将超过中位值标准偏差的2倍。采用这种方式可以避免太过频繁和随机的偏差变化。图表4-3示例呈现了需要新的偏差时的计算方法，计算模板可以从当地代表处获得，一旦适于需求，模板可以在日常偏差中使用。

| 日 期 | 丙 酮 | 调整 | BHB | 调 整 |
|---|---|---|---|---|
| | 根据中位值计算的建议偏差 | | 根据中位值计算的建议偏差 | |
| 01 - 01 - 2014 | - 0.062 | 假值 | 0.022 | 假值 |
| 02 - 01 - 2014 | - 0.071 | 假值 | 0.015 | 假值 |
| 03 - 01 - 2014 | - 0.059 | 假值 | 0.028 | 假值 |
| 04 - 01 - 2014 | - 0.081 | 假值 | 0.009 | 假值 |
| 05 - 01 - 2014 | - 0.1 | 假值 | 0.107 | 真值 |
| 06 - 01 - 2014 | - 0.14 | 真值 | 0.023 | 假值 |
| 07 - 01 - 2014 | - 0.053 | 假值 | 0.008 | 假值 |
| 08 - 01 - 2014 | - 0.09 | 假值 | - 0.05 | 假值 |
| 09 - 01 - 2014 | - 0.03 | 假值 | 0.01 | 假值 |
| ... | | | | |
| ... | | | | |
| STD （偏差） | 0.032 | | 0.040 | |
| 平均值(偏差) | - 0.076 | | 0.019 | |
| 最小值 | - 0.14 | | - 0.05 | |
| 最大值 | - 0.03 | | 0.107 | |
| 置信度 | 2 | | | |

需要新的截距

**图4-3 计算偏差的调整**

图4-3当得到真值时进行调整偏差，真值被列出来，当建议偏差比所有建议偏差平均值加上STD值可信度水平倍数大时。

附件：假阳性和假阴性率——计算例子

预测模型4.0.0的混淆矩阵在表4-10中列出。从比率计算，可以看出丙酮限为0.20毫摩尔，假阳性率被定为9.5%，真实酮症比例为77.7%

表4-10混淆矩阵：从常规和直接方法丙酮限为0.20 mmol/L，BHB限为0.15 mmol/L，阳性和阴性结果数量如下。

表4-10　预测模型4.0.0的混淆矩阵

| 序号 | 矩阵 |
|---|---|
| 1 | $false\_positive\_ratio = \dfrac{369}{501+369+144+2863} \times 100\% = 9.5\%$ |
| 2 | $true\_ketotic\_ratio = \dfrac{501}{501+444} \times 100\% = 77.7\%$ |
| 3 | $false\_positive\_ratio = \dfrac{100}{152+100+34+1278} \times 100\% = 6.4\%$ |
| 4 | $true\_ketotic\_ratio = \dfrac{152}{152+34} \times 100\% = 81.7\%$ |

表4-11为酮病早期预警的项目及阈值。

表4-11　酮病早期预警的项目及阈值

| 预警项目 | 预警阈值 |
|---|---|
| 丙酮 | 亚临床酮病：0.21～0.38 mmol/L；临床酮病：≥0.39 mmol/L |
| BHB | 亚临床酮病：0.16～0.25 mmol/L；临床酮病：≥0.26 mmol/L |
| 脂蛋比 | ＜1.5（泌乳天数70 d内牛只） |
| 乳脂率 | （泌乳天数70 d内牛只乳脂率＞5.0%）牛只比例＜10% |

# 第六节　奶牛生产性能测定监测预警技术规范

## 一、范围

本技术规范规定了奶牛生产性能测定监测预警系统的基本原则、监测和预警内容、监测数据分析与评估、监测预警。

本技术规范适用于新疆生产建设兵团奶牛生产性能测定监测预警系统的建设和管理。

## 二、规范性引用文件

下列文件对于本文件的应用是必不可少的。凡是注日期的引用文件，仅所注日期的版本适用于本文件。凡是不注日期的引用文件，其最新版本（包括所有的修改单）适用于本文件。

NY/T1450—2007《中国荷斯坦牛生产性能测定技术规范》。

## 三、术语与定义

本标准采用下列术语和定义。

### （一）奶牛生产性能测定监测预警系统

奶牛生产性能测定监测预警系统是指在全面分析奶牛生产性能测定数据的基础上，通过隐患排查、风险管理和数据分析，及时监测和预警奶牛群发性营养代谢、饲养管理和疾病防控等方面存在的安全隐患；根据奶牛生理及生产性能的特点，通过分析产奶量、泌乳天数等相关的资料信息，监控产奶量、乳成分和泌乳天数等变化趋势，并评价各种风险状态偏离预警线的强弱程度，向管理者发出预警信号并提示采取预控对策，最大限度地降低乳房炎、酮病等发病率，从而形成具有预警功能的奶牛生产性能测定系统。

### （二）预警值（预警阈值）

奶牛生产性能测定各参数或指标达到一定危险程度的警戒值。

## 四、基本要求

### （一）概述

（1）兵团奶牛生产性能测定中心结合实验室自身特点和兵团奶牛养殖实际，建立并运行符合兵团实际的奶牛生产性能测定监测预警系统。

（2）奶牛生产性能测定监测预警系统应包括监测和预警指标选择、预警指标量化、预警报告的生成和反馈。

### （二）建立原则

（1）应结合奶牛生产性能测定标准化建设、奶牛饲养管理标准化建设等工作，充分发挥奶牛生产性能测定监测预警系统对奶牛生产、疾病防控和育种管理决策的支持作用。

（2）奶牛养殖场应发动全员参与奶牛生产性能测定监测预警工作，将奶牛生产性能测定监测预警工作与日常生产管理工作有机结合。

（3）兵团奶牛生产性能测定中心每年应至少对预警系统的运行情况总结一次，对监测指标的选取以及预警值进行优化，使之更加符合兵团奶牛生产实际，指导牛场提高生产性能；当预警系统与兵团奶牛生产实际出现偏差时，应及时调整预警系统监测项目，并重新调整预警值。

## 五、监测预警系统建立

### （一）监测预警指标选取原则

兵团奶牛生产性能测定中心应建立适应于兵团奶牛生产实际的监测预警指标体系，并满足监测预警指标应能够反映现时段兵团奶牛生产各个方面的状况及变化趋势，应具有科学性、系统性、可量化、独立性及可对比性等原则。

### （二）监测预警系统组成

监测预警系统通常由以下4个部分组成。

（1）监测系统。

监测系统主要包括乳成分体细胞联合测定系统、尿素氮测定仪和奶牛场管理系统等，完成乳成分、体细胞数、尿素氮、丙酮、$\beta-$羟基丁酸、奶牛繁殖等实时信息采集，并将采集信息存入计算机，供预警信息系统分析使用。

（2）预警信息系统。

预警信息系统是完成将原始信息向征兆信息转换的功能。原始信息包括历史信息、现实和实时信息，同时包括国内外相关的研究信息，也包括信息收集、信息处理、信息的辨伪、信息存储、信息推断。

（3）预警评价指标体系系统。

①预警评价指标。主要包括产奶量、乳成分（乳脂率、乳蛋白率和脂蛋比）、体细胞数/体细胞分、尿素氮、平均泌乳天数、高峰奶及高峰日、平均胎次及胎次比例、产奶量下降过快牛只比例、泌乳天数大于450 d牛只比例、体细胞数大于50万 cells/mL牛只比例、乳脂率小于2.5%牛只比例及尿素氮结果统计等。

②预警准则的确定。

预警准则：设置要把握尺度，不漏警、不误警。

预警方法：指标预警、因素预警、综合预警、误警和漏警。

预警阈值的确定。

（4）预警信号输出。根据测定结果与预警值、目标值的分析对比，超出范围的应加以预警标识，提请有关人员注意。

## （三）预警指标确定及量化

（1）选取符合实验室仪器设备检测条件和兵团奶牛生产实际的监测项目。

日产奶量：指泌乳牛测定日当天 24 h 的总产奶量，日产奶量反映泌乳牛当前实际产奶水平，单位为 kg。

乳脂率：指泌乳牛测定日牛奶所含脂肪的含量，单位为 %。

乳蛋白率：指泌乳牛测定日牛奶所含蛋白的含量，单位为 %。

乳糖率：指泌乳牛测定日牛奶所含乳糖的含量，单位为 %。

非脂乳固体：指泌乳牛测定日牛奶中除脂肪和水分以外的物质的含量，单位为 %。

全乳固体：指泌乳牛测定日牛奶中除水分以外的物质的含量，单位为 %。

体细胞数：指泌乳牛测定日牛奶中体细胞的数量，单位为万 cells/mL。

牛奶尿素氮：指泌乳牛测定日牛奶中尿素氮的含量，单位为 mg/dL。

乳中丙酮：指泌乳牛测定日牛奶中丙酮的含量，单位为 mmol/L。

乳中 BHB（$\beta$- 羟基丁酸）：指泌乳牛测定日牛奶中 $\beta$- 羟基丁酸的含量，单位为 mmol/L。

（2）选取符合兵团奶牛生产实际的监测预警指标。

表4-12　奶牛生产性能测定监测预警指标汇总表

| 项　目 | 预警值 | 项　目 | 预警值 |
|---|---|---|---|
| 日产奶量 | ≥ 25 kg | 乳脂率 | 3.4% ～ 4.3% |
| 体细胞数（群体平均） | < 30 万 cells/mL | 乳蛋白率 | 2.9% ～ 3.4% |
| 体细胞数（个体） | < 50 万 cells/mL | 脂蛋比 | 1.12 ～ 1.41 |
| MUN < 10 mg/dL 牛只比例 | < 10% | 平均泌乳天数 | 150 ～ 170d |
| MUN > 18 mg/dL 牛只比例 | < 10% | 平均胎次 | 3.0 ～ 3.5 |
| 高峰日（头胎平均） | 70 ～ 120d | 产奶量下降过快牛只比例 | < 15% |

续表

| 项　目 | 预警值 | 项　目 | 预警值 |
|---|---|---|---|
| 高峰日（群体平均） | 60～90d | 泌乳天数大于450 d牛只比例 | ＜6% |
| 脂蛋比＜1.12的牛只比例 | ＜10% | 体细胞数大于50万牛只比例 | ＜9% |
| 脂蛋比＞1.41的牛只比例 | ＜10% | 乳脂率＜2.5%牛只比例 | ＜10% |
| 乳中丙酮（亚临床酮病） | 0.21～0.38mmol/L | 乳中丙酮（临床酮病） | ≥0.39 mmol/L |
| 乳中BHB（亚临床酮病） | 0.16～0.25mmol/L | 乳中BHB（临床酮病） | ≥0.26 mmol/L |
| 头胎牛只占比 | 30% | 高峰奶量（头胎牛只） | ≥37 kg |
| 2胎牛只占比 | 20% | 高峰奶量（2胎牛只） | ≥47.5 kg |
| 3胎及以上牛只占比 | 50% | 高峰奶量（3胎及以上牛只） | ≥50 kg |
| 峰值比（1胎：2胎） | 77%～78% | 峰值比（1胎：3胎及以上） | 74%～75% |
| 峰值比（1胎：2胎及以上） | 75%～80% | 峰值比（2胎：3胎及以上） | 96%～97% |

以上项目指标预警值和目标值的确定依据，来源于国内外相关文献报道及国内先进牧场的经验值。

### （四）预警指标的调整

定期对预警系统运行状况进行评估，评估其对奶牛生产状况判断的准确性。当准确性无法满足奶牛生产需求时，应及时调整监测项目和预警指标等内容。

## 六、预警报告

### （一）预警报告的制作

将检测数据和牛场生产繁殖信息按 CNDHI 统一格式导入 CNDHI 软件，生成 CNDHI 报告，然后将 CNDHI 报告导入奶牛生产性能测定（DHI）分析解读及预警系统，系统将根据用户设置进行数据统计和分析，生成奶牛生产性能测定（DHI）分析解读及预警报告。

### （二）预警报告的审核与反馈

　　预警报告制作完成后应经技术负责人审核后，以电子邮件和微信形式及时反馈给牛场管理层有关技术人员。

　　预警报告采用数据表格、图形、曲线等形式呈现，直观表征奶牛生产现状及发展趋势。当超过某一阈值时，数据通过"↑""↓"形式标识并及时报警，并使用文字进行解释说明，帮助牛场查找问题产生的根源，针对性解决问题。

### （三）预警的响应及解除

　　参测牛场接到预警报告后，及时制定、落实整改措施，完成问题整改，提高奶牛生产性能，保证预警系统的闭环管理。

　　参测牛场完成问题整改并经验证达到目标要求，预警自动解除。

# 第五章　兵团奶牛生产性能测定应用技术体系的建立与应用

　　兵团奶牛生产性能测定技术的应用起步较晚，2011年开始接受农业农村部下达的奶牛生产性能测定任务，由兵团畜牧兽医工作总站承担项目任务，委托自治区乳品检测中心完成测定任务。2012年，新疆生产建设兵团农业农村局（以下简称兵团农业农村局）委托第八师石河子市农业农村局申报了"兵团奶牛生产性能测定（DHI）中心建设项目"，农业农村部以"农计函〔2012〕254号文"批复了"新疆生产建设兵团奶牛生产性能测定（DHI）中心建设项目"，由新疆生产建设兵团第八师畜牧兽医工作站（以下简称八师畜牧兽医工作站）具体承担项目建设，项目于2014年11月基本建设完成，2015年先后通过第八师农业农村局和新疆生产建设兵团农业农村局两级验收，并于2016年3月通过农业农村部组织的奶牛生产性能测定实验室现场评审，具备了开展奶牛生产性能测定的条件和能力。据此，兵团农业农村局、新疆生产建设兵团畜牧兽医工作总站委托八师畜牧兽医工作站，于2016年4月逐步在八师部分规模化牛场开展奶牛生产性能测定工作。2017年、2018年正式承担农业农村部给兵团下达的奶牛生产性能测定任务；2019年、2020年，兵团农业农村局划拨专项经费，继续支持奶牛生产性能测定工作。通过五年的不懈努力，作者组织相关技术人员起草制定了奶牛生产性能测定采样技术规范、奶牛生产性能测定技术规范、质量体系文件（质量手册、程序文件、记录文件、作业指导书等）、奶牛生产性能测定监测预警技术规范、高产奶牛饲养管理标准化工作程序等技术体系文件（奶牛各阶段饲养管理技术规程、奶牛各阶段TMR日粮制作与评价技术规程等），建立了拥有自主知识产权的奶牛生产性能测定应用技术体系，并将该技术在兵团南北疆规模化奶牛场广泛推广应用，取得了明显的经济和社会效益。

## 一、奶牛生产性能测定（DHI）采样技术规范

### （一）范围

本标准规定了奶牛生产性能测定采样的内容、操作步骤和要求。
本标准适用于奶牛生产性能测定采样工作。

### （二）规范性引用文件

下列文件对于本文件的应用是必不可少的。凡是注日期的引用文件，仅所注日期的版本适用于本文件。凡是不注日期的引用文件，其最新版本（包括所有的修改单）适用于本文件。

NY/T 1450—2007《中国荷斯坦牛生产性能测定技术规范》

### （三）术语和定义

1.奶牛生产性能测定

奶牛生产性能测定，是对泌乳牛的产奶量、乳脂率、乳蛋白率、乳糖、体细胞数等指标的测定。

DHI 是 Dairy Herd Improvement 的英文缩写，是奶牛生产性能测定的简称，也叫奶牛群体遗传改良。

2.采样

采样，系指奶样采集，即在泌乳牛挤奶的过程中，把连续挤出的生乳按比例分流于固定容器中，充分混匀后，再从固定容器中按比例取样并混匀的过程，要求保证所取的奶样对测定日 24 h 多次挤奶的混合样具有充分的代表性。

### （四）奶牛生产性能测定采样要求

1.奶样（检测样）

奶样（检测样）为泌乳牛测定日 24 h 多次挤奶所采集奶样的混合样，每个奶样 40 mL。

2.采样对象和采样间隔

采样对象为产后 5 d 至干奶期间的全部泌乳牛，包括因患乳房炎等疾病隔离治疗需单独挤奶的病牛；采样间隔（30±5）d。

3.采样人员

采样人员为经过专业采样培训并熟练掌握采样程序和方法的人员，采样人员应保持相对稳定。

### （五）采样操作程序

1.采样准备

（1）奶牛生产性能测定中心的准备。奶牛生产性能测定中心为奶牛场提供干净无污染并添加防腐剂的采样瓶，制定采样计划，指导奶牛场按采样计划时间采样、送样，特殊情况提前 3～5 d 通知。

（2）奶牛场牛群资料准备。奶牛场建立健全的牛只系谱档案和繁殖记录。泌乳牛只应具备出生日期、父亲、母亲、外祖父、外祖母、胎次、上次产犊日期、本次产犊日期等牛群资料信息。

（3）取样装置的安装与调试。取样装置应于挤奶前 30 min 安装完成并调试正常。

①流量计的安装与调试。流量计应每年至少校准一次，确保计量的精确度和准确度，流量计的校准方法按 NY/T 1450—2007 附录 D 操作。

流量计必须垂直悬挂，保持流量计与地面垂直，倾斜度应小于 5°，并用适当的方式固定，安装时注意进奶口和出奶口方向，进奶口应与挤奶杯相连的管道连接；定期更换连接软管和密封圈；取样阀应定期清洗并涂抹食品级润滑剂，防止老化及磨损导致密封不严而不能正常分流；安装调试正常后，及时将取样阀旋钮旋至水平方向，使流量计处于计量取样状态。

②取样器的安装与调试。由于挤奶设备的不同，适用的取样器各不相同，建议使用与挤奶设备配套的原厂取样器，并按设备要求正确安装，注意进奶口和出奶口方向，进奶口应与挤奶杯相连的管道连接。安装原则：分流瓶与地面保持垂直，分流管与地面保持平行，倾斜度应小于 5°，并用适当的方式固定。定期更换连接橡胶和密封圈，防止老化及磨损导致密封不严而不能正常分流，连接处安装紧密，保证密封效果良好，分流口严禁随意扩

大，影响分流效果。安装调试正常后，及时将分流开关旋至与分流管平行，即处于分流取样状态。

③计量瓶的安装与调试。检查计量瓶底部取样开关和放奶管路开关是否正常，并检查计量瓶上部的负压开关是否正常。安装调试正常后，及时将放奶管路开关和取样开关同时关闭，使之处于计量状态。

（4）奶牛场采样前准备。检查采样瓶数量是否与泌乳牛数量相同，是否均添加防腐剂，采样记录表是否满足记录要求，在采样记录表上填好牛场编号、采样日期、牛号等信息。

2. 采样操作

（1）采样前应先按采样顺序记录牛号，使牛号与样品盘号和顺序编号一一对应，挤奶完成后准确记录对应牛只测定日 24 h 各次挤奶的奶产量，各次挤奶的奶产量之和即为测定日 24 h 产奶量。

（2）采样操作必须在挤奶完成奶杯脱落后方可进行，禁止未完成挤奶即开始取样，取样完成后应立刻把分流瓶安装到位，减少漏气，以免影响其他泌乳牛的挤奶，减少未完成挤奶即脱杯的现象，同时上下颠倒 3 ~ 5 次，使防腐剂充分溶解并混匀。

（3）奶样（检测样）应是个体牛测定日（24 h）各次挤奶采样的混合样，总量为 40 mL。3 次挤奶按 4 ∶ 3 ∶ 3（早∶中∶晚）比例取样，即早、中、晚分别取 16 mL、12 mL 和 12 mL；二次挤奶按 6 ∶ 4（早∶晚）比例取样，即早晨和晚上分别取 24 mL 和 16 mL。

（4）流量计采样，采样前应先将取样阀旋钮旋至向下的取样状态，受负压作用，外界空气进入流量计，使奶样充分混匀 5 ~ 8 s 后，关闭流量计上端抽气开关，弃最初几滴样品，按比例留取适量样品于采样瓶中，继续连接抽气开关，并将取样阀旋钮旋至向上，使剩余奶样流入管道，倾空奶样，然后将取样阀旋钮旋至水平，准备下一头牛的计量和取样。

（5）取样器采样，挤奶完成奶杯脱落后，取下分流瓶，盖上瓶盖，上下颠倒 9 次，水平振摇 3 次，使分流奶样充分混匀后按比例倒入适量于采样瓶中，多余奶样收集于干净容器内，快速将分流瓶安装到位，收集奶样可用于饲喂哺乳期犊牛，减少浪费。

（6）计量瓶采样，打开计量瓶底部取样开关，受负压作用，外界空气进入计量瓶，使奶样充分混匀 5 ~ 8 s 后，关闭计量瓶上端抽气开关，弃最初几滴样品，按比例留取适量样品于采样瓶中，继续连接抽气开关，并将取样开关关闭，打开放奶管路开关，使剩余奶样流入管道，倾空计量瓶，然后将放奶管路开关关闭，准备下一头牛的计量和取样。

（7）采样完成后，还应采集 24 h 大缸混合奶样 1 ~ 2 瓶，置于奶样后，用于检查采样效果。

（8）每次采样结束后，均应将样品放置于 2 ~ 7 ℃冷藏保存。若奶样有倒翻，应在采样记录表上做好记录，采样记录表上的奶样数量与样品架上的奶样数量相符。

（9）应在样品架的标签上准确填写奶牛场名称和对应盘号，防止混淆。采样记录表应填写采样日期、奶牛场名称或编号、牛编号、盘号和日产奶量。

3. 采样装置的清洗

每班次采样结束后均要及时清洗采样装置，必要时应拆卸清洗，清洗程序与清洗奶厅设备相同，最后用热水冲洗干净，倒置控干于干净容器内，防止配件丢失。

4. 注意事项

（1）应为全部泌乳牛取样。为保证数据的连续性和有效性，除产后 5 d 内和治疗病牛外，所有在奶厅挤奶的泌乳牛均应取样。严禁以大缸混合奶样代替个体牛奶样。

（2）应保持奶样干净、无污染。采样过程应保持奶样的清洁、干净、无污染，避免奶样中混入牛毛、牛粪和沙子等，如牛奶中沙子较多，采样时则需过滤，同时注意样品盘的清洁卫生，防止牛粪、牛尿污染。

（3）奶样摆放顺序应规律。奶样的摆放应按顺序规律摆放，每行按序号从小到大一个方向摆放 10 个奶样，禁止扭曲摆放和无序摆放，贴条形码的除外。

### （六）奶样的贮存与运输

采样结束后，奶样应冷藏保存，禁止冷冻，3 d 内送达奶牛生产性能测定中心，夏季长途运输应使用保温箱或泡沫箱加冰袋冷藏，冬季注意防冻，避免剧烈摇晃或振荡。

### （七）奶样的接收与空样品瓶及样品架的发放

奶牛生产性能测定中心接收奶样时，收样人员应检查采样记录表和各类资料表格是否齐全，记录可以是纸质的，也可以是电子的，同时检查奶样有无损坏和打翻现象，如果奶样变质、奶样量少于 30 mL 和打翻等情况超过 10%，收样人员可拒收该批奶样，并通知奶牛场重新采样、送样，收样人员应根据检查情况做详细记录，并做唯一性标识。

收样人员在完成收样的同时，应根据参测牛场泌乳牛数量，发放下个月的采样瓶和样品架。

## 二、奶牛生产性能测定技术规范

### （一）范围

本标准规定了奶牛生产性能测定术语和定义、测定项目和要求、操作程序。

本标准适用于新疆维吾尔自治区（含新疆建设兵团）区域内荷斯坦奶牛生产性能测定，其他品种乳用牛的生产性能测定可参照执行。

### （二）规范性引用文件

下列文件对于本文件的应用是必不可少的。凡是注日期的引用文件，仅所注日期的版本适用于本文件。凡是不注日期的引用文件，其最新版本（包括所有的修改单）适用于本文件。

GB 8978《污水综合排放标准》

GB 5009.6—2016《食品安全国家标准 食品中脂肪的测定》

GB/T 3157—2008《中国荷斯坦牛》

GB 5009.5—2016《食品安全国家标准 食品中蛋白质的测定》

GB 5009.8—2016《食品安全国家标准 食品中果糖、葡萄糖、蔗糖、麦芽糖、乳糖的测定》

NY/T 1450—2007《中国荷斯坦牛生产性能测定技术规范》

### （三）术语和定义

1. 奶牛生产性能测定

奶牛生产性能测定，是对泌乳牛的产奶量、乳脂率、乳蛋白率、乳糖、体细胞数等指标的测定。

DHI 是 Dairy Herd Improvement 的英文缩写，是奶牛生产性能测定的简称，也叫奶牛群体遗传改良。

2. 泌乳曲线

泌乳曲线是在坐标系上描绘奶牛从产犊到干奶，产奶量随时间规律性变化的曲线。

3. 日产奶量

日产奶量是指泌乳牛测定日当天 24 h 的总产奶量，日产奶量反映泌乳牛当前实际产奶水平，单位为 kg。

4. 乳脂率、乳蛋白率和脂蛋比及脂蛋白差

乳脂率：指泌乳牛测定日牛奶所含脂肪的百分比，单位为 %。

乳蛋白率：指泌乳牛测定日牛奶所含蛋白的百分比，单位为 %。

脂蛋比：乳脂率与乳蛋白率的比值。

脂蛋白差：乳脂率与乳蛋白率的差值。

5. 泌乳天数和平均泌乳天数

泌乳天数：指测定牛只当前胎次从产犊到本次采样日的实际天数，即采样日期 - 分娩日期。

平均泌乳天数：是指当月参加 DHI 牛只泌乳天数的平均值，反映了牛群的繁殖状况。

6. 体细胞数与体细胞分

体细胞数：指泌乳牛测定日牛奶中体细胞的数量，单位为万 cells/mL。

体细胞分：体细胞数的自然对数，分值为 0 ~ 9 分。

7. 高峰奶、高峰日及峰值比

高峰奶：指泌乳牛本胎次测定中，最高的日产奶量，单位为 kg。

高峰日：指泌乳牛本胎次测定中，奶量最高时的泌乳天数，单位为 d。

峰值比（Peak Ratios）是头胎牛高峰奶量与经产牛高峰奶量的比值，单位为 %。

8. 泌乳持续力

泌乳持续力是奶牛维持产奶量的能力，是本次产奶量与上次产奶量的比值，单位为 %。

9. 牛奶尿素氮

牛奶尿素氮：指泌乳牛测定日牛奶中尿素氮的含量，单位为 mg/dL。

10. 胎次

胎次：指母牛已产犊的次数，用于计算 305 d 预计产奶量。

11.305 d 产奶量

305 d 预计产奶量：是泌乳天数不足 305 d 的奶量，则为预计产奶量，如果达到或者超过 305 d 奶量的，为 305 d 实际产奶量，单位为 kg。

12. 同期校正

同期校正：以某一个月的泌乳天数和产奶量为基础值，按泌乳天数对其他月份的产奶量进行校正。

13. 校正奶

校正奶（个体）：将测定日实际产奶量校正到 3 胎、泌乳天数为 150 d、乳脂率为 3.5% 的奶量。

校正奶（群体）：将测定日群体实际产奶量校正到 3 胎、泌乳天数为 150 d、乳脂率为 3.5% 的奶量。

14. 群内级别指数（WHI）

群内级别指数（WHI）：牛只个体校正奶与群体平均校正奶的比值，单位为 %。

15. 成年当量

成年当量：各胎次产量校正到第 5 胎时的 305 d 产奶量，单位为 kg。

16. 奶损失

奶损失：乳房炎、胎次比例失调等各种原因导致产奶没有达到预期目标而造成的牛奶损失，单位为 kg。


**（四）参测牛场的基本要求和参测程序**

（1）参测牛场的基本要求。

①具有完善的奶牛系谱档案。

②具有完好的牛只标识和繁殖记录。

③具有一定规模，配备有规范的采样设备。

④牛场领导重视，并具有相应的技术人员。

（2）参测牛场提出参测申请。

①牛场的参测申请。

②牛场的考察与审核。

（3）合格牛场签订服务协议。

（4）对参测牛场进行人员培训。

## （五）参测牛场工作程序

（1）DHI基础数据准备，初次参测牛只档案明细。

（2）采样：执行奶牛生产性能测定采样技术规范。

（3）产奶量等信息统计与报送，包括"计算数据准备"工作簿相关信息的报送。

（4）样品保存与运输。

## （六）DHI中心工作程序

### 1. 样品的接收

奶牛生产性能测定中心接收奶样时，收样人员应检查采样记录表和各类资料表格是否齐全，记录可以是纸质的，也可以是电子的，同时检查奶样有无损坏和打翻现象，如果奶样变质、奶样量少于30 mL和打翻等情况超过10%，收样人员可拒收该批奶样并通知奶牛场重新采样、送样，收样人员应根据检查情况做详细记录，并做唯一性标识。

收样人员在完成收样的同时，应根据参测牛场泌乳牛数量，发放下个月的采样瓶和样品架。

### 2. 试剂的配制及环境控制

提前一天检查仪器试剂是否充足、有效，制备足量的试剂摇匀备用；检查实验室环境条件是否满足要求，做好实验室环境控制；检查仪器设备及辅助设施功能是否正常，确保仪器设备及辅助设施正常运转；制作质控样、检测并做记录。

### 3. 乳成分测定仪的校准

按仪器操作说明预热仪器，按操作说明完成仪器的清洗和调零，进行重复性核查、均质效率核查、Carry-Over残留核查，仪器性能正常，使用全国畜牧总站发放的DHI标准物质校准乳成分测定仪，每月校准1次，期间核查一次，确保仪器设备数据准确，量值溯源到国家基准。

### 4. 体细胞测定仪的校准

按仪器操作说明使用仪器设备生产厂家的体细胞标准校准体细胞测定仪。

5. 尿素氮指标的校准

（1）制作尿素氮标准样。称取相对分子质量为 60.06 的分析纯尿素 1.027 3 g 加入 250 mL 容量瓶中，用蒸馏水溶解定容至 250 mL，配制成尿素氮浓度为 1.9 i57 mg/mL 的尿素氮测定标准样。

尿素氮标准曲线参数确定。准备 1 000 mL 牛乳，添加 0.03 g 防腐剂，该乳为以下标准曲线确定的标准乳。在 100 mL 容量瓶中加入 25 mL 蒸馏水，再添加标准乳定容至 100 mL，此为标准曲线的第 1 个点参数；标准曲线的第 2 个点参数为 100 mL 标准乳；第 3 个点至第 8 个点参数分别为加入尿素标准溶液 1 mL、2 mL、3 mL、4 mL、5 mL、6 mL，并用标准乳分别定容至 100 mL。将标准系列中各样品分别分装在 2 个 50 mL 塑料小瓶中，一组用于尿素氮测定仪定值，另一组用于校准乳成分体细胞联合测定系统。

（2）尿素氮标准样的测定。用本特利尿素氮标样检查尿素氮测定仪的准确性，确认正常后用测定仪对上述标准样进行测定，记录测定结果，并与计算标准系列的理论尿素含量值对比。

（3）尿素氮指标校准。按样品测定程序对上述标准样进行测定，按仪器校准程序使用尿素氮测定仪测定数据为标准值对尿素氮结果进行校准，校准完成后，使用校准后的曲线对标准样回测，检查校准情况。

6. 丙酮和 $\beta-$ 羟基丁酸含量校准

实际应用中，实验室对应的测定方法和监控样不容易获得，我们学习和借鉴国外实验室成功的方法，即从统计学的角度，通过测定大量的样本或者定标的调整数据，这种方法是基于我们的一个常识，即健康奶牛丙酮含量应该为 0，$\beta-$ 羟基丁酸的含量小于 0.03 mmol/L，所以，我们可以通过测定大约 2 000 份样品，指标丙酮和 $\beta-$ 羟基丁酸指标含量的分布，找到每个指标测定数据对应的中位数，来做截距修正，而根本不需要调整斜率。平常测定中，每个月可随机选取 50 ~ 100 个样品，比较机器测定值和参比方法的差异进行比对，这套方法体系在国外的许多合作实验中已经成功使用。

7. 控制样

选择 30 个乳脂肪率和体细胞数相对较高及相对较低的乳样各 20 mL，分别在 2 个烧杯内混匀后各分装 7 份。分装后，将较高值和较低值各 1 个乳样放入（45.5 ± 1）℃的恒温水浴中预热 15 min，分别测定乳成分值和体细胞数并记录备查，其余样品置于（4 ± 1）℃环境下保存。每天测定工作开始前与测定结束后，应分别检测 2 种控制样。

8.乳成分和体细胞测定

（1）乳成分的测定使用红外牛乳分析仪，用近红外法进行测定；体细胞数的测定使用体细胞计数仪，用流式细胞技术进行测定。

（2）为获得最佳性能，检测样品需快速加热至（40±1）℃后立即分析，在恒温水浴锅中加入适量的水，水浴温度恒定在（45.5±1）℃，使检测样在15～20 min达（40±1）℃，可通过仪器自带的温度检测器，检查样品温度是否为（40±1）℃，否则应调整水浴锅设定温度，使样品温度达（40±1）℃。

（3）用清洗液清洗仪器6次，校零点，再测定控制样4次，乳成分的4次测定结果误差在±0.03%时可开始测样。再用去离子水进行10次空测，空测时体细胞数低于10个/mL，开始测定体细胞控制样，连测4次，测定结果误差低于10%，可开始测定；测定结果误差≥10%，应查找原因，如果仪器运行正常，应重新校准仪器。

（4）测定顺序按牛场送样先后安排。测定前先对检测样外观检查，将合格的检测样放入水浴中，加热时间不超过20 min，检测样温度达到（37～41）℃时取出，按编号摆在样品架上，混匀，不得剧烈摇晃，打开瓶盖，将样品架置于自动送样器上，在测定软件上输入牛场编号及乳样数量，进入测定程序。在水浴加热过程中应再次检查记录异常乳样和空瓶，并核对采样瓶编号。

（5）通过吸样器的检测样一部分进入乳成分检测室，通过乳成分测定仪后，测试信号被数字化，传输到计算机进行傅里叶转换，在计算机上自动输出的乳成分检测结果；另一部分通过体细胞测定仪的吸样器进入体细胞检测室，牛奶和染色液通过针筒泵和捏阀的作用充分混合，匀速通过流体池的中心，细胞在此得到检测、计数，数据自动传输并存储在计算机中。

（6）测定时，每测200个乳样或测定1 h后应清洗全部管路，仪器校零。完成全部测定后，测定控制样4次，然后用清洗液清洗仪器细胞室2次，清洗仪器15遍或连续清洗3 min，再用去离子水清洗仪器15遍或连续清洗3 min，将吸样器置入1杯清洗液中，进入待机状态，仪器停用15 d以上应关机。

9.可疑乳样的范围

乳脂率大于7%或小于2%，乳蛋白率大于5%或小于2%，乳糖率大于6%或小于3%，尿素氮小于6 mg/dL，体细胞数小于1万 cells/mL。

10. 数据可疑乳样的处理方法

遇到可疑乳样应重新测定，重测时，乳脂率、乳蛋白率、乳糖率和尿素氮含量两次测定结果之差小于 0.05%，选用第 1 个结果；若大于 0.05%，应继续重测，在 3 个结果中选出 2 个较接近的，然后用上述方法选出结果，在几次测定结果中，如果任意 2 个结果之差大于 0.1%，此乳样应弃置，需重新采样。接受新的数据时，乳脂率、乳蛋白率、乳糖率和尿素氮含量应同时接受。体细胞数 2 次重测结果之差小于 2 000 个 /mL，应取用数值低的那个结果。若测定结果之差大于 2 000 个 /mL，乳样应进行第 3 次重测，然后用上述方法选出结果，如果重复性很差，测定结果不能使用，应重新采样。

（七）乳样的弃置

乳样弃置应在处理完可疑样品后，并且电脑接收的数据与实际测定数据相一致的情况下才可进行（需留样的不应弃置）。拟弃置的乳样及废液应经过无害化处理后排入排水系统，并应符合相关规定。

（八）数据的处理

每个参测牛场的数据应保存在系统指定文件夹中，不得更改测定的原始数据，将各个数据文件通过生产性能测定数据处理分析软件导入数据库中，每个参测牛场的测定结果应打印存档并保存至少 5 年。每周做 1 次数据库备份，并由专人保管。

（九）报告的制作与传送

乳样测定完成后，应汇总参测场基础数据报表、乳成分测定记录、体细胞测定记录等，导入生产性能测定数据处理分析软件，形成生产性能测定分析报告，送达参测场。

乳样和牛群资料报表应同时送抵检测中心。

## 三、CombiScope FTIR 300 HP 乳成分及体细胞综合测定仪操作规程

### （一）目的

规范 CombiScope FTIR 300 HP 乳成分及体细胞综合测定仪的使用和维护。

### （二）范围

本规程适用于 CombiScope FTIR 300 HP 乳成分及体细胞综合测定仪的使用和维护。

### （三）职责

仪器操作人员负责该 CombiScope FTIR 300 HP 乳成分及体细胞综合测定仪的日常使用与维护。

### （四）系统组成

本仪器由乳成分测定仪、体细胞测定仪、带过滤器的进样器、自动清洗单元、空气干燥系统、带搅拌器的线性导轨传输系统、安装操作软件的电脑系统等组成，另外还包括在线式 UPS 不间断电源等辅助设备。

### （五）操作程序

1. 准备

（1）仪器预热。使用前应提前 4 h 打开仪器预热，最好保持仪器一直开机，待仪器温度稳定后，才能检测样品。

（2）试剂准备及仪器检查。检查仪器所需试剂是否充足、是否在有效期内，按操作说明配制试剂；检查仪器各指示灯状态是否正常，检查实验室环境条件是否满足规定要求。

（3）样品准备。为获得最佳的性能，需要快速加热样品至 37 ~ 41℃，然后立即分析，在分析之前，样品应按照中国荷斯坦牛生产性能测定技术规范（NY/T 1450—2007）要求充分混合。

2.开机操作

（1）仪器日常启动。CombiScope FTIR 仪器应一直开机，但电脑需要每天工作结束后关机。为保证仪器稳定性，所有仪器上盖需保持关闭状态，除非需要添加溶液时。

打开电脑，进入 Windows 系统；点击 Operator 输入密码，进入电脑桌面；双击桌面上的 Delta Instruments 图标，进入 CombiScope FTIR 软件操作界面；检测样品前，先清洗一下仪器，见图 5-1，点击 CLEAN（A），然后点击成分仪归零 ZERO( B )，确认仪器状态良好；体细胞仪检测蒸馏水 5 次，检测结果应在 $10 \times 1\,000$ cells/mL 以内；如必要检测标样两次，比较仪器数值在允许偏差内，检查一下仪器稳定性；取出水浴锅内预热好的样品，按5.2.2 的描述进行检测。

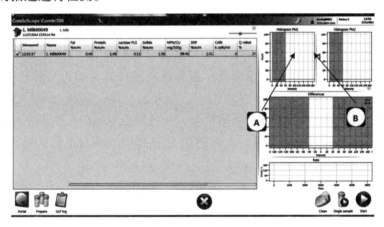

图 5-1　CombiScope FTIR 软件操作界面

（2）仪器日常检测。

样品检测可分为：单次检测和批次检测，通常 DHI 实验室选择批次检测。

①批次检测。点击 CombiScope FTIR 软件操作界面右下角的 ● 进行批量检测。

从水浴锅内取出预热好的样品及样品架，按从左到右的顺序排列样品；样品需要放在水浴锅内 15 ~ 20 min；预热到（40±1）℃。

注意：样品预热不能超过 20 min，否则可能造成脂肪析出，样品变质不能再进行检测。

测样前混匀样品，可用一个样品架压住样品，上下颠倒9次，左右3次；

打开样品瓶的盖子，并将样品架放到仪器轨道上；点击 CombiScope FTIR 软件操作界面右下角的 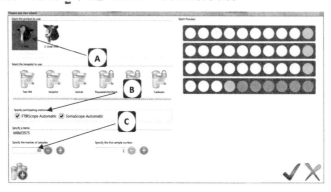，进入图 5-2 所示的界面。

图 5-2　CombiScope FTIR 软件批次检测界面

默认选择产品 A 牛奶；在 B 所指位置选择需检测的项目：FtirScope 成分仪和 / 或 SomaScope 体细胞仪检测；在 C 所指的位置，输入待检样品数量；在 CombiScope FTIR 软件操作界面，点 ✔ 开始检测；将待测样品连样品架一起放在轨道右侧，仪器自动开始检测，及时取走左侧的已检测完样品架。

②单次检测。点击 CombiScope FTIR 软件操作界面右下角的单次检测图标 🔳，出现图 5-3 窗口。

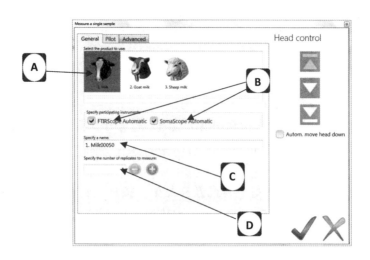

图 5-3　CombiScope FTIR 软件单次检测界面

默认选择产品 A 牛奶；在 B 所指位置选择需检测的项目：FtirScope 成分仪和 / 或 SomaScope 体细胞仪检测；在 C 所指的位置，输入待检样品检测次数；将待检样品摇匀后放至取样器下方，在 CombiScope FTIR 软件操作界面（图 5-1），点✔开始检测。

完成检测后，要清洗一下仪器，如图 5-1 所示，点击▇，选择需要清洗的设备：成分仪和 / 或体细胞仪，通常至少需清洗 CombiScope FTIR 5 次。

3. 仪器校准

在进行盲样检测和仪器校准前，应先对仪器性能进行核查，避免仪器异常导致检测结果偏差。

（1）仪器性能核查。

①重复性核查。取新鲜的生鲜牛奶适量，预热至（40±1）℃，摇匀后均匀分配到至少 10 个样品管中，每个样品不少于 30 mL，按批次检测至少 10 个样品。

乳成分检测中，剔除第一个样品的检测结果消除残留影响，其余结果中最大值和最小值之差小于等于 0.04% 为合格；体细胞检测结果的平均值与每个样品结果之差小于等于平均值的 7% 为合格。

②均质效率核查。取 150 mL 新鲜原奶并预热到（40±1）℃；通过 Portal 选择 homogenizer test 进入均质效率核查，选择成分仪检测 12 次；前 6 次检测样品废液直接排入废液桶，确保流路充满样品；然后断开备压阀处的废液管，收集后 6 次检测的样品废液；再单次检测收集到的样品 2 次，仅选择成分仪，读取结果。根据 ISO 标准，两次结果乳脂率差小于等于 0.0143 × 乳脂率，如果超过允许差，建议更换均质阀。

③残留核查。准备去离子水样品 10 个、生鲜乳样品 10 个，按"两个奶 + 两个水"顺序依次放到样品架上，水浴加热到（40±1）℃，通过 Portal 选择 carry over 进入残留核查，见图 5-4。

点 A，选择需要校正残留系数的产品，每个产品单独校正；点 B，选定需要校正的仪器；点 C，选 carry over；点 D，数值设定为 10 时，说明将用 10 个奶样、10 个水样进入残留检测；点 E，勾选 clean，在残留检测前，需要先进入清洗；F 样品架预览，白色的为牛奶，淡蓝色为水样，点 G 接受，回到主界面。

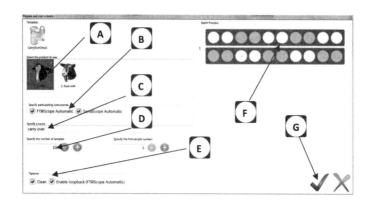

图5-4 残留核查界面

将样品架放到仪器轨道上，点击（G）✔，将自动开始检测并进入图5-5所示窗口。

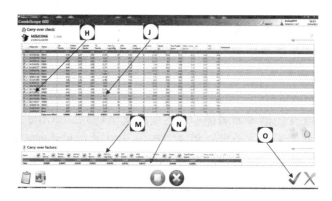

图5-5 残留核查检测界面

根据 ISO/IDF 标准，体细胞的残留系数应小于 2%，成分仪的残留系数应小于 1%。

备注：M 激活或取消用于计算残留系数的成分，J 残留系数需要 ×100%；通常只对乳脂率、乳蛋白率和全乳固体进行残留检测，其他成分无需检测。

（2）盲样检测。全国畜牧总站 DHI 标准物质制备实验室每月定期制备 DHI 标样，发放到各全国 DHI 实验室，用于考核各实验室仪器设备准确性。

标样收到后，应及时检测，操作如下：

清洗、调零，主界面点击批次检测 start，选择校准程序 CalibratFtir，设定仅检测乳成分、检测样品数 12、样品检测次数 3 次，命名样品名，如 2020 年 8 月盲样检测命名为：Cal-202008，点击 ✔ 开始检测，检测完成经检查无误后，及时将盲样检测结果上传中国奶牛数据中心中国荷斯坦牛育种数据网络平台和全国畜牧总站 DHI 标准物质实验室。

中国奶牛数据中心中国荷斯坦牛育种数据网络平台和全国畜牧总站 DHI 标准物质实验室在收到盲样检测数据后，会及时将标准值反馈至各实验室，实验室应每月对盲样检测结果进行数据分析，可在数据平台查阅本实验室各仪器检测的盲样结果与标准值之间的平均差值 MD、差值的标准差 SDD 和滚动平均差值 RMD 数据，MD 小于等于 ±0.05%，SDD 小于等于 0.06%，RMD 小于等于 ±0.02% 为合格。同时可通过图表分析，直观地看到本实验室的盲样检测情况，通过图表比较，查看本实验室在全国各 DHI 中心的位置。

（3）仪器校准。乳成分体细胞联合测定系统的校准目前需校准三部分，即乳脂率、乳蛋白和乳糖。一般使用全国畜牧总站的 DHI 标准物质校准；体细胞使用生产厂家的体细胞标样校准；牛奶尿素氮使用尿素氮测定仪校准。

①校正原则。

仪器有 3 种校正类型：斜率（Slope）、截矩（Intercept）或斜率＋截矩（Slope and Intercept），根据校正结果是否最接近标准值，选定校正类型。

斜率（Slope）范围在 0.800～1.200；截矩（Intercept）范围是样品读数平均值的 10%，如脂肪平均计数为 4.00 %，截矩范围 –0.400 和 +0.400；根据 IDF 标准，校正后 SEC 应小于 SEP，说明新校正优于前次校正。

②校正操作。

路径：PortalCalibrationCalibrate components，进入见图 5-6。

图 5-6　校正操作界面　　　　　图 5-7　校正样品界面

选择产品 Milk 后点击 ➡ 进入下一个界面，出现图 5-7 所示窗口：初次校正，窗口内是空的，加入校正样品后，左侧列显示可用于校正的样品：点击 ⊕ 加入样正样品，将出现图 5-8 所示窗口。

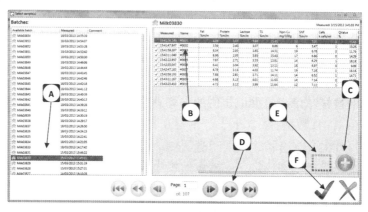

图 5-8　校正批次样品界面

A 列中显示已有批次样品，选择已有标准值的批次样品的编号；B 列中从批次产品中选择用于校正的样品；如需要加入样品，点 C ⊕ 可加入一个样品，使用按钮 E ▢ 选择所有样品；如需翻页，点 D ⏩，用上下箭头，可选择所有样品页面；确认好校正样品后，点击 F ✔ 后进入下一个界面，回到图 5-7 所示窗口；使用 ➡ 进入下一个窗口，输入样品标准值，将出现图 5-9 所示界面。

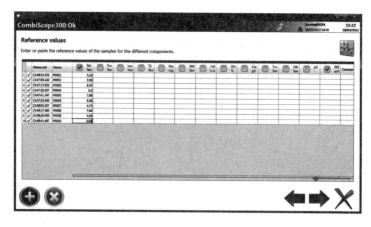

图 5-9　输入样品标准值后的界面

注意：在上述窗口输入标准值，依次输入脂肪、蛋白等标准值后，点击➡进入下个界面，多点校正将出现图 5-10 所示窗口。

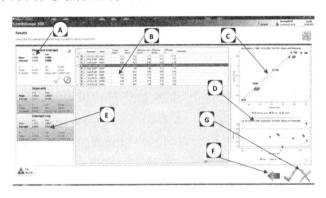

图 5-10　多点校正界面

A 所指是仪器自带 3 种校正类型：斜率（Slope）、截矩（Intercept）和斜率＋截矩（Slope and Intercept），根据校正结果是否最接近标准值，选定校正类型，点✔选定的校正类型；仪器推荐校正类型，标记有★；校正时，如要选中或去除校正样品，可在 B 所指处选择，用于校正的样品，取消样品前方框的勾选，即可去除此校正样品，带有图标▲表明样品偏差值超限（大于 2×SEC），颜色为橙色；校正曲线在 C 所指处显示，D 是指所用校正的样品曲线。

完成一个成分校正后，可从 E 所指处选择校正其他成分；完成一个成分校正后，选择下一个校正成分。全部校正完成后，点击✔完成校正；回到上一个界面可单击 F，重新选择样正样品；G 所指处，点接受✔校正结果，或退出校正，回到主界面。

4.质量控制

（1）仪器性能核查。每天检测前除清洗、调零外，还需进行重复性核查，每月对均质效率和残留检测进行核查 1～2 次，确保仪器性能正常。

（2）使用有证的标准物质进行质量监控。每月使用全国畜牧总站 DHI 标准物质制备实验室配发的标样对乳成分仪进行监控；使用设备生产厂家的体细胞标样对体细胞仪进行监控；每季度配制尿素氮系列标准溶液，并用尿素氮测定仪定值，对尿素氮指标进行监控；与标准值偏差超过允许误差的，应及时校准。

（3）对保留样品进行再检测。定期制作质控样，每天开始检测前，需用2～4个质控样核查仪器的稳定性，同一样品两次测定结果乳脂率和乳蛋白率测定值与标准值差≤±0.05%为正常，体细胞数与标准值差≤±10%体细胞平均值为合格，两者均合格方可进行样品检测；每天完成检测后，需再用2～4个质控样核查仪器的稳定性，检测结果均满足上述要求，说明检测数据可信，检测结果有效。

质控样的制作如下：采集当天的生鲜牛奶，也可使用检测后的样品混合在一起，加入适量的防腐剂，水浴加热至（40±1）℃，水浴过程中轻柔搅拌，使脂肪充分融化并混合均匀，快速分装到样品瓶中，按均匀间隔抽取10%的样品进行检测，各样品乳脂率、乳蛋白率极差≤±0.03%，体细胞数极差≤±7%体细胞平均值，质控样合格，否则需重新制作。乳脂率、乳蛋白率和体细胞数的平均值即为该批质控样的标准值，质控样有效期为7 d。

（4）参加实验室间的比对试验或能力验证。每月参加全国畜牧总站DHI标准物质制备实验室组织的比对试验或能力验证，乳脂率、乳蛋白率和乳糖的仪器值与标准值的偏差满足NY/T 2659—2014规定要求。

5. 仪器的维护保养

每周检测结束时，用15%的Decon-90周清洗溶液检测3次，全面清洗设备，再用清洗程序清洗设备1次，完成周护理。必要时对易污染的零部件拆下清洗，如牛奶过滤器和试剂桶等。

按管路和配件的使用周期定期更换管路及配件。

每天检测结束完成清洗后，应将取样器浸泡于热水中，防止杂质堵塞取样器口，必要时用注射器连接软管反复多次冲洗取样器。

CombiScope FTIR仪器应一直开机，至少应保持成份仪开机，如停机1周以上可考虑关机。

关机操作如下：点击Clean清洗LactoScope FTIR成分仪和SomaScope体细胞仪3～5次，归零LactoScope FTIR成分仪，将取样器降下浸泡于热水中，清洗并擦干自动送样器；清洗并清空水浴锅；清空废液桶后关闭电脑，关闭仪器开关。

## 四、高产奶牛饲养管理标准化工作程序

### （一）范围

本标准规定了各阶段奶牛营养需要参数、奶牛饲养管理的技术要求和标准化操作程序。

本标准适合于高产奶牛的饲养管理标准化操作。

### （二）规范性引用文件

下列文件对于本文件的应用是必不可少的。凡是注日期的引用文件，仅注日期的版本适用于本文件。凡是不注日期的引用文件，其最新版本（包括所有的修改单）适用于本文件。

GB/T 3157《中国荷斯坦牛》

GB/T 37116《后备奶牛饲养技术规范》

NY/T 34《奶牛饲养标准》

NY/T 3049《奶牛全混合日粮生产技术规程》

中华人民共和国农业部农办牧〔2008〕3号 奶牛标准化规模养殖生产技术规范

### （三）术语与定义

下列术语与定义适用于本标准。

1. 散栏饲养

按照奶牛生态学和生物学特性，在牛舍内设有围栏、卧床和水槽等必要的生产设施，奶牛可以自由采食、饮水、躺卧或在舍内外自由活动，并与挤奶厅集中挤奶、TMR 日粮相结合的一种饲养方式。

2. 初乳

初乳指母牛分娩后第一次产出的乳汁。初乳中含有丰富易消化的营养物质，含有大量的免疫球蛋白和溶菌酶，对犊牛获得和提高抗病力及免疫力具有十分重要的意义；初乳还有促进胎粪排出、保护胃肠黏膜、抑制细菌等作用。

3. 离地式犊牛岛

离地式犊牛岛指哺乳期犊牛单独饲养的专用围栏，一牛一岛，地板采用漏粪地板且离地 70 cm，所以称之为"离地式犊牛岛"。离地式犊牛岛根据季节气候，可放置圈舍内，也可放置圈舍外，舍外夏季安装遮阳防晒设施，寒冷地区冬季加装防风保温设施。犊牛在犊牛岛中饲养至断奶并继续饲喂 15 d 后即可出岛入群饲养。离地式犊牛岛可以避免哺乳期犊牛间的交叉感染，有利于通风和降低湿度，且可减少犊牛接触病原菌的机会，提高犊牛成活率。

4. 全混合日粮（TMR）

根据奶牛营养需要和饲料原料的营养价值，科学合理设计日粮配方，将选用的粗饲料、精饲料、矿物质、维生素和添加剂等饲料原料按照一定比例通过专用的搅拌机械进行切割搅拌而制成的一种混合均匀、营养相对平衡的日粮。

5. 干物质采食量（DMI）

指奶牛在 24 h 内所采食各种饲料干物质的质量总和。DMI 受奶牛生长发育阶段、产奶量、采食时间、饲料品质、日粮水分、气候条件等因素的影响。

6. 泌乳阶段的划分

成母牛按其是否泌乳可划分为泌乳期和干奶期。

泌乳期：根据奶牛不同泌乳阶段的生产、生理变化和饲养管理要点，习惯上把泌乳期划分为围产后期（产后 3 周）、泌乳前期（21 ~ 100 d）、泌乳中期（101 ~ 200 d）、泌乳后期（201 d 至停奶）4 个阶段。

干奶期：干奶期一般为 60 d。可划分为干奶前期（停奶至产前 3 周）和干奶后期（产前 3 周，又称为围产前期）。奶牛经过一个泌乳期的泌乳，乳房乳腺组织急需调整，同时泌乳期高精料饲养，瘤胃也需要在干奶期调整，且胎儿呈指数倍的增长，故在下胎产犊前 60 d 左右使其停止泌乳，使奶牛身体、瘤胃及泌乳系统得以恢复、休整，以利于产犊和下一胎的产奶。

7. 围产期

围产期指奶牛产前 3 周（围产前期）至产后 3 周（围产后期）这段时间。围产期是奶牛生产的关键时期，其饲养管理的好坏将直接影响奶牛的健康和整个泌乳期产奶量，所以围产期的饲养管理非常重要。围产期以分娩为节点，分为围产前期和围产后期。

8. 分群饲养

分群饲养根据不同生长发育和泌乳阶段奶牛饲养管理的特点，进行分群管理的一种饲养模式。

9.体况评分

体况评分是衡量奶牛体组织脂肪储存状况及监控奶牛能量平衡的一种方法，体况评分与奶牛的健康、繁殖和生产性能密切相关，被称为奶牛营养状况是否适度的"指示器"，能够及时判断奶牛的健康状况和饲养管理水平，也是评价奶牛饲养效果的一种有效手段，以数字化（1～5分）描述奶牛体况（1分表示太瘦，5分表示过肥），根据奶牛产奶量和体况及时合理调整饲养方案。

**（四）奶牛阶段划分与分群**

1.阶段划分

根据奶牛不同阶段生长发育特点和生理阶段，习惯上把牛群划分为后备牛和成母牛。

（1）后备牛。

①犊牛（0～6月龄）：

哺乳犊牛（2日龄至断奶）。

断奶犊牛（断奶至6月龄）。

②育成牛（7～15月龄）：

小育成牛（7～12月龄）。

大育成牛（13～15月龄）。

③青年牛（16月龄以上初检已孕至产犊）。

（2）成母牛。

①干奶牛：

干奶前期（停奶至产前3周）。

干奶后期（又称围产前期）（产前3周至分娩）。

②泌乳牛：

围产后期（分娩至产后3周）。

泌乳前期（产后22～100 d）。

泌乳中期（产后101～200 d）。

泌乳后期（产后201 d至停奶）。

2.分群管理

（1）后备牛分群管理。

哺乳犊牛：指2日龄至断奶的犊牛，单独饲喂，建议使用离地式犊牛岛饲养，一犊一岛。

断奶犊牛：指断奶至 6 月龄的犊牛，为降低断奶应激，断奶后须继续在离地式犊牛岛饲养 15 d，过渡期结束，按照月龄和体重相近的原则分群饲养。

小育成牛：指 7 月龄至 12 月龄的牛只，按月龄、体重、体高及体况相近原则分群饲养，偏瘦牛或偏肥牛可单独组群，及时调整体况。

大育成牛：指符合参配标准（13 ～ 15 月龄、体重大于等于 360 kg 或达成年体重 55%、体高大于等于 127 cm、胸围大于等于 168 cm）的牛只，按体重、体高及体况相近原则分群饲养。

青年牛：16 月龄以上初检已孕至产犊的牛只，按妊娠天数、月龄和体况相近原则分群饲养。

（2）成母牛（泌乳牛、干奶牛和围产牛）分群管理。

干奶牛分群原则：依据预产期，同时结合乳房发育的情况，将停奶至产前 21 d 的牛组成一个群，集中饲养，制定和使用干奶牛配方，保证干奶牛有足够的采食和运动空间。

围产前期牛分群原则：将产前 21 d 至临产的牛只分为一个牛群，由专人监护，有分娩症状的牛只及时转入产房，产后及时转入新产牛舍，制定和使用围产前期配方。

泌乳牛分群原则：泌乳期根据泌乳天数、产奶量和体况结合牛场规模进行分群，给予适用的营养配方，转圈次数随实际生产情况而定。

牛群规模：全群 1 000 头规模以下牧场将泌乳牛分为围产后期（新产群）、高产群、中低产群；全群 1 000 头以上规模牧场将泌乳牛分为新产群、高产群、中产群及低产群；泌乳牛在 1 000 头以上的牧场头胎牛单独分群。

特需牛群：包括新产牛和病牛，新产牛要求分为未过抗牛群（根据牛群大小分为头胎牛和经产牛）和过抗牛群（根据牛群大小分为头胎牛和经产牛）；牧场设立病牛舍，乳房炎牛单独分群，最后挤奶，过抗后回大群。

泌乳天数：将泌乳牛分为围产后期（也称新产群）（1 ～ 20 d）、高产群（20 ～ 100 d）、中产群（100 ～ 200 d）及低产群（200 d 以上）。

体况评分：群内体况评分差异不超过 1 分。

产奶量：奶量相近的牛只组成一个牛群。

转群要求：为减少应激，所有牧场泌乳牛群的调群周期不得低于 30 d。

新产牛在产后 21 ～ 30 d 转入高产牛舍，在转入高产牛舍时只允许往一个牛舍中转，严禁转不同牛舍，在集中产犊时同一牛舍放泌乳天数相近的牛。

无特殊情况（产量上不去、体况好的）在 100 d 以内的高产牛严禁二次转舍。

高产转中产牛舍注意三个转群原则，泌乳天数、产量、体况评分，重点是体况与产量。体况评分在 3.25 分，产量小于 25 kg，转中产牛舍；体况评分在 3.50 分，产量小于 27 kg，转中产牛舍；体况评分在 3.75 以上，不考虑产量，直接转中产牛舍。

中产转低产主要参考奶量，奶量小于 18 kg，转低产牛舍，中、低产牛同一产量按有无胎分群。

### （五）奶牛饲养技术与管理

1.后备奶牛饲养技术

（1）后备牛的培育目标。

①总体目标：保证后备牛正常生长发育，注重瘤胃、乳腺和骨骼的正常发育；提高后备牛成活率，减少发病。

②断奶时体重达初生体重的 2 倍以上，体高增长 10 cm 以上，连续 3 d 开食料日采食量大于等于 1.0 kg。

③初配：13 ~ 15 月龄配种，体重大于等于 360 kg（达到成年体重 55%），体高大于等于 127 cm，胸围大于等于 168 cm。

④初产：23 ~ 24 月龄产犊，体高大于等于 140 cm，体重（产前）大于等于 650 kg，（产后 1 ~ 2 月）大于等于 550 kg，占成年体重大于等于 85%，体况评分 3.25 ~ 3.50 分。

⑤生长：日均增重 750 ~ 900 g；各阶段体重、体高及胸围推荐标准见表 5-1。

表5-1　各阶段体重、体高及胸围推荐标准

| 生长阶段 | 体重 /kg | 体高 /cm | 胸围 /cm |
|---|---|---|---|
| 初生 | ≥ 35 | ≥ 75 | ≥ 75 |
| 2 月龄（断奶） | ≥ 90 | ≥ 84 | ≥ 101 |
| 6 月龄 | ≥ 180 | ≥ 105 | ≥ 128 |
| 12 月龄 | ≥ 320 | ≥ 124 | ≥ 162 |
| 13 月龄（初配） | ≥ 360 | ≥ 127 | ≥ 168 |
| 18 月龄 | ≥ 465 | ≥ 131 | ≥ 173 |
| 24 月龄 | ≥ 550 | ≥ 140 | ≥ 193 |

⑥体况：后备奶牛不同阶段评分推荐值见表5-2。

表5-2　后备奶牛不同阶段评分推荐值

| 不同阶段 | 6 月龄 | 12 月龄 | 18 月龄 | 24 月龄 |
|---|---|---|---|---|
| 理想评分 | 2.5 | 2.75 | 3.25 | 3.5 |
| 推荐范围 | 2.25～2.75 | 2.5～3.0 | 3.0～3.5 | 3.5～3.75 |

注：体况评分采用 5 分制。

⑦健康：哺乳犊牛成活率大于等于97%，断奶犊牛成活率大于等于98%；育成牛死亡率小于1%，青年牛死亡率小于0.5%，见表5-3。

表5-3　健康标准 %

| 品种 | 哺乳犊牛 | 断奶犊牛 | 育成牛 | 青年牛 |
|---|---|---|---|---|
| 肺炎发病率 | ＜10 | ＜2 | ＜1 | ＜1 |
| 腹泻发病率 | ＜15 | ＜10 | ＜2 | — |
| 流产率 | — | — | — | ＜3 |

（2）后备牛各阶段的饲养标准与日粮营养浓度推荐见表5-4 和表5-5。

表5-4　后备牛各阶段的饲养标准

| 月龄 | 体重 /kg | DMI （占体重）/% | DMI/kg | 粗蛋白 /% | 净能 / (MJ·kg⁻¹) | 粗饲料 /% | 实施方案 |
|---|---|---|---|---|---|---|---|
| 0～2 | 85 | 2.8～3.0 | 1 | 18 | 31.53 | 0～10 | 鲜牛奶＋犊牛开食颗粒料 |
| 3～4 | 145 | 2.8 | 3～4 | 18 | 7.54 | 10～15 | 断奶犊牛颗粒料＋优质牧草 |
| 5～6 | 200 | 2.7 | 4.0～5.5 | 16.5 | 6.91 | 40 | 断奶犊牛颗粒料＋优质牧草 |
| 7～14 | 370 | 2.5 | 5.0～9.0 | 14 | 5.44 | 60～70 | *TMR（14%） |
| 15～20 | 450 | 2.3 | 8.0～10.0 | 13 | 5.44 | 60～70 | *TMR（13%） |
| 21～23 | 550 | 2 | 10.0～11.0 | 12.5～13.0 | 5.86 | 60～70 | *TMR （12.5%～13%） |
| 24 | 570 | 2 | 12 | 14.5 | 6.49 | 50～55 | 围产期 TMR |

注：*中的 % 为饲料中粗蛋白的百分比含量。

表5-5　后备牛各阶段的日粮推荐

| 月龄 | 3～6月龄 | 7～12月龄 | 13～24月龄 |
|---|---|---|---|
| DMI（占体重）/% | 2.6 | 2.4 | 2.2 |
| *粗蛋白质/% | 16 | 13 | 12 |
| *降解蛋白质/% | 25～30 | 30～50 | 30～38 |
| *非降解蛋白质/% | 45～55 | 33～37 | 25～30 |
| *TDN/% | 69 | 66 | 63 |
| 维持净能/（MJ·kg⁻¹） | 7.07 | 6.61 | 5.98 |
| 增重净能/（MJ·kg⁻¹） | 4.47 | 4.01 | 3.47 |
| NDF≥/% | 25 | 30 | 35 |
| *钙/% | 0.6 | 0.48 | 0.45 |
| *总磷/% | 0.4 | 0.32 | 0.3 |

注：*中的％均为日粮中干物质的百分比含量。

（3）后备牛饲养技术总则。

①保证不同生长发育阶段的营养需要。

②保证充足、新鲜、清洁的饮水。

③保证圈舍清洁卫生、通风、干燥，定期消毒，预防疾病发生。

④定期测量奶牛的体长、体重、体况，评价生长发育状况，调整饲养方案，并将测量记录填入奶牛谱系。

⑤哺乳期犊牛在犊牛岛内单独饲养，冬天室外温度低于–10 ℃时，给20日龄前的犊牛穿保温马甲，配暖风炉供暖，并保持良好通风。如果犊牛岛放置舍外，可在岛外安装保温设施或给犊牛岛加遮风挡板。

⑥断奶犊牛后继续在离地式犊牛岛饲养7～10 d，过渡期结束按照月龄和体重相近的原则小群饲养，采用散栏饲养的管理模式。

（4）后备牛各阶段的饲养技术要点。

①哺乳期犊牛0～60日龄的饲养技术。

a.新生犊牛（1日龄）的护理：犊牛出生后应立即控净羊水并擦去口鼻中的黏液和异物，擦干体表黏液，犊牛正常呼吸后，距腹部8～10 cm处剪断脐带（好用手按位置撕断），用7%～10%的碘酊浸泡断端脐带15 s后结扎；称出生重、打耳标、填写产犊记录；犊牛立即与母牛分开，饲养于干燥、避风、洁净的单独犊牛栏内，1 h内灌服（39±1）℃ 10%体重的经过巴杀的合格初乳（IgG 大于等于 50 g/L，菌落总数小于 50 000 CFU/mL，大肠杆菌数小于 5 000 CFU/mL）后转犊牛岛单独饲养，首次饲喂后 6 ~ 8 h 之间再饲喂 2 L 初乳，同时再次用 7% ~ 10% 碘酊消毒脐带；12 ~ 24 h 再喂经巴杀的（39±1）℃初乳或常乳 2 L，24 ~ 72 h 检测犊牛血清总蛋白，血清总蛋白含量应大于等于 55 mg/L，被动免疫成功，被动免疫成功率大于等于 95%。

b. 哺乳犊牛（2 日龄 ~ 断奶）的饲养管理：

第一，常乳的饲喂方法和用量。

饲喂原则：定时、定位、定温、定人。

为减少犊牛腹泻，建议 2 ~ 10 日龄将常乳与代乳粉混合饲喂，每天递增 10% 代乳粉，常乳饲喂前要进行巴杀消毒，然后与代乳粉按比例混合后冷却至（39±1）℃饲喂。代乳粉稀释方法为：按推荐比例用 50 ℃左右的热开水冲调搅拌均匀，代乳粉必须现用现配，切不可一次把全天的代乳粉全部稀释，稀释浓度可根据季节略做调整，冬季浓度可大些，夏季浓度可小一点，减少消化不良反应。10 日龄后全部饲喂代乳粉。

饲喂量：出生后第 2 ~ 3 天 4 L，第 4 天 5 L，第 5 天 6 L，第 6 天 7 L，第 7 天至断奶前 10 天 8 L；出生后 2 ~ 15 d 内建议使用奶壶饲喂，充分让食管沟闭合，防止奶流入瘤胃，引起异常发酵，导致腹泻；15 d 以后可诱导采用奶桶饲喂；每天饲喂 3 次，中间间隔 8 h，温度：39 ~ 40 ℃（避免在饲喂过程中牛奶降温，不间断对鲜奶进行温度检测，温度下降后及时用热牛奶或开水增加温度，冬季要检测牛奶倒入奶盆的温度为正常值）。

两个月断奶：断奶前通常饲喂过度乳，日喂 3 次，出生后 2 ~ 3 d 每次 2 L，2 ~ 5 周每次 2.5 L，6 ~ 9 周呈逐步递减，直至 0.8 L。全奶消耗约为 363 kg。

第二，开食料的饲喂。

给料时间：犊牛出生后第 4 天开始人工诱食，24 h 不能断料；训练采食含蛋白 20% 的颗粒料，喂奶后人工向牛嘴填喂极少量颗粒料或者在奶桶中放入少量颗粒料，引导开食。可以单独设置饲喂槽，也可以采用专用开食料饲喂瓶。称重、记录给料量。需要注意的是，桶高度距离地面 30 ~ 40 cm。

给料量：建议 4 ~ 15 日龄饲喂量 50 ~ 100 g，16 ~ 30 日龄 200 ~ 300 g，31 ~ 50 日龄 300 ~ 500 g，51 ~ 55 日龄 500 ~ 1 000 g，56 ~ 60 日龄 1 000 ~ 1 500 g（最好对不同阶段牛只设定容器饲喂，避免第

2 天剩料过多，不够吃适当加量，每天要对前一天剩料进行清理）。每天饲喂前清理剩余开食料，称重、记录剩料量。争取在 30 日龄，开食料采食量达到每头牛 350 ~ 450 g/d；45 日龄后逐步降低鲜奶饲喂量，促进开食料采食。需要注意的是，坚持少加勤加的原则，保证饲喂器具及饲料卫生，保证犊牛吃到最新鲜的颗粒料。

犊牛连续 3 d 开食料采食量达到 1 ~ 1.5 kg 后，可逐渐断奶。开食料采食量达到 2 kg 时，即可完全断奶。

第三，苜蓿草的饲喂。

饲喂时间：40 日龄以后开始饲喂优质苜蓿草。

质量要求：最好饲喂头茬苜蓿。

饲喂方法：开食料（产生丙酸）和优质干草（头茬苜蓿）（产生丁酸和乙酸）按 9：1 混合，刺激瘤胃绒毛发育和锻炼瘤胃肌肉的功能。防止犊牛断奶后引草腹。同时开食料与干草的混合可以防止引起犊牛挑食的习惯，苜蓿长度 2.5 cm，易于消化，自由采食。

清理：每天彻底清理一次。

第四，饮水管理。

给水时间：犊牛出生后第 4 天开始给水；

饮水方式：主要以自由饮水为主；

饮水温度：以用 25 ℃ 温开水为最佳；除冬季必须给温水（15 ~ 30 ℃）外，夏季可饮用凉开水，其他季节以自来水为主。

用具清洗：饮水要干净、卫生、充足，严禁出现断水问题；饮水用具必须清洗干净，严格消毒。

夏季犊牛饮水中须添加电解多维＋口服补液盐，每天一次。

第五，犊牛舍的管理。

保持良好的卫生环境：新生小牛最适宜的外界环境是 15 ℃。隔离间、犊牛舍和犊牛栏的通风要良好，忌贼风，舍内要干燥忌潮湿，阳光充足。冬季注意保温，夏季要有降温设施。牛体要经常刷拭（严防冬春季节体虱、疥癣的传播），保持一定时间的日光浴。

清理维护方法及频次：

日清日维护，每天上午或下午必须集中对所有的犊牛岛（犊牛栏）内潮湿垫料彻底清理一次，每次清理完补充垫料前要对清理过的区域进行一次消毒、疏松处理。

二是周清周维护：每周每批犊牛断奶或其他原因转群后，需对犊牛岛（犊牛栏）及垫料进行彻底清理、清洁、消毒、维护备用。

三是月清月维护：犊牛入住犊牛岛（犊牛栏）达到一个月（30 ~ 40 d）后，要对犊牛岛（犊牛栏）及垫料彻底清理、清洁、消毒、维护一次。

严格的消毒制度：根据牧场实际情况消毒，使用 3 种以上消毒液进行消毒使用，哺乳用具应该每使用 1 次就清洗、消毒 1 次。每头牛有一个固定奶嘴和毛巾，每次喂完奶后擦净嘴周围的残留奶。犊牛围栏、牛床应定期清洗、消毒，垫料要勤换，并保持干燥。

犊牛期要有一定的运动量，从 10 ~ 15 日龄起应该有一定面积的活动场地（2 ~ 3 m²）。

做好文档管理工作，记录犊牛编号（耳标）、填写系谱、个体拍照或绘花片图。

按照规定进行体尺测量、线性评定等工作。

做好选育方案，制定选留标准。

第六，犊牛用具管理。每天保证奶桶、精料桶、水桶的干净。工作人员每天喂完牛奶后洗刷奶桶、奶罐，先用清水洗刷一次，然后用洗洁剂（酸碱液）泡 5 ~ 10 min 后用热清水冲洗，直至无洗涤剂味为止。要做带无异味、无油渍、无污垢，清洗干净后要倒扣，晾干备用。

第七，犊牛去角与去副乳头管理。

去角方法及日龄：犊牛出生后 7 ~ 15 d 用弯剪剪去角基部毛后，涂抹去角膏（摸不见角基的可延长去角时间）；去角膏去角犊牛到 18 ~ 25 日龄、断奶时检查去角效果，去角不彻底牛只进行电烙铁去角处理。

去副乳头：犊牛出生 3 d 以内使用手术直剪去副乳头，断奶时再检查一次。剪副乳头时使用 10% 碘酊进行消毒，并做好相关记录。

第八，犊牛岛的管理。

犊牛岛中间必须用板子隔开。

犊牛在犊牛岛的放置要按照出生日期依次进行。

每批犊牛断奶出栏后，犊牛岛彻底清洗消毒，犊牛岛垫料彻底清除掉，每天更换新的垫料。犊牛因转群、死淘或其他原因离开犊牛岛或犊牛栏后，必须对空置犊牛岛或犊牛栏进行彻底清理、消毒、更换新垫料后方可继续使用，严禁将新生犊牛或其他犊牛直接放入未经彻底清理、消毒、更换垫料的犊牛岛或犊牛栏内饲养。

垫草厚度 30 cm 以上，下层垫料潮湿面积占总垫料面积应小于 20%；垫料表面要干燥、松软、厚实、平整。

第九，犊牛断奶和过渡期饲养。

断奶标准：健康、体况发育良好，达到断奶日龄 56 ~ 60 d；每月的 5 号、15 号、25 号进行断奶。

颗粒料：每天饲喂颗粒料两次，每头每次饲喂量 1.5 ~ 2 kg，预定断奶前 3 d，减少喂奶量或次数，刺激犊牛料采食。

称重：犊牛断奶时体重是出生时的 2 倍。

苜蓿草：每天保障犊牛自由采食优质苜蓿草。

断奶过渡：犊牛断奶过渡期为 7 ~ 10 d，断奶过渡期间必须原圈饲养，继续饲喂同样犊牛开食料和优质干草，减少饲料变化应激。牛奶断奶前 10 天逐渐开始减少，方法如下：断奶前第 10 天饲喂 7 L，第 8 天 6 L，第 6 天 5 L，第 4 天 4 L，第 3 天 2 L，前 1 天 1 L。

饲料过渡：断奶后，犊牛料采食量应在一周内加倍，最高不要超过每头 2 kg/d。原圈过渡饲养期间必须饲喂开食料 7 ~ 10 d，转入过度牛舍到断奶颗粒料过渡，过渡方法是开食料连续饲喂 3 d → 2 d（开食料是断奶牛颗粒料 = 2 : 1）→ 2 d（开食料是断奶牛颗粒料 = 1 : 1）→ 2 d（开食料是断奶牛颗粒料 =1 : 2）1 d（开食料是断奶牛颗粒料 = 0 : 1），断奶过渡后开始饲喂优质苜蓿和燕麦草，苜蓿和燕麦草分开饲喂，自由采食。保证充足饮水。

防疫注射应当在断奶前一周完成。

②断奶犊牛饲养技术要点。

a.2 ~ 3 月龄断奶犊牛饲养。

犊牛断奶后，要进行分群，一般为 15 ~ 18 头 / 群，这样除了管理方便，同时还可以减小饲养密度，有利于犊牛圈舍内的通风干燥，减少疾病的发生。

断奶后转入后备牛舍后，需要精料最少 1.5 ~ 2.0 kg，保证全天不断料，自由采食。

饲喂苜蓿，全天不断料，自由采食。

单独分栏的牛舍，每个独立的牛栏内牛头数保证在 20 头内。

除了牛颈枷采食外，圈内设有固定的精料槽和水槽，全天保证精料的供给和自由饮水。

将此过渡阶段的小牛转入同一牛舍，便于饲养。

采食量最小保证在 2 kg 以上，越多越好。

全天饲喂苜蓿，让犊牛能够自由采食。

b.4 ~ 6 月龄断奶牛的饲养。

每日给予蛋白 17% 的精料，每日饲喂精料 2 次，饲喂量控制在 3.0 ~ 3.5 kg。

全天饲喂苜蓿，自由采食。

设有水槽，犊牛可自由饮水。

c.每日周期性工作：

3 ~ 6 月龄的犊牛，添加精料的时间为早上 7：00 和下午 3：00；投喂苜蓿的时间早上为 9 点和下午 4 点半。每次在精料采食完以后，再投喂苜蓿。

接班巡圈工作，检查每头小牛，保证无异常情况，及时发现，及时治疗。同时监督上一班次工作情况。

保证上班时的巡圈工作，及时检查每头小牛，发现问题，及时解决，及时发现并解决小牛臌气。

对发病牛的治疗，按照治疗疗程完成。

控制好苜蓿量和质量，保证苜蓿中无杂物，挑出发霉变质的苜蓿，禁止给小牛饲喂发霉变质的苜蓿。

仔细观察每头牛的体质状况，有病情及时治疗，并做好治疗记录。

小牛有臌气情况（急性臌气除外），立即用胃管放气，小牛超过 2 次臌气，则用消气灵 3 支加少量的水 100 ~ 200 mL 进行治疗，并做好治疗记录。

急性臌气时（迫不得已的情况下）用针头（兽用针头 16 ~ 20 号针头即可）放气，然后用青霉素 2 支，前 3 d 上下午 2 次（隔 4 h 最佳）。第四天开始 2 支 /d，治疗过程 7 d。

为了提高小牛的生长速度和管理，饲养员（各牧场指派专人）必须每天观察每个小圈的牛体质情况，如有个体大小明显差别，马上记录牛耳号和牛圈号，下班次喂料以前必须调整好牛圈。

d.月度周期性工作。

每月 15 日调整牛群，将 7 月龄的挑出，移交育成牛饲养部门。

6 月龄时复查副乳头并对其体重、身高等生长指标进行检测。

3 月龄时兽医部做好犊牛的口蹄疫病疫苗首次免疫工作。

将月龄体质相近的小牛分为一群饲喂，以便于观察、饲喂。

③育成牛饲养技术要点。

育成牛根据生长发育及生理特点可分为 7 ～ 12 月龄和 13 ～ 15 月龄。

选用中等质量的干草，培养耐粗饲性能，增进瘤胃机能，饲喂青贮饲料和 TMR 日粮。

育成牛的营养需要：7 ～ 12 月龄是育成牛发育最快时期，此期精饲料每头每天可供给 2 ～ 2.5 kg，青贮饲料给量是每头每天 10 ～ 15 kg，干草 2 ～ 2.5 kg，防止饲喂过多的营养而使育成牛过肥；13 ～ 15 月龄：限制高能饲料喂量，精料喂量每头每天为 3 ～ 3.5 kg，青贮饲料给量是每头每天为 15 ～ 20 kg，干草为 2.5 ～ 3.0 kg；日粮 TMR 浓度见后备牛日粮浓度推荐表。

培育目标：此阶段饲养管理的主要任务是使母牛长骨架，而不是长膘，应控制日增重，保持适宜膘情，过高的日增重将导致乳腺中脂肪沉积，并缩短乳腺发育的最佳时间。7 ～ 12 月龄日增重 700 ～ 800 g，13 ～ 15 月龄 800 ～ 825 g，体况评分掌握在 2.75 ～ 2.90 分最为理想。

育成牛的饲养管理：

第一，若要使育成牛达到所推荐的 24 月龄分娩，就需要在两方面做改进，首先要加快育成牛的生长速度；其次要根据体重来确定初配日期，而不是年龄。

第二，将不同月龄育成牛分群，每群内牛只数不宜过多，20 ～ 30 头不等，个体间年龄不超过一个月，体重不超过 25 kg；观察牛群的大小及群内个体年龄和体重的差异，如果一个圈内牛群的头数较多，而体重和年龄的差异很大，就会产生一些吃的过好的肥牛和吃不饱的弱牛。

第三，此期间应保证供给足够的饮水，采食的粗饲料越多，相应水的消耗量就大，与泌乳牛相比并不少。6 月龄时的测定每日 15 L，18 月龄时约 40 L（因地区气候条件不同会有增或减）。

第四，确保牛群有足够的采食槽位，投放草料时，按饲槽长度撒满，为每头牛提供平等的采食机会。保持饲槽经常有草，每天空槽时间不超过 2 小时。

第五，保持适当运动，这对育成牛的健康很重要；此外还要经常让牛晒太阳，阳光除了能促进钙的吸收外，还可以对促使体表皮垢的自然脱落起到一定的作用。在管理中应从皮肤清洁入手，及时除掉皮肤代谢物，否则牛会产生"痒感"。长期如此会影响牛的发育，造成牛舍设施的破坏，所以应在牛舍中装上奶牛刷体设备来提高牛福利。

第六，注意观察发情，做好发情记录，以便适时配种。

第七，定期对牛进行孕检工作，对不怀孕、不发情的牛，要找出原因，对症治疗。

第八，定胎后的牛与独跟空怀牛分开进行单独饲养。

④青年牛饲养技术要点。

第一，分群。按月龄和妊娠情况进行分群管理，可分为以下三个阶段：16 ~ 18 月龄；19 月龄至产前 21 d；产前 21 d 至分娩。

②各阶段青年牛饲养管理。

16 ~ 18 月龄：饲养管理原则与育成牛相同，可不必考虑妊娠的特殊需要。

19 月龄至产前 21 d：

一是促进体重的增加和肌肉的生长，使青年母牛在产犊时的体重为成母牛体重的 80% ~ 85%（产后体重）。

二是加强营养以保证胎儿的生长发育和维持青年母牛的正常体膘膘度（3.2 ~ 3.4 分）。

三是制定经济合理的饲喂方案，防止围产期发生酮病、妊娠毒血症，即肥胖综合证（酮血症、酸中毒、低血糖和肝功能衰竭的综合症）、乳房炎、瘤胃酸中毒、蹄叶炎、产后瘫痪。

四是分群饲养，防止混饲母牛互相挤撞、爬跨造成母牛流产。

五是增加饲料中维生素、钙、磷（Ca ：P = 1.6 ：1）和其他常量元素、微量元素的含量。

产前 21 d 至分娩：

一是产犊前 21 d 与围产前期的奶牛饲养在一起，以便健康产犊。

二是增加日增重，产后体重占成母牛体重的 85%（大于等于 550 kg）。

三是确保一定的体膘膘度（3.5 分），防止过肥。

四是采用低钙日粮（比营养需要量低 20%，Ca ：P = 0.8 ：1，防止出现产后瘫痪），减少苜蓿等高钙饲草喂量，控制食盐的喂量。

五是前 1 周，降低精饲料喂量为常量的一半，占体重的 0.5%，先粗后精，防止真胃移位。

六是注射亚硒酸钠 VE 合剂，预防胎衣不下及犊牛畸形。

2. 成母牛饲养技术

（1）成母牛饲养技术总则。

①按奶牛不同的泌乳阶段和生理阶段分群管理，确立各阶段的饲养技术方案。

②采用合理的饲养工艺，为各泌乳阶段奶牛提供营养平衡且精粗比例合理的高质量日粮。

③注重奶牛卫生保健，为奶牛创造干净、干燥、舒适的环境。

④根据 DHI 报告对牛群实施科学有效的饲养管理。

⑤成母牛运动场的面积要求：每头 10 ~ 30 m²；凉棚面积要求：每头 6 ~ 8 m²。

⑥成母牛运动场中设置补饲槽，泌乳牛应设置盐槽或悬挂添砖，补充食盐和微量元素。

⑦做好成母牛的乳房保健和肢蹄护理。

⑧保证充足、新鲜、清洁的饮水供应，冬季防止结冰、夏季防止水温升高，有条件的牧场可使用电加热水槽，夏季应做水槽遮荫处理。

（2）成母牛不同泌乳阶段的生理规律。

①泌乳阶段奶牛的生理规律。泌乳阶段奶牛的生理规律，可以用泌乳、体重、干物质采食量三条曲线来描述，见图 5-11。

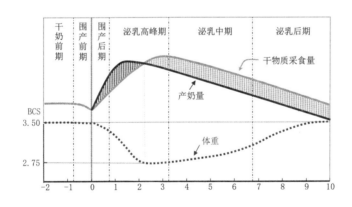

图 5-11　奶牛六阶段划分及变化规律

②泌乳曲线。奶牛从产犊到干奶的整个泌乳周期过程中，产奶量呈一定的规律性变化，以时间为横坐标，以产奶量为纵坐标，所得到的泌乳期奶牛产奶量随时间变化的曲线即为泌乳曲线，它是反映奶牛泌乳情况既直观又方便的形式。

奶牛产后 60 ~ 90 d 达到产奶高峰。

高峰奶决定整个泌乳期产量，高峰奶增加 1 kg，整个泌乳期增加 225 kg。

群体中头胎牛的高峰奶应达到经产牛高峰奶量的75%。如果比例低于75%，说明头胎牛没有达到产奶高峰；如果比例高于75%，说明头胎牛达到了产奶高峰或成年牛没有达到应有的高峰。

干奶期饲养、奶牛体况、产后失重影响高峰奶量。

泌乳高峰过后，所有牛的产奶量逐渐下降，产量平均每月下降9%，0.07 kg/d，头胎牛的持续力要好于经产牛。泌乳持续力（%）= 本次测定产奶量 / 前次测定产奶量。

泌乳的持续力基于每月的平均数，在饲养管理正常的情况下，高峰期后每月的持续力应为90% ~ 95%。

奶牛的持续力的降低与能量摄入不足、营养缺乏和应激有关。

③干物质采食量和体重曲线。在奶牛的整个泌乳周期过程中，干物质采食量和体重也呈一定的规律性变化，同样以时间为横坐标，以干物质采食量和体重为纵坐标，得到的变化曲线即为干物质采食量曲线和体重的变化曲线，与泌乳曲线共同构成奶牛饲养管理的三线图。

奶牛临产前7 ~ 10 d，由于生理变化，干物质采食量下降25%，但此时奶牛的营养需要在增加，因此此时要增加日粮的营养浓度。

由于泌乳高峰出现在产后60 ~ 90 d，而干物质采食量高峰发生在产后78 ~ 98 d，此阶段奶牛处于能量负平衡，表现为产后体重急剧下降。

产后体况下降的幅度与产前和产后的干物质采食量直接相关。

产犊后采食量能否快速恢复以及采食量高峰能否提前到来，主要取决于围产前期和围产后期的管理。

泌乳后期是奶牛增加体重、恢复体况的最好时期。此时，泌乳牛利用代谢能增重的效率为61.6%，而干奶牛仅为48.3%。

影响奶牛干物质采食量的因素中，日粮水分以45% ~ 55%为宜，当高于50%时，每高出1%，干物质采食量下降占体重的0.02%。

饲料品质，优质牧草可以提高干物质采食量，全天候采食与全混日粮TMR可以提高干物质采食量；清洁的饮水可以提高干物质采食量。

④体重变化曲线及体况评分。奶牛产犊前体况处于3.25 ~ 3.50分，由于泌乳早期动用体储备维持较高产奶量的需要，造成体重下降。泌乳早期体损失不应超过50 kg。

产后90 ~ 100 d奶牛体况降到最低（约为2.5分），随着产奶量的变化和干物质采食量的增加，体重开始恢复。

奶牛在泌乳中期体重应得到恢复，200 d 时体况应达到 3 分。

停奶前达到适宜体况（3.25 ～ 3.50 分），并在整个干奶期得以保持。

各阶段体况变化与评分情况见图 5-12。

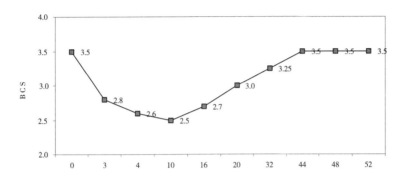

图 5-12　各阶段体况变化与评分情况

（3）成母牛各阶段营养需要见表 5-6。

表5-6　成母牛各阶段营养需要

| 营养需要 | 干奶前期 停奶至 产前21 d | 围产前期 产前21 d 至 产犊 | 围产后期 0 ～ 21 d | 泌乳早期 22 ～ 100 d | 泌乳中期 101 ～ 200 d | 泌乳后期 > 201 d |
|---|---|---|---|---|---|---|
| DMI(占体重) /% | 2 ～ 2.5 | 1.8 | 2.5 | 4.0+ | 3.5+ | 3.0+ |
| DMI/kg | 13 | 10 ～ 11 | 12.5 ～ 17.5 | 23.6 | 22 | 19 |
| NEL/ (MJ·kg$^{-1}$) | 5.52 ～ 5.86 | 5.69 ～ 6.01 | 6.99 ～ 7.36 | 6.99 ～ 7.36 | 6.61 ～ 6.99 | 6.19 ～ 6.61 |
| *Fat/% | 2 | 3 | 4 | 6 | 5 | 3 |
| *CP/% | 12 ～ 13 | 13.5 ～ 14.5 | 17.5 ～ 18.5 | 17 ～ 18 | 16 ～ 17 | 15 ～ 16 |
| RUP/% | 25 | 32 | 34 ～ 38 | 34 ～ 38 | 34 ～ 38 | 34 ～ 38 |
| *RDP/% | 30 ～ 38 | 30 ～ 38 | 30 ～ 34 | 30 ～ 34 | 32 ～ 36 | 32 ～ 38 |
| *ADF/% | 30 | 24 | 21 | 19 | 21 | 24 |
| *NDF/% | 36 | 36 | 28 ～ 32 | 28 ～ 32 | 33 ～ 35 | 36 ～ 38 |
| *NFC/% | 26 | 26 | 32 ～ 38 | 32 ～ 38 | 32 ～ 38 | 32 ～ 38 |
| TDN | 60 | 67 | 75 | 77 | 75 | 67 |
| 粗饲料 NDF/% | 75 | 74 ～ 79 | 74 ～ 79 | 76 ～ 80 | 74 ～ 79 | 72 ～ 79 |
| *Ca/% | 0.45 ～ 0.55 | 0.45 ～ 0.55 | 0.81 ～ 0.91 | 0.81 ～ 0.91 | 0.77 ～ 0.87 | 0.70 ～ 0.80 |
| *P/% | 0.30 ～ 0.32 | 0.30 ～ 0.32 | 0.40 ～ 0.42 | 0.40 ～ 0.42 | 0.40 ～ 0.42 | 0.40 ～ 0.42 |

续表

| 营养需要 | 干奶前期 | 围产前期 | 围产后期 | 泌乳早期 | 泌乳中期 | 泌乳后期 |
|---|---|---|---|---|---|---|
| | 停奶至产前 21 d | 产前 21 d 至产犊 | 0 ~ 21 d | 22 ~ 100 d | 101 ~ 200 d | > 201 d |
| *Mg/% | 0.16 | 0.2 | 0.33 | 0.3 | 0.25 | 0.2 |
| *K/% | 0.65 | 0.65 | 0.25 | 1 | 1 | 0.9 |
| *Na/% | 0.1 | 0.05 | 0.33 | 0.3 | 0.2 | 0.2 |
| *Cl/% | 0.2 | 0.15 | 0.27 | 0.25 | 0.25 | 0.25 |
| *S/% | 0.16 | 0.2 | 0.25 | 0.25 | 0.25 | 0.25 |
| VA/ (IU·kg$^{-1}$) | 80 500 | 96 250 | 95 000 | 195 000 | 85 750 | 70 000 |
| VD/ (IU·kg$^{-1}$) | 19 250 | 21 870 | 24 000 | 24 000 | 20 000 | 17 500 |
| VE/ (IU·kg$^{-1}$) | 480 | 800 | 550 | 550 | 430 | 300 |

注：* 中的 % 均为日粮中干物质的百分比含量。

（4）成母牛各阶段饲养技术要点。

①干奶前期干奶前期是指自停奶之日起至泌乳活动完全休止，乳房恢复松软正常，一般需 1 ~ 2 周。

干奶前期的管理目标如下。

第一，正确干奶：使母牛利用较短的时间安全停止泌乳。

第二，保证体内胎儿后期快速的发育。

第三，恢复瘤胃机能：确保产后干物质采食量的最大化，确保营养物质的摄入，减少营养负平衡，减少奶牛产后拒食或酸中毒的发生，确保最大程度地开发奶牛的生产潜能。

第四，恢复乳腺：母牛经过 10 个月的泌乳期，各器官系统一直处于代谢的紧张状态，尤其是乳腺细胞需要一定时间的修补与更新。

第五，恢复体况：母牛经过长期泌乳，消耗了大量的营养，在泌乳后期体况未能恢复正常的奶牛，此阶段应尽快使体况得以恢复，为下一个泌乳期能更好地泌乳和繁殖打下良好的体质基础。

第六，提高免疫力：产犊前后围产期阶段奶牛的抗病力降低，非常容易发生代谢紊乱和炎症性的疾病，此阶段应注意提高机体的免疫力。

第七，治疗乳房炎：干奶期奶牛停止泌乳，这段时间是治疗隐形乳房炎和临床性乳房炎的最佳时机。

干奶方法：母牛在泌乳达到干奶期时不会自动停止泌乳，为了使母牛停止泌乳，必须采取一定的措施，即干奶方法。现在多提倡快速的一次干奶方法，此方法所用时间短，对胎儿和母体本身影响较小，有利于减少乳房炎的发生。

具体干奶的技术流程如下：

第一，在干奶前 10 d，应进行妊娠和奶牛乳房炎的检查（图 5-13），如有发现乳房炎的奶牛，应及时治疗，待乳房炎痊愈后，方可进行干奶；确定妊娠以及乳房健康正常后方可进行停奶。配合停奶应调整日粮，逐渐减少精料喂量。

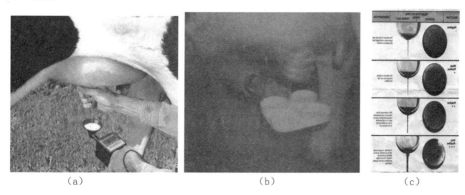

图 5-13　利用乳房炎检测仪或乳房炎检测平板对奶牛进行乳房炎检测

第二，对于在预定干奶日产奶量大于等于 15 kg 的奶牛，在干奶前一周减少精饲料的饲喂量，使其奶量在预定干奶日降低至 15 kg 以下；

对于在预定干奶日产奶量小于 15 kg 的奶牛，在预定干奶日将奶挤尽。挤完后即刻用酒精消毒乳头，而后向每个乳区注入一支含有长效抗生素的干奶药物，最后再用消毒液药浴乳头（图 5-14）。

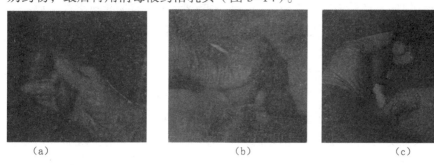

图 5-14　挤奶与药浴

第三，在停止挤奶后，母牛的泌乳活动并未完全停止，因此乳房中还会聚集一定量的乳汁，使乳房出现肿胀现象，这是一种正常现象。在停止挤奶 24 h 后，乳腺腺泡壁及毛细血管受到因奶充满而形成的内压（30 ~ 40 mmHg[①]），使牛奶合成自动停止，几天后乳房内的乳汁会被吸收，肿胀萎缩，干奶即告成功。这种停奶方法对牛的正常消化生理不会造成紊乱，有利于母牛的健康。

第四，必须对停奶后 3 ~ 4 d 以内牛的乳房予以密切监视，如果除了红肿之外还伴有热疼或有硬块出现时，说明可能有炎症发生，除请兽医处理外，应继续挤奶，待炎症消失后重新停奶。

干奶前期的饲养与管理：

第一，干奶前期饲养管理的目的是调节奶牛体况，维持胎儿发育，使乳腺及机体得以休整，为下一个泌乳期做准备。日粮应以中等质量粗饲料为主，日粮干物质采食量占体重的 2.0% ~ 2.5%，粗蛋白水平 12% ~ 13%，精粗比以 30 ：70 为宜，混合精料每头每天 2.5 ~ 3.0 kg，保持适宜的纤维摄入量，每日每头牛至少应喂给 3 ~ 5 kg 长干草，并控制食盐和苜蓿草的喂量。

第二，日粮应强化维生素和有机微量元素的充足平衡供应，特别是维生素 E 和有机硒的供应，全面提高奶牛的整体抗病能力。精料的给量视母牛体况而定，体瘦者多些，胖者少些。

第三，要防止干奶牛过肥。过肥的母牛产后食欲不佳，消化机能差，采食量低，体脂动员过快，容易导致酮病的发生，还容易发生难产，产后不能正常发情与受胎；易导致乳房炎，进而造成乳房变形，给挤奶造成困难。

第四，加强户外运动以防止肢体病和难产，适时修蹄护蹄，促进维生素 D 的合成以防止产后瘫痪的发生。但要避免剧烈运动，以防止机械性流产。

第五，冬季饮水水温在 10℃ 以上，不饮用冰冻的水，不饲喂腐败发霉变质的饲料，以防止流产。

第六，加强干奶牛舍及运动场的环境卫生，以防止乳房炎的发生。

②围产前期。围产期是指产犊前 3 周至产后 3 周期间。围产期包括围产前期（即干奶后期）和围产后期。围产期的饲养管理对于奶牛的健康、产量和繁殖是至关重要的，特别是围产前期的饲养管理尤为重要。只有分娩前得到特殊饲料和护理，分娩后才能发挥出最佳的生产性能。良好的围产前期日粮和管理可提高泌乳高峰奶量 4 kg，也就意味着一个胎次可提高 1 000 kg 的产量。

---

①     mmHg 为废弃单位，1 mmHg=133.322Pa。

围产前期奶牛的管理目标如下。

第一，控制产后代谢紊乱疾病的发生：做好干奶牛和新产牛日粮的过渡，以适应泌乳早期的高浓度日粮，加强奶牛乳房水肿、产后瘫痪、胎衣不下、真胃移位、酮病、围产期酸中毒等营养代谢病的预防。

第二，刺激和调整瘤胃微生物菌群：为了产后尽快适应高精料类型的日粮，瘤胃的菌群和发酵功能要经过提前调整和过渡。从以粗饲料为主的干奶前期日粮过渡到高精料的产奶日粮，微生物区系和瘤胃功能的调整和过渡至少需要 3～4 周，否则，会导致产后食欲恢复慢、消化不良等问题。

第三，刺激和恢复瘤胃绒毛乳头：为了将产后高精泌乳日粮发酵产生的大量挥发性脂肪酸尽快通过瘤胃乳头吸收后运送到体内转化为牛奶，需要提前把干奶期已经萎缩的瘤胃乳头在奶牛分娩和泌乳之前刺激和发育起来。否则，产后瘤胃发酵产生的挥发性脂肪酸超过其瘤胃吸收能力时，会导致瘤胃 pH 值下降，造成围产期瘤胃酸中毒，使奶牛表现为产后拉稀、无法加料等现象。

第四，为犊牛的发育提供营养：母牛妊娠后期，胎儿生长速度加快，胎儿 60% 的体重是在最后两个月增长的，需要大量的营养。

第五，为初乳的分泌储备营养：奶牛分娩后产生的初乳需要大量养分，围产前期的营养与初乳的质量密切相关，这也直接关系到新生犊牛的成活与健康。

第六，建立免疫系统：分娩前后是奶牛免疫力最低、最容易发病的时期。为了减少产后泌乳奶牛的各种代谢疾病和炎症性疾病的发生，在围产前期要注意体高奶牛的免疫力。

第七，调整体况：如果奶牛体况此时还没有调整恢复到理想膘情，则要及时进行调整，这也是恢复体况最后的机会。

第八，维持干物质采食量：临近分娩的前几天，奶牛采食量开始下降，而此时奶牛对营养的需要却在增加，奶牛的能量负平衡开始发生。此时要注意增加营养浓度，维持营养物质的摄入量。

围产前期奶牛的饲养管理：

第一，日粮应以优质干草为主，以增进奶牛对粗饲料的食欲，干物质采食量大于 12 kg，粗蛋白 14%～15%，钙 0.7%～0.8%，磷 0.3%～0.5%。

第二，从分娩前 4 周开始，逐渐增加精料的饲喂量（每天增加 0.5 kg）至 6～8 kg，以便调整微生物区系，适应产后高精料日粮。此外，增加精料可促进瘤胃乳头的发育，增强瘤胃对挥发性脂肪酸的吸收能力，确保产后食欲快速恢复，有效防止真胃移位和围产期瘤胃酸中毒的发生，同时提高泌乳高峰产量，确保泌乳高峰可以提早到来。

第三，加强产前母牛、胎儿以及初乳合成等各方面的营养均衡供应，确保犊牛健康和成活，减缓产后母牛的能量负平衡，降低酮病的发病率，产后快速恢复繁殖机能。

第四，围产前期精补料可采用低盐和矿物质优化组合配方，缓解和避免乳房水肿的发生。在分娩前禁止添加任何食盐和矿物盐成分。无须再额外补充豆粕类蛋白饲料，防止蛋白过高造成的乳房水肿。

第五，围产前期精补料可采用低钾低钠、低钙高磷日粮设计，缓解和避免产后低血钙症、产后瘫痪的发生。为保持日粮中阴阳离子的平衡，无须再额外补充小苏打等任何矿物质成分。

第六，围产前期精补料应强化维生素和有机微量元素的充足平衡供应，特别是维生素 E 和有机硒的供应，全面提高奶牛的整体抗病能力，预防和避免胎衣不下的发生。

第七，对于产前食欲较差、粗饲料采食量较低的奶牛，建议添加具有恢复瘤胃健康功能的微生态制剂或其他功能型饲料添加剂，直至围产后期结束或食欲恢复。

围产前期奶牛的管理：

第一，临产奶牛应转入产房进行饲养管理。产房必须事先用 2% 的苛性钠溶液（或其他消毒液）喷洒消毒，然后铺上清洁干燥的垫草（图 5-15），并建立常规的消毒制度。

图 5-15　铺有干燥垫草的产房

第二，临产奶牛进产房前必须填写入产房通知单（预产期、上胎分娩情况等），并对奶牛后躯及外阴部用2%～3%的来苏儿溶液或其他消毒液进行擦洗消毒。

第三，产房工作人员进出产房要穿清洁的工作服，用消毒液洗手。产房入口处设消毒池，进行鞋底消毒。

第四，产房昼夜应有专人值班。发现奶牛表现精神不安、停止采食、起卧不定、后躯摆动、频回头、频排粪尿甚至鸣叫等临产症候时，应立即用0.1%高锰酸钾液（或其他消毒液）擦洗生殖道外部及后躯，并备好消毒药品、毛巾、产科绳以及剪刀等接产用器具。

第五，舒适的分娩环境和正确的接产技术对奶牛护理和犊牛的健康极为重要。奶牛分娩时，环境必须保持安静，并尽量让其自然分娩。一般阵痛1～4 h犊牛即可顺利产出。如果发现异常、难产等，技术人员应及时进行助产。

第六，奶牛分娩应使其左侧躺卧，以免瘤胃压迫胎儿，发生难产。奶牛分娩后应尽早驱其站立，以免因腹压过大而造成子宫或阴道翻转脱出。

③围产后期。围产后期是指分娩至产犊后3周之间的时期，也称为新产期。此时期应做好产前、产后日粮的转换，使牛只尽快提高采食量，适应泌乳牛日粮；尽快彻底排出恶露，恢复繁殖机能。

围产后期的管理目标：

第一，稳定瘤胃功能，恢复瘤胃健康。

第二，快速恢复食欲，提高干物质采食量。

第三，减少代谢疾病发生。

围产后期的饲养管理：

第一，奶牛分娩体力消耗很大，分娩后应使其安静休息，并灌服丙二醇、酵母培养物、钙制剂等营养灌服包，以利奶牛恢复体力和胎衣排出，并提高血钙，预防产后瘫痪的发生。

第二，在分娩后2～3周的围产后期内，必须给初产母牛提供充足的高品质饲料，以确保其最佳的干物质采食量。如果产前3～4周饲喂干奶前期精料并按照饲喂程序进行操作，在产犊前能够采食6～8 kg精料，则产后发生食欲不振情况会相对较少。对于食欲较好的奶牛，产后2～3 d即可饲喂与产前等量的围产后期精料，然后每日逐渐增加精料的喂量，原则上每两天增加0.5 kg。对产奶潜力大、健康状况好、食欲旺盛的多加，反之少加。

第三，在加料的过程中，要随时注意奶牛的消化和乳房水肿情况，如发现消化不良、粪便稀或有恶臭，可考虑每天补饲恢复瘤胃健康的饲料产品，直至消化正常。对于乳房硬结、水肿迟迟不消的奶牛，可适当减少精料的喂量，不要补饲任何食盐，待恢复正常后，再逐渐增加精料。

第四，尽可能给围产后期奶牛提供优质的苜蓿草或优质的羊草，确保瘤胃功能的正常，提高干物质采食量。

围产后期的管理：

第一，奶牛分娩过程中，卫生状况与产后生殖道感染关系极大。因此，分娩后应及时将躯体尤其是后躯、乳房和尾部等部位的污物、黏液用温水洗净并擦干，而后把玷污的垫草及粪便清除干净。地面消毒后应铺上厚的干垫草。

第二，分娩后尽快挤净初乳，尤其是那些乳房水肿的初产母牛。分娩后挤净初乳会降低乳房炎的发病率。这样的牛在整个泌乳周期还可以多产 15% 的牛奶。如果不挤净初乳，乳腺泡处于压力之下，会导致泌乳停止。当挤净初乳之后，乳房内部压力降低，这些停止泌乳的乳腺泡又开始泌乳而不是处于休眠状态，结果是使整个泌乳期的产奶量有显著提高。

第三，检查经产母牛和青年牛的乳房问题。经产母牛和青年牛有可能患有乳房水肿，水肿的部位从乳房一直延伸到肚脐。必要时可通过药物帮助消除乳房组织过量的积液。

④泌乳高峰期。泌乳高峰期是指产后第 21 ~ 100 d 以内的时期。奶牛产后产奶量迅速上升，一般 60 ~ 90 d 即可达到产奶高峰，产后虽然食欲也逐渐开始恢复，但至 78 ~ 98 d 干物质采食量才能达到高峰。由于干物质采食量的增加跟不上泌乳对能量的增加，奶牛能量代谢呈现负平衡，奶牛动员体组织，以满足产奶的营养需要，故奶牛体况下降，体重减轻，尤其是高产奶牛更是如此。

泌乳高峰期的管理目标：

第一，促进泌乳高峰期提早达到。

第二，挑战泌乳高峰。

第三，减缓能量负平衡，控制体重减轻。

第四，尽快恢复繁殖。

泌乳高峰期的饲养管理：

第一，在整个泌乳高峰期阶段，要供给优质的饲草，如优质的苜蓿草或优质的羊草，以及全株玉米青贮等粗饲料，任牛只自由采食，并给予充足的饮水。

第二，日粮干物质采食量应大于 20 kg，产奶净能 7.33 MJ/kg，粗蛋白占 17% ~ 18%，钙 1%，磷 0.46%。精粗比掌握在 60 : 40 或 55 : 45，NDF含量大于等于 28%，关注日粮氨基酸平衡。体况评分 2.0 ~ 2.5 分。

第三，从奶牛产后第 3 周开始，可将围产后期精料经过 7 ~ 10 d 的过渡期逐渐转换为泌乳高峰期精补料，然后每两天增加 0.5 kg 精料，直到产奶高峰。待泌乳高峰过后，奶量不再上升而逐渐缓慢时，便按照产奶量和体况等情况调整精料喂量，保持相对稳定。

第四，奶牛泌乳高峰期在产犊后 60 ~ 90 d 出现，持续 3 ~ 4 周后开始缓慢下降，下降幅度为每天下降 0.07 kg 左右。如果产奶量下降幅度过大，可能在饲养方面出问题。因此，此阶段不建议使用其他低蛋白低能量的精料品种，否则将导致泌乳高峰产量降低，没有高峰或高峰持续时间短，体况急速下降，进而发生繁殖障碍等问题。

第五，对于产奶量大于等于 30 kg 的奶牛，应适当补充植物油料籽实（如膨化大豆、全棉籽等）或过瘤胃脂肪等高能补料，以达到提高日粮能量浓度、缓解能量负平衡、维持体况的作用。

第六，对于泌乳高峰期采食量低下、食欲不佳或瘤胃功能差的奶牛，可考虑补饲恢复瘤胃健康的饲料产品，改善瘤胃功能，促进粗饲料采食量。

第七，建议饲喂 TMR 全混合日粮，按时饲喂，运动场设补饲槽，供奶牛自由采食饲草料。

第八，奶牛的饲料配方固定后，不要经常调整，要减少变料的应激。如果增加一种新的饲料原料，最好做到逐渐增加添加量，7 ~ 14 d 适应后，达到设计添加量；如果是气味较大的原料，最好添加到 TMR 全混合日粮中或是与青贮饲料一起饲喂。

泌乳高峰期的管理：

第一，加强乳房护理：挤奶要严格按照操作规程进行，不可经常更换挤奶员。在泌乳高峰期，由于乳房容量增大，内压增高，极易发生乳房炎，这对整个泌乳期的产奶量影响极大，严重的甚至可导致瞎奶头。

第二，适当增加挤奶次数：泌乳高峰期由于脑垂体前叶大量释放催乳素，乳腺分泌机能活动旺盛，此时如条件允许可适当增加挤奶次数，如改变日挤 2 次为日挤 3 次，以促使产奶量上升，这极有利于提高整个泌乳期的产奶量。对日产奶大于等于 35 kg 的高产奶牛，每天至少挤奶 3 次。

第三，及时配种：奶牛在产后 21 d 左右繁殖活动开始恢复，30 d 后其生殖道基本康复、净化，随之开始发情。此时应详细做好发情日期、发情症候以及分泌物净化情况的记录工作，在随后的 1 ~ 2 个发情期，即可抓紧配种。对于产后 45 ~ 60 d 尚未出现发情症状的奶牛，应及时进行健康、营养和生殖系统的检查，发现问题尽早采取措施。

⑤泌乳中期。泌乳中期是指产后第 101 ~ 200 d 以内的时期。此阶段，一方面，多数奶牛产奶量开始逐渐下降，下降幅度一般为每月递减 5% ~ 8% 或更多；另一方面，奶牛食欲旺盛，在产后 78 ~ 98 d 奶牛采食量达到高峰。

泌乳中期的管理目标：

第一，每月产奶下降幅度控制在 5% ~ 8% 以内。

第二，奶牛自产犊后 8 ~ 10 周开始增重，日增重幅度在 0.25 ~ 0.50 kg。

泌乳中期的饲养管理：

第一，注意控制精饲料的饲喂量。此阶段应根据奶牛体重和泌乳量，每周或隔周调整精料的饲喂量。自由采食粗饲料，以逐渐增加粗饲料在日粮中的比例。

第二，保证充足的饮水并加强运动，并保证正确的挤奶方法及进行正常的乳房按摩。

⑥泌乳后期。泌乳后期是指产后第 201 d 至干奶之前的时期。此阶段由于受胎盘激素和黄体的作用，产奶量开始大幅度下降，每月递减 8% ~ 12%，此时是奶牛增加体重、恢复体况的最佳时期。

泌乳后期奶牛的管理目标：

第一，根据奶牛的体况和产奶量进行饲养，每周或隔周调整精料的饲喂量。对于泌乳前期体重消耗过多和瘦弱的奶牛，此时饲养水平应适当高一些，使奶牛在干奶前体况评分 BCS 达到 3.5 分。因为此时恢复体况是最经济的，泌乳后期奶牛利用代谢能增重的效率为 61.6%，而干奶牛仅为 48.3%。这不仅对奶牛健康有利，也对奶牛持续高产有好处。

第二，注意控制奶牛体况，防止奶牛过肥。这阶段精料饲喂过多，极易造成奶牛过肥，影响产奶量和繁殖性能。使奶牛在干奶前体况评分 BCS 达到标准的 3.5 分即可。

第三，高产奶牛泌乳阶段采食大量的精料，使瘤胃处于特殊的状态，如果奶牛能在泌乳后期恢复体况，干奶期仅饲喂粗饲料或粗料外加少量精料就能满足其营养需要，这样就可以使瘤胃恢复正常发酵，使其在 1 年的生产周期中有一个休息的时间，为下一个生产周期做好准备。

3.奶牛夏季的饲养技术

（1）热应激对奶牛的影响。奶牛适宜温度为 5 ~ 20 ℃，当温度超过 27 ℃时，热应激明显影响奶牛的采食及休息，对奶牛的健康、产奶量、奶的质量、繁殖率以及后备牛的生长发育产生不利的影响。

（2）夏季饲养技术要点。

①调整奶牛日粮结构，提高干物质采食量。

②打开门窗，保证通风。

③对成母牛要及时喷淋降温。

④安装排风扇和喷淋，两者交替使用。

⑤保持运动场平整、不积水，在牛舍、运动场周围植树绿化，并在运动场搭建遮荫棚供奶牛乘凉。

⑥调整饲喂时间，增加夜间饲喂量和饲喂次数。

⑦调整作息时间。早班提前上；中午气温高，尽量将牛留在舍内，减少辐射热，采用风扇和喷淋交替的方式进行降温；加强夜班的补饲。

⑧定期灭蝇，每月至少 1 次。

（3）夏季奶牛日粮调整方法。

①提高日粮精料比例，但应小于等于 60%，NDF 大于等于 28%。

②调整日粮营养浓度：首先在日粮中添加脂肪，提高能量水平 20% ~ 30%；然后提高日粮中蛋白质水平，其中过瘤胃蛋白含量由 28% ~ 30% 提高到 38% ~ 40%，同时适当添加蛋氨酸的用量。

③使用瘤胃缓冲剂，如在日粮中添加碳酸氢钠和氧化镁。

④注意补充钠、钾、镁，使日粮干物质中钾占 1.5%、钠占 0.5%、镁占 0.3%。

⑤提高维生素 A 添加量，可提高 1 倍。

⑥在日粮中适当增加甜菜粕颗粒、大豆皮等适口性好的饲料饲喂量。

4.TMR 制作、饲喂与评估管理

（1）TMR 饲养工艺的优点。

①精粗饲料均匀混合，避免奶牛挑食，维持瘤胃 pH 值稳定，防止瘤胃酸中毒。

②TMR 日粮为瘤胃微生物同时提供蛋白、能量、纤维等均衡的营养物质，加速瘤胃微生物的繁殖，提高菌体蛋白的合成效率。

③增加奶牛 DM 采食量，提高饲料转化效率。

④充分利用农副产品和一些适口性差的饲料原料，减少饲料浪费，降低

饲料成本。

⑤根据饲料品质、价格，灵活调整日粮，有效利用非粗饲料的 NDF。

⑥简化饲喂程序，减少饲养的随意性，使管理的精准程度大大提高。

⑦实行分群管理，便于机械饲喂，提高生产率，降低劳动力成本。

⑧实现一定区域内小规模牛场的日粮集中统一配送，从而提高奶业生产的专业化程度。

（2）TMR 制作。

①TMR 原料添加的一般原则：先粗后精；先长后短；先干后湿；先轻后重。

②添加顺序：先加入长的干草（羊草、燕麦草和苜蓿）；青贮；玉米青贮、苜蓿青贮；谷物类饲料（精饲料、棉籽、DDGS、甜菜粕、压片玉米）；啤酒糟、豆腐渣、青绿草等辅料；加水或其他液体饲料、糖蜜等。

③备注：如果是卧式饲料搅拌车应将精料和干草添加顺序颠倒。

将牧场 TMR 原料的添加顺序记录在《TMR 原料添加顺序及搅拌时间评估记录表》中，如表 5-7 所示。

④TMR 的搅拌时间：一般情况下，根据牧场饲料质量具体定搅拌时间，每种原料搅拌 2 ~ 3 min，全部添加后搅拌 10 ~ 15 min。在实际操作中可根据宾州筛的检测结果来确定。

将牧场 TMR 的搅拌时间记录在 TMR 原料添加顺序及搅拌时间评估记录表（表 5-7）中。

表5-7　TMR原料添加顺序及搅拌时间评估记录表

| 序　号 | 添加顺序（填饲料原料） | 搅拌时间 /min | 备注：如有调整，写出具体原因 |
|---|---|---|---|
| 1 | 燕麦草 | 5 | |
| 2 | 苜蓿 | 2 | |
| 3 | 青贮 | 2 | |
| 4 | 精料 | 2 | |
| 整体评价 | | 牧场加料顺序正确，搅拌时间合理 | |

（3）分群与饲喂。

分群方案：

TMR 饲养工艺的前提是必须实行分群管理，合理的分群对保证奶牛健康、提高牛奶产量以及科学控制饲料成本等都十分重要。对规模牛场来讲，根据不同生长发育及泌乳阶段奶牛的营养需要，结合 TMR 工艺的操作要求及可行性，一般采取如下分群方案（表5-8）。

表5-8　分群标准及注意事项

| 群分类 | 分群标准及注意事项 |
|---|---|
| 高产群 | 泌乳早期或头日产 35 kg 以上牛只 |
| 中产群 | 泌乳中期 101～200 d 或日产 25 kg 以上除高产群外的牛只 |
| 低产群 | 泌乳后期 201 d 至干奶，日产 25 kg 以下的牛只 |
| 干奶群 | 停奶产前 60～21 d；青年妊娠牛产前 60 d 至产前 21 d |
| 围产前期群 | 产前 21 d 至产犊；青年妊娠牛产前 21 d～产犊 |
| 围产后期群 | 产犊至产后 21 d |
| 头胎牛群 | 单独成群，并按产量、泌乳月份分别给予高、中、低 3 种 TMR |
| 15 月龄至产前 60 d 青年牛群 | 根据个体大小和体况及时分群和调整日粮结构 |
| 7～14 月龄育成牛群 | 根据个体大小和体况及时分群，限制日粮能量浓度 |
| 0～6 月龄犊牛群 | 4 月龄前限制饲喂青贮饲料，可饲喂优质干草 |

TMR 的饲喂：

饲喂顺序：新产牛—高产牛—中、低产牛—后备牛—干奶、围产牛。

泌乳牛必须根据挤奶顺序先后饲喂，牛在赶去奶厅后，开始给该舍投料。要求做到牛走、料到、床平、粪净、水清满。严禁出现先投料后赶牛的情况。

每天根据饲喂时间，彻底清理料道一次，空槽时间不得超过 1 h。

（4）TMR 的调配。

①根据不同群别的营养需要，考虑 TMR 制作的方便可行，一般要求调制五种不同营养水平的 TMR 日粮，分别为高产牛 TMR、中产牛 TMR、低产牛 TMR、后备牛 TMR 和干奶牛 TMR。在实际饲喂过程中，对围产期牛群、头胎牛群等往往根据其营养需要进行不同种类 TMR 的搭配组合。

②对于一些健康方面存在问题的特殊牛群，可根据牛群的健康状况和进食情况饲喂相应合理的 TMR 日粮或粗饲料。

③考虑成母牛规模和日粮制作的可行性，中低产牛也可以合并为一群。

④头胎牛 TMR 推荐投放量按成母牛采食量的 85% ~ 95% 投放。具体情况根据头胎牛群的实际进食情况做出适当调整。

⑤0 ~ 2 月龄按照犊牛喂奶计划的要求饲喂鲜牛奶，并在 3 日龄后让犊牛采食开食料；3 ~ 4 月龄前犊牛前期颗粒料和优质干草自由采食，限制饲喂青贮饲料；5 ~ 6 月龄混合饲喂犊牛后期混合料与少量高产牛或中产牛的 TMR。

（5）TMR 的评估。

①TMR 投料误差评估。

a. 可用监控软件的牧场 TMR 投料误差的评估。

调阅软件数据：从监控系统中调取一段时间（一周）装料报告。

查看各种饲料原料的投料误差是否在规定范围内。粗饲料的加样误差控制在 20 kg 之内；精饲料的加样误差控制在 10 kg 之内。

统计一周内各饲料元的投料的平均误差、最大误差和最小误差（表 5-9）。

表5-9　TMR投料软件误差统计评估表

| 牧场名称 | 评估日粮 | | |
|---|---|---|---|
| 评估人员 | 统计总天数／车次 | | |
| 原料 | 平均误差 | 最大误差 | 最小误差 |
| 燕麦草 | | | |
| 苜蓿 | | | |
| 青贮 | | | |
| 羊草 | | | |
| 精料 | | | |
| …… | …… | …… | …… |

b. 无监控软件的牧场 TMR 投料误差的评估。

跟车查看各种饲料原料的投料误差是否在规定范围内：如果原料的添加量大于 100 kg，粗饲料的加样误差控制在 20 kg 之内，精饲料的加样误差控制在 10 kg 之内；如果原料的添加量小于或等于 100 kg，粗料添加量控制在 10% 以内，精饲料添加量控制在 5% 以内。

对照配料单，统计一定车次（大于 3 车）各饲料原料的实际投料量、配方量、差值和误差率（表 5-10）。

表5-10 TMR投料软件误差统计评估表

| 牧场名称 | | 评估日粮 | | |
|---|---|---|---|---|
| 评估人员 | | 统计总天数 / 车次 | | |
| 原 料 | 实际投料量 | 配方量 | 差值（实际 - 配方） | 误差率（差值 / 配方） |
| 燕麦草 | | | | |
| 苜 蓿 | | | | |
| 青 贮 | | | | |
| 羊 草 | | | | |
| 精 料 | | | | |
| …… | …… | …… | …… | |

② TMR 粒度检测。

a. 样品采集。选取（高、中、低、新产、围产、干奶等）牛群，在 TMR 投料结束时进行取样。

b. TMR 取样原则。取料量原则为 400 ~ 500 g。取料顺序为饲槽的前段、中段、末段，每段取料样的 1/3 量，取料样时每段多点少量，手掌心向上，手指不得分开，手不能抖以减少误差，做好标记。

c. 宾州筛操作。

工具准备：宾州筛、托盘（塑料盆或杯）、计算器、笔记本和笔。

宾州筛拼接：首先将宾州各层按孔从小到大、从下到上拼接好，置于平坦的地面上。

取样：随机分 6 个点选取一定量的新鲜饲料（TMR）采样，用取出三品脱（约 1.7 L）（400 ~ 500 g）饲料样品置于第一层筛上，若样品取过量可以用四分法缩样。

操作：置于平整地面上进行筛分，每一面筛 5 次，然后 90° 旋转到另一面再筛 5 次，如此循环 7 次，共计筛 8 面，40 次，如图 5-18 所示。注意在筛分的过程中不要出现垂直振动；筛分过程中还要注意力度和频率，保证饲料颗粒能够在筛面上滑动，让小于筛孔的饲料颗粒掉入下一层。推荐的频率为大于 1.1 Hz（每秒筛 1.1 次），幅度为 7 英寸（17 cm）。

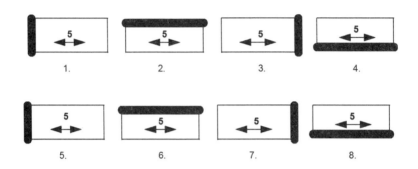

图 5-18　宾州筛水平移动模式示意图

称重：筛分结束后，用电子称对每层的饲料颗粒进行称重，并计算出每层的比例。

d. 结果分析。

第一，标准值。

各阶段牛 TMR 日粮、玉米青贮及牧草青贮颗粒大小推荐比例如表 5-11 所示，评价日粮加工与制作的均匀性，保持日粮的稳定性，并可以定量地评价粗饲料和 TMR 日粮的饲料颗粒大小，帮助生产者改善反刍动物营养。

表5-11　各阶段牛TMR、玉米青贮、牧草青贮饲料粒径推荐比例

| 筛层 | 筛眼孔径 /mm | 颗粒大小 / mm | 泌乳牛 TMR/% | 干奶牛 TMR/% | 后备牛 TMR/% | 玉米青贮 /% | 牧草青贮 /% |
|---|---|---|---|---|---|---|---|
| 第一层 | 19 | ＞19 | 2～8/8～12 | 25～45 | 28～50 | 3～8 | 10～20 |
| 第二层 | 8 | 8.0～18.9 | 30～50 | 19～35 | 15～35 | 45～65 | 45～75 |
| 第三层 | 4 | 4.0～7.9 | 10～20 | 25～28 | 20～25 | 20～30 | 30～40 |
| | 1.18 | 1.18～7.9 | 30～50 | 30～50 | 30～50 | 30～40 | 20～30 |
| 第四层 | — | ＜4 | 30～40 | 4～9 | 4～7 | ＜10 | ＜10 |
| | | ＜1.18 | ＜20 | 5～10 | 5～10 | 5 | 5 |

备注：如果泌乳牛第二层达不到30%或者接近30%，建议提高上层筛比例到8% ～ 12%才能提供足够的有效纤维。

后备牛和干奶牛 TMR 的原则是：不挑食，草不宜过长（长草小于 3.8 cm）。

第二，各层饲料颗粒大小的意义。

19 mm 筛层主要针对可浮在瘤胃上层的粒径较大的粗饲料和饲料颗粒，

这部分饲料需要不断进行反刍才能消化。

8 mm 的筛层主要收集粗饲料颗粒，这部分饲料不需要奶牛过多地反刍，可以在瘤胃中更快地降解、更快地被微生物分解利用。

1.18 mm 的筛层主要是评价饲料是否对奶牛具有物理有效性；标准是饲料颗粒度通过瘤胃，且在粪便中的残留低于 5%。近年来的研究表明，这个临界值大于 1.18 mm，应该在 4 mm 左右。

4 mm 筛在评价高产奶牛的物理有效纤维（peNDF）方面更加精确。

第三，与标准值对比分析。

过短危害：瘤胃内容物构成不佳，瘤胃 pH 值降低导致代谢病、肢蹄病，低乳脂率瘤胃排空加快，粗料的消化率降低。

原因：过分搅拌，饲料原料添加顺序不合理等。

措施：调整添加顺序或减少搅拌时间。

过长危害：造成饲料分离的现象，发生挑食现象等。

原因：劣质粗饲料较多，搅拌不足或过载。

措施：对难切碎的粗饲料进行预切割；增加搅拌时间；检查混合机刀片磨损情况，发现刀片磨损应及时更换。

③TMR 挑食情况评估。先后在食槽同一位点投料后，采食过后，收集饲料样品，跟之前的进行对比。

④TMR 搅拌均匀度的评估。投料后立即采样，从采食槽的两端和中间均匀选取 5 个或者 5 个以上的点抽样检测，分析结果之间差异小于 5%，说明均匀度好；反之，需进一步分析原因及时调整。

⑤TMR 配制稳定性评估。从每车 TMR 中随机取 10 个样品，使用宾州筛检测所有样品，计算每车饲料宾州筛各层的比例和变异系数，标准为变异系数小于 3% ~ 5%。

5.奶牛福利、舒适度管理

（1）奶牛舒适度管理基本原则。

①始终保证奶牛躺卧在干燥和松软的地方是奶牛减少乳房炎、蹄病和提高发情观察、提高干物质采食量、提高产奶量的关键措施。

②分娩时保证奶牛处在干净、干燥和松软的区域是有效预防产后疾病以及降低淘汰的最好方法。

③治疗区域舒适度的好坏直接决定治疗结果的好坏。

④保证犊牛处在干净、松软、干燥的区域是预防犊牛疾病，提高犊牛生长的有效措施。

⑤舒适度维护时不要影响奶牛的采食和休息，要注意奶牛的安全。

⑥垫料应选择干燥、松软、不会给奶牛带来危害的物质。

（2）奶牛舍舒适度的维护。

①泌乳牛舍：

泌乳牛舍每日必须清理 3 次粪污，每次清理时均将卧床上的粪污进行清理，垫料不足的应及时补充并平整疏松卧床，必要时应消毒处理。

每个牛舍配备专职清理工，负责该牛舍的卧床维护、死角清理、饮水槽打扫。

每次牛群离开牛床前往挤奶厅时，必须开展清粪工作。必须在挤奶牛返回牛舍前将走道粪污推出并清理干净。不允许在有牛的状态下机械清理作业。

任何垫料都要保证厚度不小于 15 cm，同时垫料必须与牛床外沿高度保持水平，卧床朝里的部分必须稍高于外部（但不能过高形成山脊状），方便奶牛躺卧。垫料添加必须做到每周定期进行。

控制饲养密度，头胎牛、经产牛分开饲养，头胎牛饲养密度大于 85%，经产牛饲养密度小于 90%，保证老、弱牛都能顺利找到床位；每头牛拥有饲槽尺寸大于 75 cm，饲喂通道保持 20 h 以上有能够采食的日粮。

水槽面积保证可以满足 10% 的奶牛同时饮水，饮水台上的粪污每次产粪都必须清理干净。水槽每天清洗一次。

②犊牛舍舒适度维护：

每日清理 1 次犊牛舍（岛）垫料上的粪污，保障犊牛垫料干燥、舒适。

每周更换（或添加）犊牛舍垫料 1 ～ 2 次，但必须保证垫料干燥、舒适。保障垫料厚度不小于 15 cm。

保障犊牛饮水桶的干净、卫生，并做到 24 h 有水。

③其他牛舍舒适度维护：

后备牛舍每日至少清粪 2 次（上、下午各一次），清理标准及要求同泌乳牛舍。

后备牛舍每天清理 1 次水槽卫生，清理标准同泌乳牛舍。

为后备牛提供有垫料的散栏卧床、15 ～ 30 m² 硬化活动场、随时可以接触到的清洁且充足的饮水、全牧场最优质的粗饲料。

后备牛卧床的垫料必须每周添加，做到垫料厚度不小于 15 cm。

（3）特殊区域舒适度管理要求。

①产房舒适度的维护：

产房必须做到每日添加垫草，被污染的垫草、胎衣等要及时清理。

产房必须时刻保证分娩状态下垫草干净、干燥、松软。

②病牛区舒适度的管理：病牛区良好舒适度的维护直接决定治愈成功

率。干燥、松软是最基本的要求。

病牛必须独立分群饲养。

病牛舍必须做到每日清理粪污 3 次，每次清理时必须将卧床上的粪污同时清理干净。保障病牛舍干净、卫生。

病牛舍卧床必须做到每日添加垫料。

③运动场舒适度的管理和维护：

每个月定时清理运动场，并将垫料添加后，机械耙松运动场 1 次。

雨雪天气运动场泥泞时，禁止奶牛处在运动场上。

运动场保持干燥、松软。

（4）其他要求。

①饲喂通道必须每日上午撒料前打扫 1 次，每次打扫完成后保证饲喂通道尘土厚度小于 1 mm，无剩料及其他物品残留。

②牛舍内水槽水温必须保持在 2 ~ 27 ℃，冬季水温必须达到 13 ℃。

③所有牛舍应及时采取保暖和通风措施。

# 附　录

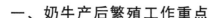

## 一、奶牛产后繁殖工作重点

（1）监测胎衣情况，促进胎衣排出，监测体温情况。

（2）预防子宫感染，尽快促使子宫复旧，恢复子宫机能。

（3）促进黄体溶解和卵泡发育，恢复卵巢机能。

## 二、子宫复旧保健方案

目的：加强子宫收缩，加速胎衣和恶露排出，预防子宫感染，恢复子宫机能，促进子宫复旧，好配种，怀孕快。

### （一）产后子宫内膜炎预防措施

（1）产后立即给母牛饮用乳维宝＋益母生化，并观察奶牛状况，对体质弱者灌服钙磷镁或静注糖钙。

（2）产后注射缩宫素 80 ～ 100 IU，ADE 10 mL，有助于产后胎衣排出、恶露净化、促子宫复旧。预防产后感染：肌注 1 g 头孢 2 支 /d 或头孢噻呋混悬液 25 mL/d，连用 3 d；产后镇痛：肌注氟尼辛葡甲胺 20 mL/d，连用 3 d。

（3）如果胎衣不下（12 h 以上不下），灌服益母生化合剂 1 瓶，1 d 两次连用 3 ～ 5 d，用 10% 盐水 1 000 mL 加热到 38 ℃左右后灌入子宫冲洗，待排完后灌注醋酸氯已定或土霉素子宫注入剂 30 ～ 50 mL 即可，胎衣排出后再灌注 50 mL，直到胎衣排出，阴道分泌物清亮为止。

（二）子宫内膜炎的治疗措施

产后 12 ~ 15 d，观察恶露是否排完，如果颜色、气味异常，土霉素子宫注入剂和宫净油做子宫灌入，隔日一次，连用 1 ~ 3 次。病情严重酌情加大用量及重复使用次数。子宫蓄脓的用药前可先用 5% 碳酸氢钠冲洗，再投药，对 15 日以上配合 PG 注射一次。

## 三、卵巢机能恢复的保健方案

目的：促进黄体溶解和卵泡发育，恢复卵巢机能，促进发情，提高受孕率。

（1）产后第 7 天、第 14 天、第 28 天各肌注氯前列醇钠 0.2 ~ 0.4 mg，可外源性促进卵巢正常机能恢复，促进奶牛发情、卵泡发育、排卵。可作为产后辅助保健。

（2）对于不发情的奶牛，应排查病应，利用药物配合激素治疗。

（3）对于持续发情或发情不规律的奶牛，应做激素治疗。

## 四、产后疾病的监控措施

（一）产房管理

（1）产房要求清洁卫生，产床、产间每日清扫。

（2）产间每天消毒 1 次，牛只每天进行后躯消毒，经常更换垫草。

（二）分娩管理

（1）分娩母牛出现临产征兆，对牛进行后躯消毒，再进入产间，产后 48 h 无异常情况出产间。

（2）以自然分娩为主，需要助产时，由专业技术人员按产科要求进行。

（3）正确接助产，并注意产前消毒清洗和使用润滑剂，减少母牛产道创伤。

（三）产后监护

（1）从母牛产后实施全程监护，每头牛建立一张监护登记卡，产后一周每日测量体温 1 ~ 2 次。

（2）产后 0 ~ 6 h 内，注射催产素 80 ~ 100 IU。观察母牛产道是否有拉伤，有损伤应及时处理，观察是否有怒责现象，子宫检查是否还有胎儿。

（3）产后 1 ~ 3 d 内观察胎衣排出情况及产道和外阴部有无感染，做好预防子宫炎措施。

（4）产后 7 ~ 10 d，观察恶露，恶露异常或炎症表现要立即处置。

（5）产后 14 d，进行第一次产科检查，发现子宫分泌物异常时，进行子宫炎治疗。

（6）产后 30 ~ 35 d 进行第二次产科检查，直检子宫恢复程度和卵巢的机能状况。发现疾病不论轻重均要治疗。

（7）产后 50 ~ 60 d，对一检、二检治疗的牛只进行复检，如未愈继续治疗。对卵巢静止或发情不明显的牛只，通过诱导发情的方法催情。

（8）对体质差或曾发生过产前、产后瘫痪、趴卧不起综合症的牛，产前产后 3 天灌服钙磷镁或静脉注射 25% 葡萄糖 1 000 mL 和 5% 葡萄糖酸钙 500 ~ 1 000 mL 1 ~ 2 次，日粮可添加奶牛维多宝。

（9）对繁殖方面问题比较多的牛只可在围产期添加 ADE 加硒粉与微量元素调理。

# 参考文献

[1] 刘丑生，李丽丽，张胜利，等．奶牛生产性能测定及应用 [M]. 北京：中国农业出版社，2016.

[2] 李英．奶牛场 DHI 与应用指导 [M]. 北京：金盾出版社，2013.

[3] 张蓉，郭方悦，陈有谋，等．奶牛生产性能的测定 [EB/OL]. (2013–12–05). http://www.doc88.com/p–7324380994884.html.

[4] 赵华，李姣，马金星．我国奶牛生产性能测定开展情况及存在问题与建议 [J]. 中国奶牛，2019 (11)：55–57.

[5] 王玲玲．DHI 技术在高产奶牛选育中的应用 [J]. 当代畜禽养殖业，2019 (9)：41.

[6] 卫喜明，甘文平．奶牛生产性能测定 (DHI) 要求及项目指标解析 [J]. 饲料博览，2019 (5)：83–84.

[7] 罗成，王永刚．奶牛 DHI 报告正确解读及应用 [J]. 中国畜禽种业，2016, 12 (10)：53–55.

[8] 郑伟，宋玲龙．浅谈奶牛生产性能测定 (DHI) 在奶牛生产中的作用 [J]. 中国畜牧兽医文摘，2016, 32 (8)：53.

[9] 白飞英．DHI 关键预警指标在奶牛生产中的实际应用 [J]. 北方牧业，2015 (1)：20.

[10] 赵秀新，李建斌，侯明海，等．DHI 技术的关键点及数据应用分析 [J]. 中国奶牛，2014 (Z4)：56–59.

[11] 张胜利．奶牛单产核算方法与生产性能测定（DHI）解读 [J]. 中国乳业，2013 (2)：26–30.

[12] 李瑞芳．奶牛生产性能测定报告中体细胞数的应用 [J]. 农业技术与装备，2013 (3)：42–43.

[13] 侯引绪, 魏朝利. 奶牛生产性能测定技术及应用 [J]. 当代畜牧, 2012 (10) : 6-8.

[14] 王爱芳, 贾旭升, 叶尔太. 浅析牛场 DHI 档案建立和管理 [J]. 新疆畜牧业, 2012 (10) : 37-39.

[15] 侯引绪, 魏朝利. DHI 技术体系与应用 [J]. 中国奶牛, 2012 (10) : 42-45.

[16] 吴建良, 姜俊芳, 蒋永清. 奶牛牛群改良 (DHI) 技术及其在奶牛业中的应用 [J]. 黑龙江畜牧兽医, 2012 (9) : 74-77.

[17] 刘海良. 如何提高奶牛生产性能测定报告的应用效果 [J]. 中国奶牛, 2012 (8) : 48-50.

[18] 冀芳, 霍鲜鲜, 高民, 等. 应用奶牛群体改良体系对奶牛生产性能的影响 [J]. 动物营养学报, 2012, 24 (3) : 543-549.

[19] 兰亚莉, 徐照学, 肖红卫, 等. 应用 DHI 对某奶牛场奶牛生产性能的综合分析 [J]. 中国牛业科学, 2011, 37 (3) : 24-26.

[20] 惠庆亮, 李有志, 牛书玉, 等. 围产期奶牛饲养管理要点 [J]. 畜牧兽医科学 (电子版), 2020 (7) : 52-53.

[21] 加孜拉·托留汉, 穆再排尔·阿迪力, 刘向阳, 等. 奶牛乳房炎的综合防治 [J]. 兽医导刊, 2020 (7) : 33.

[22] 张慧. 奶牛干奶期的饲养管理 [J]. 现代畜牧科技, 2019 (8) : 34-35.

[23] 王玉洁, 霍鹏举, 孙雨坤, 等. 体况评分在奶牛生产中的研究进展 [J]. 动物营养学报, 2018, 30 (9) : 3444-3452.

[24] 林志鹏, 林广宇. 奶牛乳房炎分类及预防 [J]. 中国畜禽种业, 2018, 14 (5) : 65-66.

[25] 白洁. 高产奶牛各阶段的饲养管理要点 [J]. 现代畜牧科技, 2018 (5) : 30.

[26] 刘明霞. 奶牛乳房炎的防治 [J]. 中兽医学杂志, 2017 (6) : 46.

[27] 石光建, 杨柳娜. 奶牛干奶期关键技术 [J]. 中国牛业科学, 2016, 42 (5) : 83-84.

[28] 张帆, 呙于明, 熊本海. 围产期奶牛能量负平衡营养调控研究进展 [J]. 动物营养学报, 2020, 32 (7) : 2966-2974.

[29] 王明琼, 李超, 李沛, 等. 围产期奶牛酮病的群体监测研究进展 [J]. 动物医学进展, 2018, 39 (6) : 79-82.

[30] 李世芳, 王运涛, 刘建成, 等. 围产期奶牛饲养管理技术要点 [J]. 养殖与饲料, 2017 (12) : 29-30.

[31] 王春华. 围产期奶牛饲养管理 [J]. 四川畜牧兽医, 2017, 44 (9) : 40-41.